21世纪高等学校机电类规划教材
JIDIANLEI GUIHUA JIAOCAI

简明
工程力学

◆ 闫新生 主编
◆ 王长虎 唐利娟 副主编

人民邮电出版社
北京

图书在版编目（CIP）数据

简明工程力学 / 闫新生主编. -- 北京 : 人民邮电出版社, 2016.2（2020.1重印）
21世纪高等学校机电类规划教材
ISBN 978-7-115-39802-4

Ⅰ. ①简… Ⅱ. ①闫… Ⅲ. ①工程力学－高等学校－教材 Ⅳ. ①TB12

中国版本图书馆CIP数据核字(2015)第163374号

内 容 提 要

本书是根据新形势下应用型本科教学的实际情况，结合新时期高等院校工程力学课程教学大纲的基本要求编写的。本书精选了工程实践以及后续专业课程中必须掌握的知识、技能，由简到繁、由浅入深展开讲解。本书较系统地讲述了相应的理论知识，还通过一些工程实例介绍生产中的实际应用，使学生在有限的学时内既能学到工程力学的知识，又能与工程实际相结合，达到学以致用的目的。

本书内容包括理论力学和材料力学两部分，全书共三篇十二章，第一章～第四章为静力学基础，第五章～第九章为强度、刚度及稳定性分析，第十章～第十二章为运动和动力分析。为了让学生更好地理解与掌握教材内容，全书每章附有思考题、习题及参考答案，以达到精讲、精练的目的。

本书可作为高等学校工科类应用型本科各专业工程力学课程的教材，也可作为成人教育及其他工程技术人员等的参考用书。

◆ 主　　编　闫新生
副 主 编　王长虎　唐利娟
责任编辑　许金霞
责任印制　沈　蓉　彭志环
◆ 人民邮电出版社出版发行　北京市丰台区成寿寺路 11 号
邮编　100164　电子邮件　315@ptpress.com.cn
网址　http://www.ptpress.com.cn
北京捷迅佳彩印刷有限公司印刷
◆ 开本：787×1092　1/16
印张：12.25　2016 年 2 月第 1 版
字数：306 千字　2020 年 1 月北京第 3 次印刷

定价：34.00 元

读者服务热线：(010)81055256　印装质量热线：(010)81055316
反盗版热线：(010)81055315

前　言

随着科学技术的迅速发展，学生的知识结构需要相应调整，教学计划与管理也在发生变化。工程力学是理工科专业传统的技术基础课，在目前教学中，教材内容多与学时少的矛盾很突出，不同的学科、不同的学生对课程的要求也不尽相同。编者注意到在我国高等教育的发展与改革中，学校的数量与类型增多，对课程提出了不同层次的要求。编者本着“提高重心、降低起点”的原则，总结了长期讲授本课程的教学经验和教学改革的成果，参照教育部高等学校力学教学指导委员会制定的“力学课程教学基本要求”，为适应应用型本科教学需要编写了本教材。

本书以应用型人才培养为目标，按照教育部高等学校力学教学指导委员会力学基础课程教学指导分委员会工科非力学专业力学基础课教学的基本要求，紧密联系工程实际，强化基本概念、基本理论和基本方法，结合工程案例，注重培养工程素质和应用能力。本书作为非力学专业工程力学课程教材的改革尝试，注重知识体系的完整性和实用性，突出工程实际的训练。本书以培养学生的技术应用能力为主线设计培养方案，以应用为主旨构建课程体系和教材内容，旨在培养高等技术应用型人才。在编写过程中，力求以“应用”为导向，基础理论以“必需、够用”为度，以“讲清概念，强化应用”为重点，突出了教学内容的实用性。在介绍工程力学知识时，删除了烦琐的数学推导，文字与内容力求简练。本书在以下几方面做了一些尝试。

1. 在体系编排上，改变了原“理论力学”和“材料力学”两门课程自成体系的格局，将两门课程整合优化成三篇 12 章，而且每章的知识结构也做了适当调整。第二篇强度、刚度及稳定性分析改革了材料力学的内容体系。形成了以杆件的内力分析、应力与强度计算、变形与刚度计算、应力状态分析、压杆稳定等为主线的新体系。

2. 在内容安排上，注意处理好本课程与前修课程和后续课程间的衔接；处理好内部相关内容间的关系；精选经典内容，渗透现代力学思想；加强工程意识和工程方法的训练。第三篇运动和动力分析，鉴于前修课程“大学物理”中部分内容有所涉及，故进行了简化整合，以免重复。

3. 在每章后面都附有思考题、习题，旨在指导学生学习，启发学生思考；书末附有习题参考答案。

全书由闫新生统稿，王长虎参加了第二篇的编写，唐利娟参加了第三篇的编写。

本书可作为高等学校应用型本科工科机械类、土建类、材料类等专业“工程力学”课程的教材，也可作为高职高专、成人高校相应专业的自学和函授教材，还可供有关工程技术人员参考。

应用型本科教材建设目前仍处于探索阶段，限于作者水平，加之时间仓促，书中难免存在不妥之处，恳请广大读者批评指正。

编　者

目录

绪论

一、工程力学的研究对象及主要内容

工程力学是一门研究物体机械运动和构件承载能力的科学。所谓**机械运动**是指物体在空间的位置随时间的变化，而构件**承载能力**则指机械零件和结构部件在工作时安全可靠地承担外载荷的能力。

例如，工程中常见的起重机，设计时，要对各构件在静力平衡状态下进行受力分析，确定构件的受力情况，研究作用力必须满足的条件。当起重机工作时，各构件处于运动状态，对构件进行运动和动力分析，这些问题均属于研究物体机械运动所涉及的内容。为保证起重机安全正常工作，要求各构件不发生断裂或产生过大变形，则必须根据构件的受力情况，为构件选择适当的材料、设计合理的截面形状和尺寸，这些问题则是属于研究构件承载能力方面的内容。

工程力学有其自身的科学系统，本课程包括静力分析，强度、刚度及稳定性分析，运动和动力分析三部分。

静力分析主要研究力系的简化及物体在力系作用下的平衡规律。

强度、刚度及稳定性分析主要研究构件在外力作用下的强度、刚度及稳定性分析等的基本理论和计算方法。

运动和动力分析是从几何角度来研究物体运动的规律以及物体的运动与其所受力之间的关系。

二、工程力学在工程技术中的地位和作用

工程力学是工科各类专业中一门必不可少的专业基础课，在基础课和专业课中起着承前启后的作用，是基础科学与工程技术的综合。掌握工程力学知识，不仅为了学习后继课程，具备设计或验算构件承载能力的初步能力，而且还有助于从事设备安装、运行和检修等方面的实际工作。因此，工程力学在应用型专业技术教育中有着极其重要的地位和作用。

力学理论的建立来源于实践，它是以对自然现象的观察和生产实践经验为主要依据，揭示了唯物辩证法的基本规律。因此，工程力学对于今后研究问题、分析问题、解决问题有很大帮助，促进我们学会用辩证的观点考察问题，用唯物主义的认识观去理解世界。

三、学习工程力学的要求和方法

工程力学来源于实践又服务于实践。在研究工程力学时，现场观察和实验是认识力学规律的重要的实践环节。在学习本课程时，观察实际生活中的力学现象，学会用力学的基本知识去解释这些现象；通过实验验证理论的正确性，并提供测试数据资料作为理论分析、简化计算的依据。

工程实际问题,往往比较复杂,为了使研究的问题简单化,通常抓住问题的本质,忽略次要因素,将所研究的对象抽象化为力学模型。如研究物体平衡时,用抽象化的刚体这一理想模型取代实际物体;研究物体的受力与变形规律时,用变形固体模型取代实际物体;对构件进行计算时,将实际问题抽象化为计算简图等。所以,根据不同的研究目的,将实际物体抽象化为不同的力学模型是工程力学研究中的一种重要方法。

工程力学有较强的系统性,各部分内容之间联系较紧密,学习要循序渐进,要认真理解基本概念、基本理论和基本方法。要注意所学概念的来源、含义、力学意义及其应用;要注意有关公式的根据、适用条件;要注意分析问题的思路,解决问题的方法。在学习中,一定要认真研究,独立完成一定数量的思考题和习题,以巩固和加深对所学概念、理论、公式的理解、记忆和应用。

四、刚体、变形固体及其基本假设

工程力学中将物体抽象化为两种计算模型:刚体和理想变形固体。

刚体是在外力作用下形状和尺寸都不改变的物体。实际上,任何物体受力的作用后都发生一定的变形,但在一些力学问题中,物体变形这一因素与所研究的问题无关或对其影响甚微,这时可将物体视为刚体,从而使研究的问题得到简化。

理想变形固体是对实际变形固体的材料理想化,做出以下假设。

(1)连续性假设。认为物体的材料结构是密实的,物体内材料是无空隙的连续分布。

(2)均匀性假设。认为材料的力学性质是均匀的,从物体上任取或大或小一部分,材料的力学性质均相同。

(3)各向同性假设。认为材料的力学性质是各向同性的,材料沿不同方向具有相同的力学性质,而各方向力学性质不同的材料称为各向异性材料。本教材中仅研究各向同性材料。

按照上述假设理想化的一般变形固体称为**理想变形固体**。刚体和变形固体都是工程力学中必不可少的理想化的力学模型。

变形固体受荷载作用时将产生变形。当荷载撤去后,可完全消失的变形称为**弹性变形**;不能恢复的变形称为**塑性变形**或残余变形。在多数工程问题中,要求构件只发生弹性变形。工程中,大多数构件在荷载的作用下产生的变形量若与其原始尺寸相比很微小,称为小变形。小变形构件的计算,可采取变形前的原始尺寸并可略去某些高阶无穷小量,可大大简化计算。

综上所述,工程力学把所研究的结构和构件看作是连续、均匀、各向同性的理想变形固体,在弹性范围内和小变形情况下研究其承载能力。

第一篇　静 力 分 析

物体在空间的位置随时间的改变而改变，称为机械运动，这是人们在日常生活和生产实践中最常见的一种运动形式，可以是物体之间相对位置在空间的变化，也可以是物体内各部分之间相对位置的变化。力是物体间相互的机械作用，机械运动状态的变化是由这种相互作用引起的。

工程力学的主要研究对象是工程构件、结构和机构。实际中的工程力学问题往往相当复杂，在研究具体问题时，必须抓住主要因素，略去次要因素，将研究对象抽象为力学模型，包括质点、质点系、刚体和变形固体等。

静力分析研究的是物体在力系作用下的平衡规律。也就是说，研究物体受到力系作用以后符合什么条件才能平衡。所谓“平衡”是指物体相对于地球保持静止或做匀速直线运动。如桥梁、楼房、做匀速直线飞行的飞机等，都处于平衡状态。平衡是物体机械运动的一种特殊形式。

力系是指作用于物体上的一群力，在静力学中，将研究以下 3 个方面的问题。

(1)物体的受力分析。分析某个物体上共受几个力以及每个力的方向和作用位置。

(2)力系的简化。把作用在物体上的一个力系用另一个与它等效的力系来代替，这两个力系互为等效力系。用一个简单力系等效地替换另一个复杂力系称为力系的简化。

(3)建立各种力系的平衡条件。研究物体平衡时，作用在物体上的各种力系所需要满足的条件即平衡条件。工程中常见的力系，按其作用线所在的位置，可分为平面力系和空间力系两大类。不同的力系，它的平衡条件也各不相同。满足平衡条件的力系称为平衡力系。

静力学是动力学的特例，因此力系的简化理论和物体受力分析的方法也是研究动力学的基础。

力系的平衡条件在工程中有着十分重要的意义，是设计结构、构件时进行静力计算的基础。土木工程中房屋、桥梁、水坝、闸门，许多机器零件和结构件，如机器的机架、传动轴、起重机的起重臂、车间天车的横梁等，正常工作时处于平衡状态或可以近似地看作平衡状态。为了合理地设计这些零件或构件的形状、尺寸，选用合理的材料，往往需要首先进行静力学分析计算，然后对它们进行强度、刚度和稳定性计算。因此，静力分析在工程中有着最为广泛的应用。

第一章 静力学基础

本章将阐述静力学公理，并介绍工程中常见的约束和约束反力的分析以及物体的受力图。静力学公理是静力分析的理论基础，物体的受力分析是力学中重要的基本技能。

第一节 力、刚体和平衡的概念

静力学是研究物体的平衡问题的科学。主要讨论作用在物体上的力系的简化和平衡两大问题。所谓**平衡，在工程上是指物体相对于地球保持静止或匀速直线运动状态**，它是物体机械运动的一种特殊形式。

一、刚体的概念

工程实际中的许多物体，在力的作用下，它们的变形一般很微小，对平衡问题影响也很小，为了简化分析，我们把物体视为刚体。所谓**刚体，是指在任何外力的作用下，物体的大小和形状始终保持不变的物体**。静力学的研究对象仅限于刚体，所以又称之为刚体静力学。

二、力的概念

力的概念是人们在长期的生产劳动和生活实践中逐步形成的，是通过归纳、概括和科学的抽象而建立的。**力是物体之间相互的机械作用，这种作用使物体的机械运动状态发生改变，或使物体产生变形**。力使物体的运动状态发生改变的效应称为**外效应**，而使物体发生变形的效应称为**内效应**。刚体只考虑外效应；变形固体还要研究内效应。经验表明力对物体作用的效应完全决定于以下力的三要素。

(1) 力的大小：是物体相互作用的强弱程度。在国际单位制中，力的单位用牛顿(N)或千牛顿(kN)，1 kN＝10^3 N。

(2) 力的方向：包含力的方位和指向两方面的涵义。如重力的方向是“竖直向下”，“竖直”是力作用线的方位，“向下”是力的指向。

(3) 力的作用位置：是指物体上承受力的部位。一般来说是一块面积或体积，称为**分布力**；而有些分布力分布的面积很小，可以近似看作一个点时，这样的力称为**集中力**。

如果改变了力的三要素中的任一要素，也就改变了力对物体的作用效应。

既然力是有大小和方向的量，所以力是矢量。可以用一带箭头的线段来表示，如图 1-1 所示，线段 AB 长度按一定的比例尺表示力 $\boldsymbol{F}$ 的大小，线段的方位和箭头的指向表示力的方向。线段的起点 A 或终点 B 表示力的作用点。线段 AB 的延长线(图中虚线)表示力的作用线。

本教材中，用黑体字母表示矢量，用对应字母表示矢量的大小。

一般来说，作用在刚体上的力不止一个，我们把作用于物体上的一群力称为**力系**。如果作用于物体上的某一力系可以用另一力系来代替，而不改变原有的状态，这两个力系互称**等效力系**。如果一个力与一个力系等效，则称此力为该力系的**合力**，这个过程称为力的合成；而力系中的各个力称为此合力的**分力**，将合力代换成分力的过程称为力的分解。在研究力学问题时，为方便地显示各种力系对物体作用的总体效应，用一个简单的等效力系（或一个力）代替一个复杂力系的过程称为**力系的简化**。力系的简化是刚体静力学的基本问题之一。

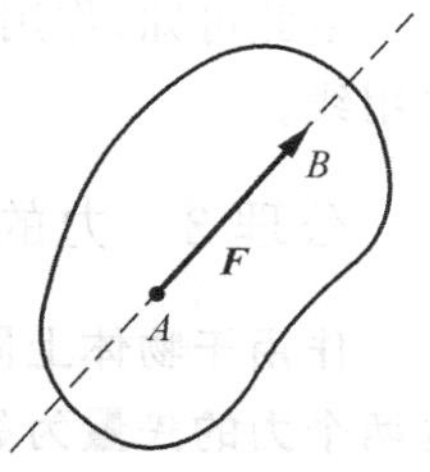

图 1－1

第二节　静力学的基本公理

所谓公理就是无须证明就为大家在长期生活和生产实践中所公认的真理。静力学公理是静力学全部理论的基础。

公理 1　二力平衡公理

作用于同一刚体上的两个力平衡的必要与充分条件是：力的大小相等，方向相反，作用在同一直线上。可以表示为：$\boldsymbol{F}=-\boldsymbol{F}'$或$\boldsymbol{F}+\boldsymbol{F}'=0$。

此公理给出了作用于刚体上的最简力系平衡时所必须满足的条件，是推证其他力系平衡条件的基础。在两个力作用下处于平衡的物体称为**二力体**，若物体是构件或杆件，也称二力构件或二力杆件简称二力杆。

应用此公理，可进行简单的受力分析。构件 AB 在 A、B 各受一力而平衡，则此二力的作用线必定在 A、B 两点的连线上。

公理 2　加减平衡力系公理

在作用于刚体的任意力系中，加上或减去平衡力系，并不改变原力系对刚体的作用效应。

推论 1　力的可传性原理

作用于刚体上的力可以沿其作用线移至刚体内任意一点，而不改变该力对刚体的效应。

证明：设力 $\boldsymbol{F}$ 作用于刚体上的点 A，如图 1－2 所示。在力 $\boldsymbol{F}$ 作用线上任选一点 B，在点 B 上加一对平衡力 $\boldsymbol{F}_1$ 和 $\boldsymbol{F}_2$，使

$$\boldsymbol{F}_1=-\boldsymbol{F}_2=\boldsymbol{F}$$

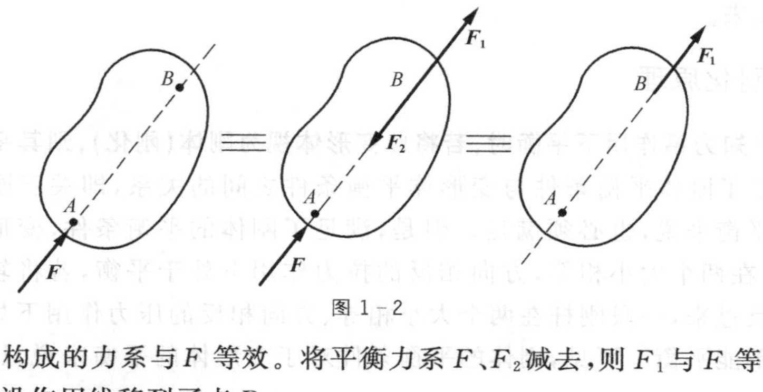

图 1－2

则 F_1、F_2、F 构成的力系与 F 等效。将平衡力系 F、F_2 减去，则 F_1 与 F 等效。此时，相当于力 F 已由点 A 沿作用线移到了点 B。

由此可知，作用于刚体上的力是滑移矢量，因此作用于刚体上力的三要素为大小、方向和作用线。

公理 3　力的平行四边形法则

作用于物体上同一点的两个力可以合成为作用于该点的一个合力，它的大小和方向由以这两个力的矢量为邻边所构成的平行四边形的对角线来表示。 如图 1－3(a)所示，以 $\boldsymbol{F}_R$ 表示力 $\boldsymbol{F}_1$ 和力 $\boldsymbol{F}_2$ 的合力，则可以表示为：$\boldsymbol{F}_R=\boldsymbol{F}_1+\boldsymbol{F}_2$。即作用于物体上同一点两个力的合力等于这两个力的矢量和。

在求共点两个力的合力时，我们常采用**力的三角形法则**：如图 1－3(b)所示。从刚体外任选一点 a 作矢量 $\boldsymbol{ab}$ 代表力 $\boldsymbol{F}_1$，然后从 b 的终点作 $\boldsymbol{bc}$ 代表力 $\boldsymbol{F}_2$，最后连结起点 a 与终点 c 得到矢量 $\boldsymbol{ac}$，则 $\boldsymbol{ac}$ 就代表合力矢 $\boldsymbol{F}_R$。分力矢与合力矢所构成的三角形 abc 称为力的三角形。这种合成方法称为力三角形法则。

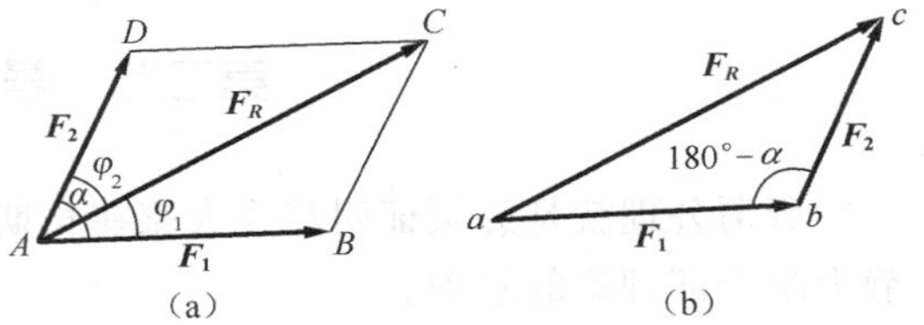

图 1－3

推论 2 三力平衡汇交定理

刚体受同一平面内互不平行的三个力作用而平衡时，则此三力的作用线必汇交于一点。

证明：设在刚体上三点 A、B、C 分别作用有力 $\boldsymbol{F}_1$、$\boldsymbol{F}_2$、$\boldsymbol{F}_3$，其互不平行，且为平衡力系，如图 1－4 所示，根据力的可传性，将力 $\boldsymbol{F}_1$ 和 $\boldsymbol{F}_2$ 移至汇交点 O，根据力的可传性公理，得合力 $\boldsymbol{F}_{R1}$，则力 $\boldsymbol{F}_3$ 与 $\boldsymbol{F}_{R1}$ 平衡，由公理 1 知，$\boldsymbol{F}_3$ 与 $\boldsymbol{F}_{R1}$ 必共线，所以力 $\boldsymbol{F}_3$ 的作用线必过点 O。

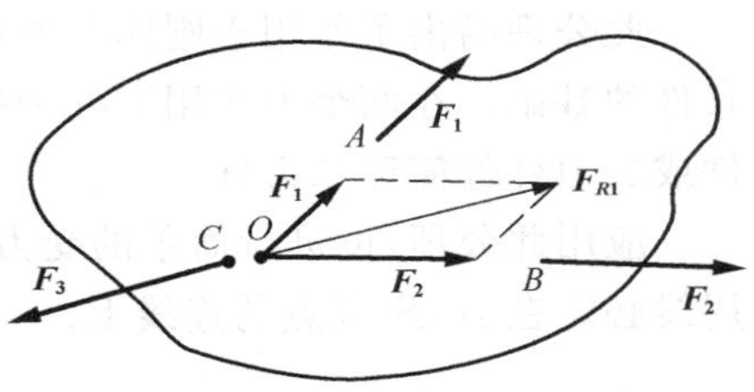

图 1－4

公理 4　作用与反作用公理

两个物体间相互作用力，总是同时存在，它们的大小相等，指向相反，并沿同一直线分别作用在这两个物体上。

物体间的作用力与反作用力总是同时出现，同时消失。可见，自然界中的力总是成对地存在，而且同时分别作用在相互作用的两个物体上。这个公理概括了任何两物体间的相互作用的关系，不论对刚体或变形体，不管物体是静止的还是运动的都适用。应该注意，作用力与反作用力虽然等值、反向、共线，但它们不能平衡，因为二者分别作用在两个物体上，不可与二力平衡公理混淆起来。

公理 5　刚化原理

变形体在已知力系作用下平衡时，若将此变形体视为刚体(刚化)，则其平衡状态不变。

此原理建立了刚体平衡条件与变形体平衡条件之间的关系，即关于刚体的平衡条件，对于变形体的平衡来说，也必须满足。但是，满足了刚体的平衡条件，变形体不一定平衡。例如一段软绳，在两个大小相等，方向相反的拉力作用下处于平衡，若将软绳变成刚杆，平衡保持不变。反过来，一段刚杆在两个大小相等、方向相反的压力作用下处于平衡，而绳索在此压力下则不能平衡。可见，刚体的平衡条件对于变形体的平衡来说只是必要条件而不是充分条件。

第三节　约束与约束反力

工程上所遇到的物体通常分两种：可以在空间作任意运动的物体称为自由体，如飞机、火箭等；受到其他物体的限制，沿着某些方向不能运动的物体称为非自由体。如悬挂的重物，因为受到绳索的限制，使其在某些方向不能运动而成为非自由体，这种阻碍物体运动的限制称为约束。约束通常是通过物体间的直接接触形成的。

既然约束阻碍物体沿某些方向运动，那么当物体沿着约束所阻碍的运动方向运动或有运动趋势时，约束对其必然有力的作用以限制其运动，这种力称为**约束反力**。简称反力。约束反力的方向总是与约束所能阻碍的物体的运动或运动趋势的方向相反，它的作用点就在约束与被约束的物体的接触点，大小可以通过计算求得。

工程上通常把能使物体主动产生运动或运动趋势的力称为**主动力**。如重力、风力、水压力等。通常主动力是已知的，约束反力是未知的，它不仅与主动力的情况有关，同时也与约束类型有关。下面介绍工程实际中常见的几种约束类型及其约束反力的特性。

一、柔性约束

绳索、链条、皮带等属于柔索约束。理想化条件：柔索绝对柔软、无重量、无粗细、不可伸长或缩短。由于柔索只能承受拉力，所以**柔索的约束反力作用于接触点，方向沿柔索的中心线而背离物体，为拉力**。一般用 $\boldsymbol{F}_T$ 表示，如图 1－5 和图 1－6 所示。

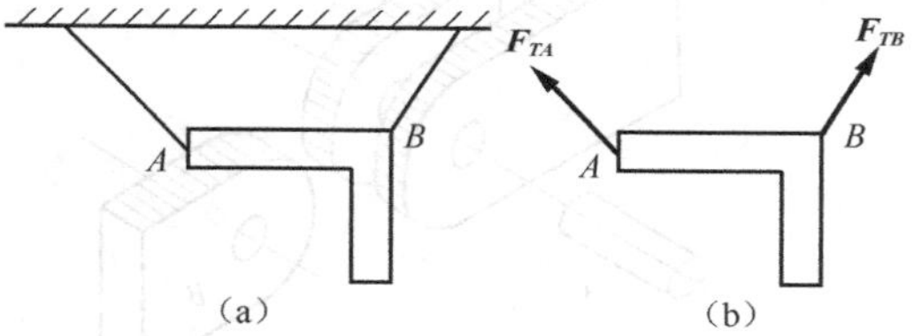

图 1－5

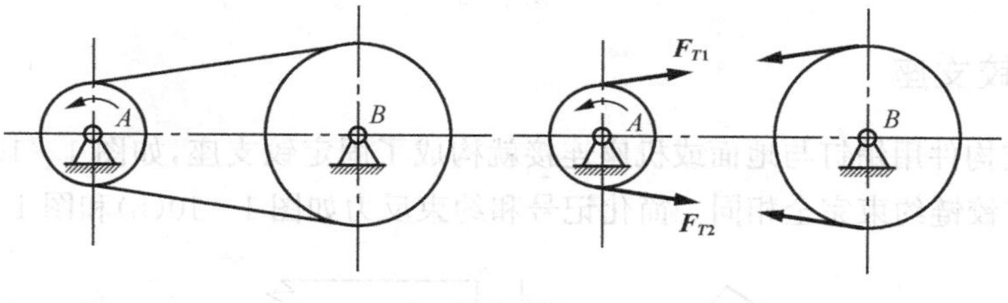

图 1－6

二、光滑接触面约束

当物体接触面上的摩擦力可以忽略时即可看作光滑接触面，这时两个物体可以脱离开，也可以沿光滑面相对滑动，但沿接触面法线且指向接触面的位移受到限制。所以**光滑接触面约束反力作用于接触点，沿接触面的公法线且指向物体，为压力**。一般用 $\boldsymbol{F}_N$ 表示，如图 1－7 和图 1－8 所示。

三、光滑铰链约束

工程上常用销钉来联接构件或零件，这类约束只限制相对移动不限制转动，且忽略销钉与构件间的摩擦。若两个构件用销钉连接起来，这种约束称为铰链约束，简称铰连接或中间铰，如图 1－9(a)所示。图 1－9(b)为计算简图。铰链约束只能限制物体在垂直于销钉轴线的平

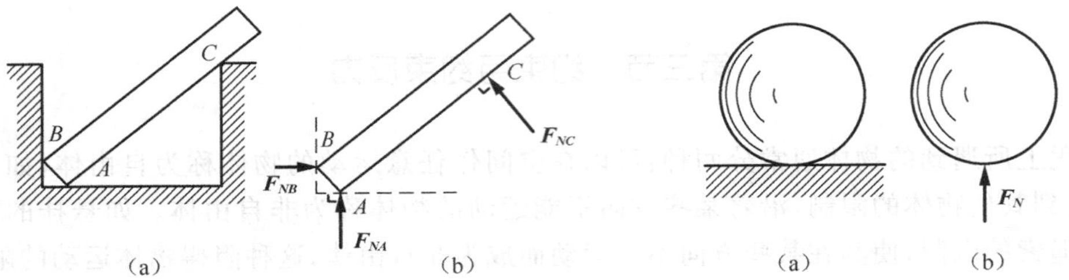

(a)　　(b)　　(a)　　(b)

图 1-7　　图 1-8

面内相对移动,但不能限制物体绕销钉轴线相对转动。如图 1-9(c)所示,铰链约束的约束反力作用在销钉与物体的接触点 D,沿接触面的公法线方向,使被约束物体受压力。但由于销钉与销钉孔壁接触点与被约束物体所受的主动力有关,一般不能预先确定,所以约束反力 $\boldsymbol{F}_C$ 的方向也不能确定。因此,其约束反力作用在垂直于销钉轴线平面内,通过销钉中心,方向不定。为计算方便,铰链约束的约束反力常用过铰链中心两个大小未知的正交分力 $\boldsymbol{F}_{Cx}$、$\boldsymbol{F}_{Cy}$ 来表示,如图 1-9(d)所示。两个分力的指向可以假设。

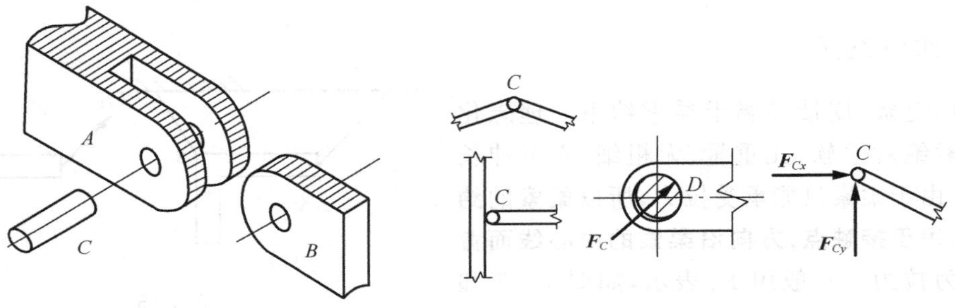

(a)　　(b)　　(c)　　(d)

图 1-9

四、固定铰支座

将结构物或构件用销钉与地面或机座连接就构成了固定铰支座,如图 1-10(a)所示。固定铰支座的约束与铰链约束完全相同。简化记号和约束反力如图 1-10(b)和图 1-10(c)所示。

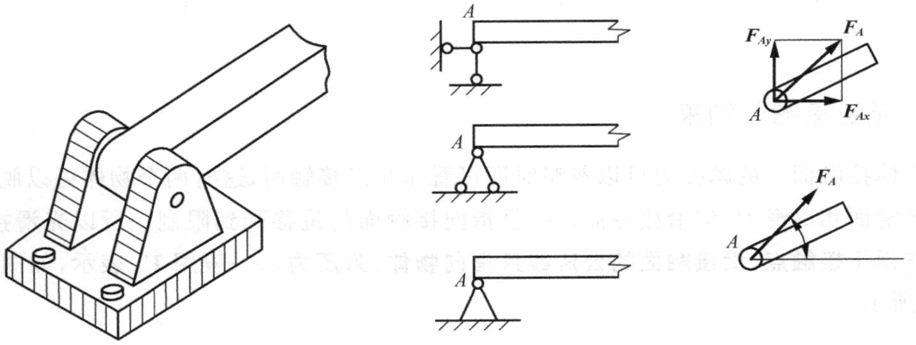

(a)　　(b)　　(c)

图 1-10

五、辊轴支座

在固定铰支座和支承面间装有辊轴,就构成了辊轴支座,又称活动铰支座,如图 1-11(a)

所示。这种约束只能限制物体沿支承面法线方向运动，而不能限制物体沿支承面移动和相对于销钉轴线转动。所以其约束反力垂直于支承面，过销钉中心，指向可假设。简化记号和约束反力如图 1－11(b)和图 1－11(c)所示。

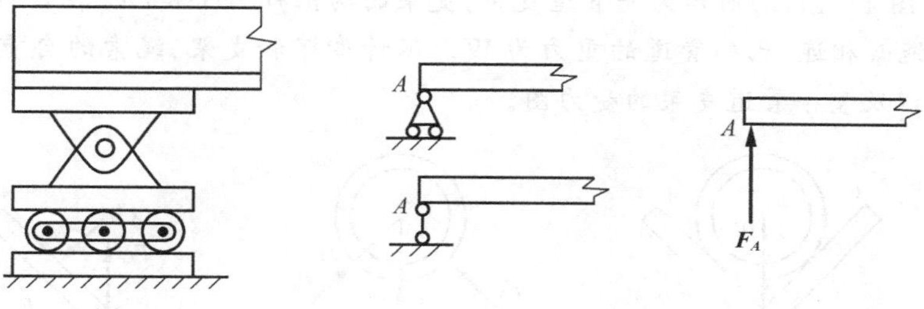

(a)　(b)　(c)

图 1－11

六、链杆约束

两端以铰链与其他物体连接中间不受力且不计自重的刚性直杆称为链杆，如图 1－12(a)所示。这种约束反力只能限制物体沿链杆轴线方向运动，因此链杆的约束反力沿着链杆两端中心连线方向，指向或为拉力或为压力。简化记号和约束反力如图 1－12(b)和图 1－12(c)所示。链杆属于二力杆的一种特殊情形。

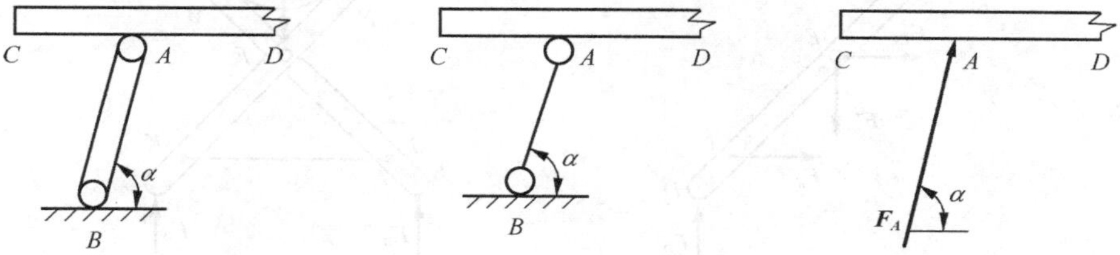

(a)　(b)　(c)

图 1－12

七、固定端约束

将构件的一端插入一固定物体(如墙)中，就构成了固定端约束。在连接处具有较大的刚性，被约束的物体在该处被完全固定，既不允许相对移动也不可转动。固定端的约束反力，一般用两个正交分力和一个约束反力偶来代替，如图 1－13 所示。

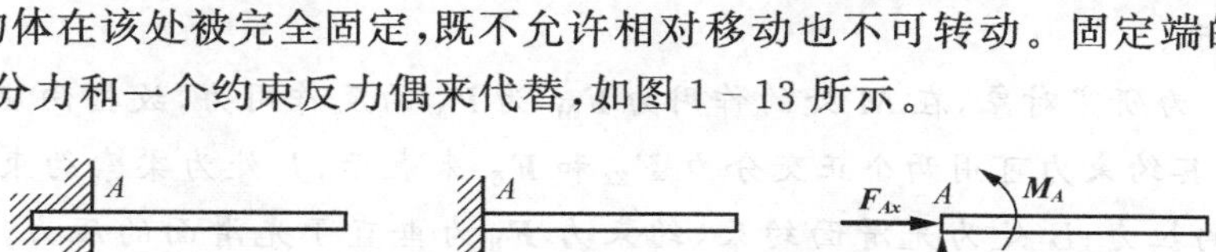

(a)　(b)　(c)

图 1－13

第四节　物体的受力分析与受力图

静力学问题大多是受一定约束的非自由刚体的平衡问题，解决此类问题的关键是找出主动力与约束反力之间的关系。因此，必须对物体的受力情况作全面的分析，即物体的受力分析，它是力学计算的前提和关键。物体的受力分析包含两个步骤：一是把该物体从与它相联系的周围物体中分离出来，解除全部约束，单独画出该物体的图形，称为取分离体。二是在分离体上画出全部主动力和约束反力，这称为画受力图。

【例 1-1】图 1-14(a)所示为一管道支架，支架的两根杆 AB 和 CD 在 E 点相铰接，在 J、K 两点用水平绳索相连，已知管道的重力为 W。不计摩擦和支架、绳索的自重，试作出管道、杆 AB、杆 CD 以及整个管道支架的受力图。

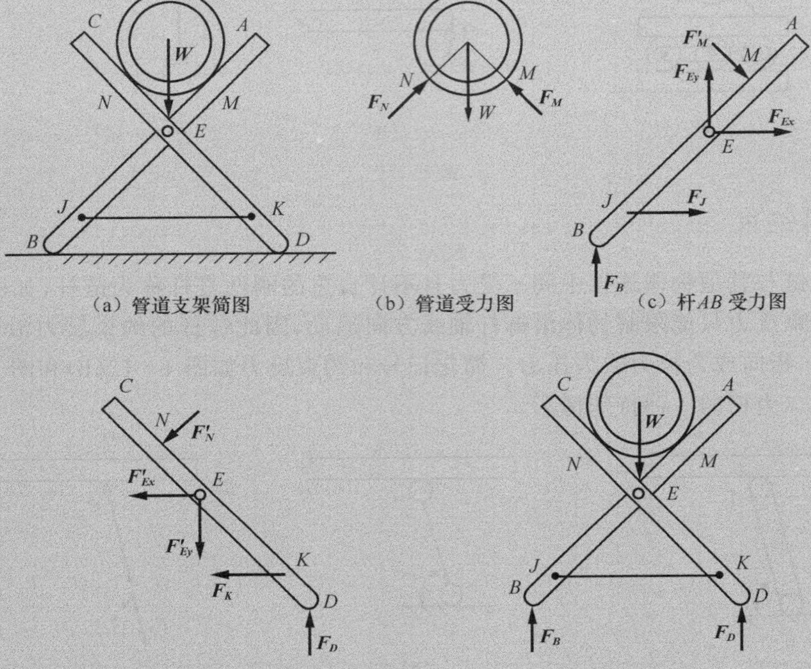

(a) 管道支架简图　(b) 管道受力图　(c) 杆 AB 受力图

(d) 杆 CD 受力图　(e) 物系受力图

图 1-14

解 (1) 管道为研究对象，其上作用有主动力 $\boldsymbol{W}$，在 M 和 N 处为光滑面约束，其约束力 $\boldsymbol{F}_M$ 和 $\boldsymbol{F}_N$ 为分别垂直于杆 AB 和 CD 并指向管道中心的压力，于是可作出管道的受力图如图 1-14(b)所示。

(2) 杆 AB 为研究对象，在 M 处的作用力 $\boldsymbol{F}_M'$ 为 $\boldsymbol{F}_M$ 的反作用力，故指向应与 $\boldsymbol{F}_M$ 相反；E 处为中间铰链，其约束力可用两个正交分力 $\boldsymbol{F}_{Ex}$ 和 $\boldsymbol{F}_{Ey}$ 来表示；J 处为柔索约束，约束力 $\boldsymbol{F}_J$ 为沿着柔索方向的拉力；B 处为光滑面约束，约束力 $\boldsymbol{F}_B$ 为垂直于光滑面的压力，即方向垂直向上。于是可得到杆 AB 的受力图如图 1-14(c)所示。

(3) CD 的受力分析与杆 AB 的分析基本相同，故不再赘述。其受力图如图 1-14(d)所示。

(4) 整个管道支架(物系)为研究对象，由于 M、N、E、J、K 各处的约束力都是物系的内力，不应画出，故只需画出物系的主动力 $\boldsymbol{W}$ 和 B、D 两处的约束力 $\boldsymbol{F}_B$ 和 $\boldsymbol{F}_D$，于是可得受力图如图 1-14(e)所示。

【例 1-2】水平梁 AB 用斜杆 CD 支撑，A、C、D 三处均为光滑铰链连接，如图 1-15(a)所示。梁上放置一重为 W_1 的电动机。已知梁重为 W_2，不计杆 CD 自重，试分别画出杆 CD 和梁 AB

的受力图。

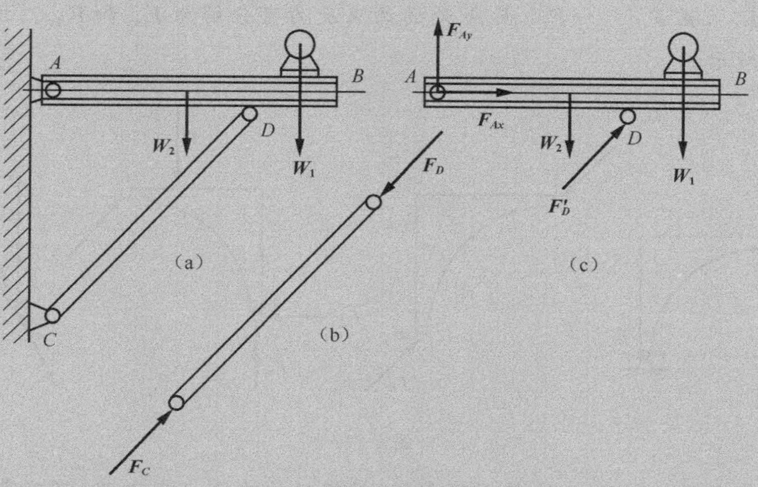

图 1-15

解 (1) CD 为研究对象。由于斜杆 CD 自重不计，只在杆的两端分别受铰链的约束反力 $\boldsymbol{F}_C$和 $\boldsymbol{F}_D$的作用，由此判断 CD 杆为二力杆。根据公理 1，$\boldsymbol{F}_C$和 $\boldsymbol{F}_D$两力大小相等、沿铰链中心连线 CD 方向且指向相反。斜杆 CD 的受力图如图 1-15(b)所示。

(2) 梁 AB(包括电动机)为研究对象。它受 $\boldsymbol{W}_1$、$\boldsymbol{W}_2$两个主动力的作用；梁在铰链 D 处受二力杆 CD 给它的约束反力 $\boldsymbol{F}_D'$的作用，根据公理 4，$\boldsymbol{F}_D'=-\boldsymbol{F}_D$；梁在 A 处受固定铰支座的约束反力，由于方向未知，可用两个大小未知的正交分力 $\boldsymbol{F}_{Ax}$和 $\boldsymbol{F}_{Ay}$表示。梁 AB 的受力图如图 1-15(c)所示。

【例 1-3】简支梁两端分别为固定铰支座和可动铰支座，在 C 处作用一集中荷载 $\boldsymbol{F}$，如图 1-16(a)所示，梁重不计，试画梁 AB 的受力图。

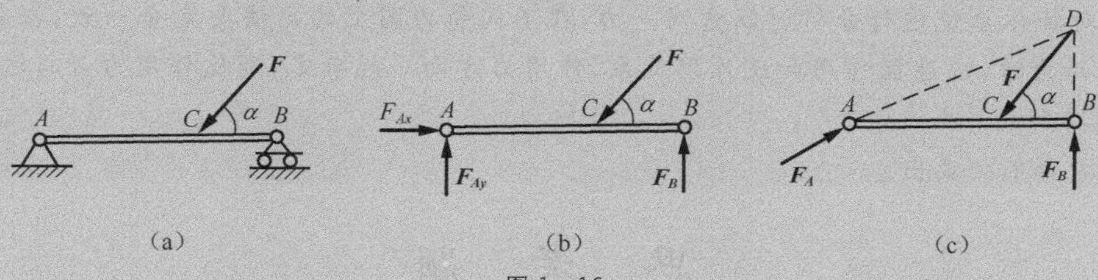

图 1-16

解 取梁 AB 为研究对象。作用于梁上的力有集中荷载 $\boldsymbol{F}$，可动铰支座 B 的反力 $\boldsymbol{F}_B$，铅垂向上，固定铰支座 A 的反力用过点 A 的两个正交分力 $\boldsymbol{F}_{Ax}$的 $\boldsymbol{F}_{Ay}$表示。受力图如图 1-16(b)所示。由于梁受三个力作用而平衡，故可由推论 2 确定 $\boldsymbol{F}_A$的方向。用点 D 表示力 $\boldsymbol{F}$ 和 $\boldsymbol{F}_B$的作用线交点。$\boldsymbol{F}_A$的作用线必过交点 D，如图 1-16(c)所示。

【例 1-4】三铰拱桥由左右两拱铰接而成，如图 1-17(a)所示。设各拱自重不计，在拱 AC 上作用荷载 $\boldsymbol{F}$。试分别画出拱 AC 和 CB 的受力图。

解 (1)取拱 CB 为研究对象。由于拱自重不计，且只在 B、C 处受到铰约束，因此 CB 为二力构件。在铰链中心 B、C 分别受到 $\boldsymbol{F}_B$和 $\boldsymbol{F}_C$的作用，且 $\boldsymbol{F}_B=-\boldsymbol{F}_C$。拱 CB 的受力图如图 1-17(b)所示。

(2) 取拱 AC 连同销钉 C 为研究对象。由于自重不计，主动力只有荷载 $\boldsymbol{F}$；点 C 受拱 CB 施加的约束力 $\boldsymbol{F}_C'$，且 $\boldsymbol{F}_C'=-\boldsymbol{F}_C$；点 A 处的约束反力可分解为 $\boldsymbol{F}_{Ax}$ 和 $\boldsymbol{F}_{Ay}$。拱 AC 的受力图如图 1-17(c)所示。

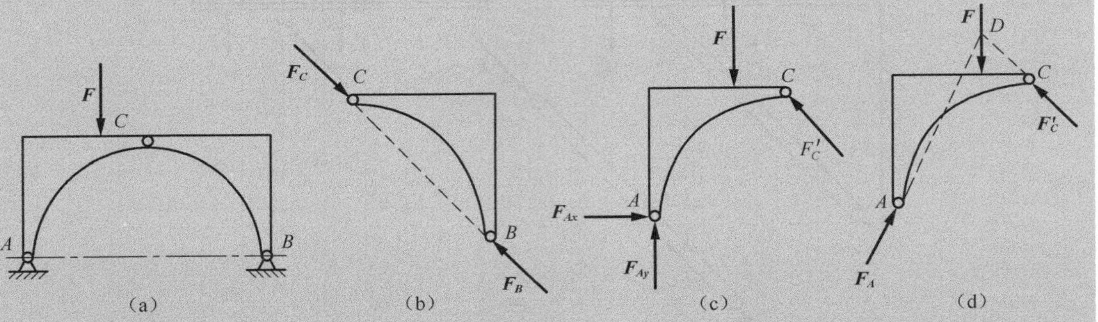

图 1-17

又拱 AC 在 $\boldsymbol{F}$、$\boldsymbol{F}_C'$ 和 $\boldsymbol{F}_A$ 三力作用下平衡，根据三力平衡汇交定理，可确定出铰链 A 处约束反力 $\boldsymbol{F}_A$ 的方向。点 D 为力 $\boldsymbol{F}$ 与 $\boldsymbol{F}_C'$ 的交点，当拱 AC 平衡时，$\boldsymbol{F}_A$ 的作用线必通过点 D，如图 1-17(d)所示，$\boldsymbol{F}_A$ 的指向，可先作假设，以后由平衡条件确定。

在画受力图时应注意如下几个问题。

(1) 明确研究对象并取出分离体。

(2) 要先画出全部的主动力。

(3) 明确约束反力的个数。凡是研究对象与周围物体相接触的地方，都一定有约束反力，不可随意增加或减少。

(4) 要根据约束的类型画约束反力。即按约束的性质确定约束反力的作用位置和方向，不能主观臆断。

(5) 二力构件要优先分析。

(6) 对物体系统进行分析时注意同一力，在不同受力图上的画法要完全一致；在分析两个相互作用的力时，应遵循作用和反作用关系，作用力方向一经确定，则反作用力必与之相反，不可再假设指向。

(7) 内力不必画出。

思 考 题

1-1 说明下列式子的意义和区别。

(1)$\boldsymbol{F}_1=\boldsymbol{F}_2$ 和 $F_1=F_2$；　　(2)$\boldsymbol{F}_R=\boldsymbol{F}_1+\boldsymbol{F}_2$ 和 $F_R=F_1+F_2$

1-2 力的可传性原理的适用条件是什么，如思考题 1-2 图所示，能否根据力的可传性原理，将作用于杆 AC 上的力 $\boldsymbol{F}$ 沿其作用线移至杆 BC 上而成力 $\boldsymbol{F}'$。

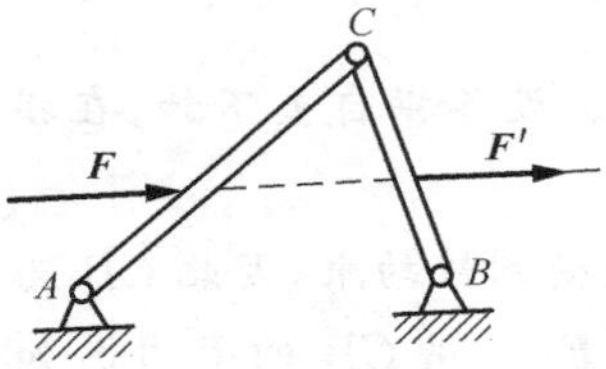

思考题 1-2 图

1-3 作用于刚体上大小相等、方向相同的两个力对刚体的作用是否等效。

1-4 物体受汇交于一点的三个力作用而处于平衡，此三力是否一定共面，为什么？

1-5　思考题1-5图中力$\boldsymbol{F}$作用在销钉C上，试问销钉C对AC的力与销钉C对BC的力是否等值、反向、共线，为什么？

1-6　思考题1-6图中各物体受力图是否正确，若有错误试改正。

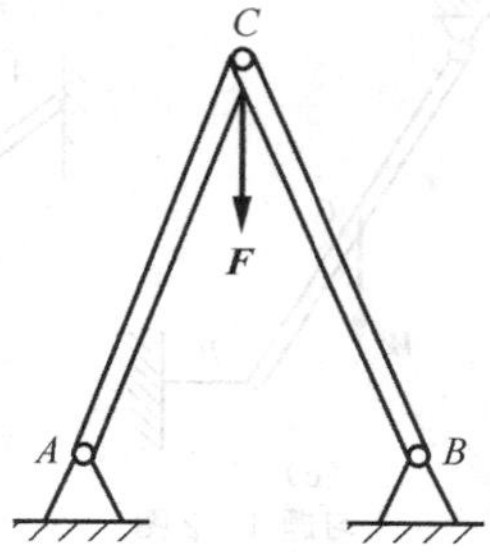

思考题1-5图

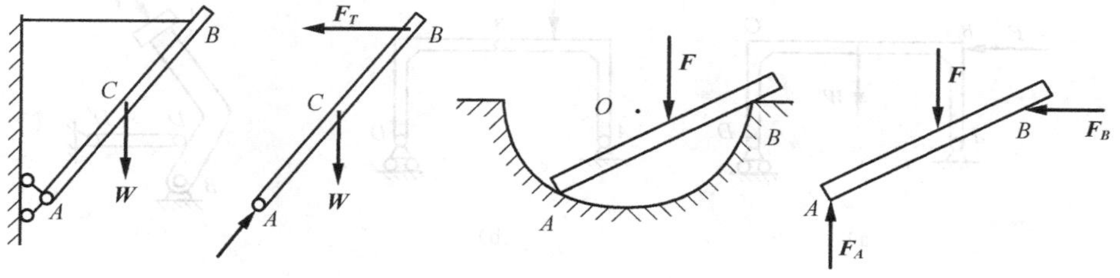

思考题1-6图

习　题　一

1-1　试画出以下各题中圆柱或圆盘的受力图。与其他物体接触处的摩擦力均略去。

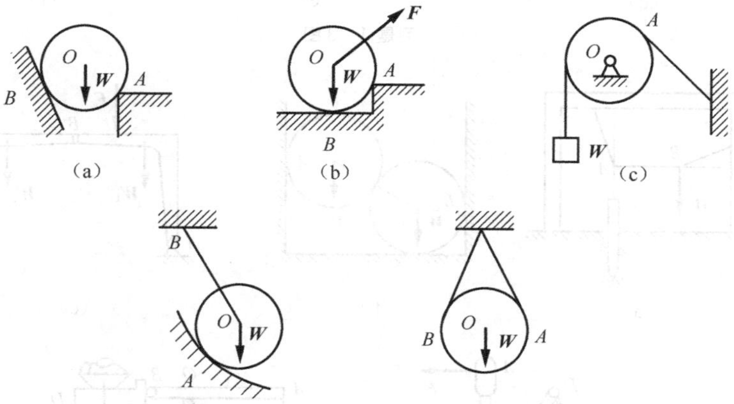

习题1-1图

1-2　试画出以下各题中AB杆的受力图。

1-3　试画出以下各题中指定物体的受力图。

(a) 拱$ABCD$；(b)半拱AB部分；(c)踏板AB；(d)杠杆AB；(e)方板$ABCD$；(f)节点B。

1－4 试画出以下各题中指定物体的受力图。

(a) 结点 A，结点 B；(b) 圆柱 A 和 B 及整体；(c) 半拱 AB，半拱 BC 及整体；(d) 杠杆 AB，切刀 DEF 及整体；(e) 秤杆 AB，秤盘架 BCD 及整体。

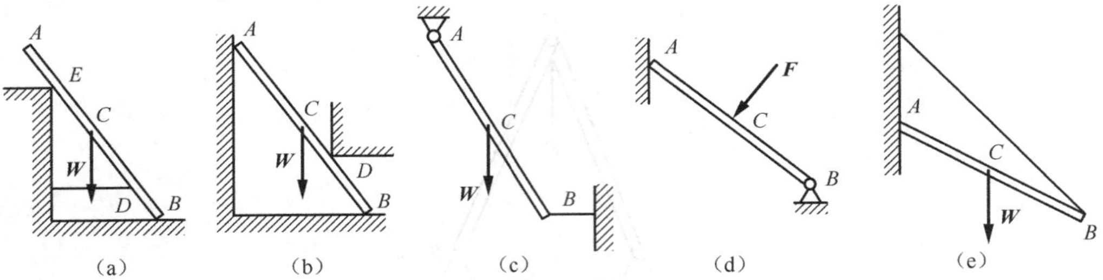

习题 1－2 图

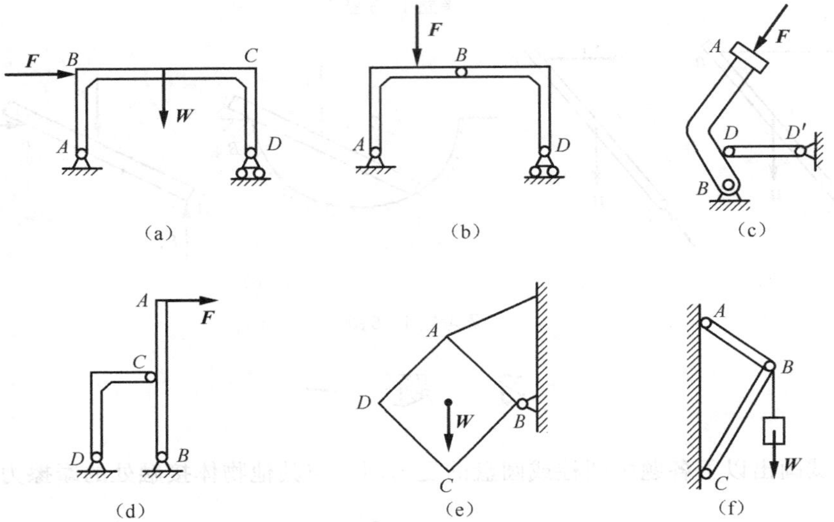

习题 1－3 图

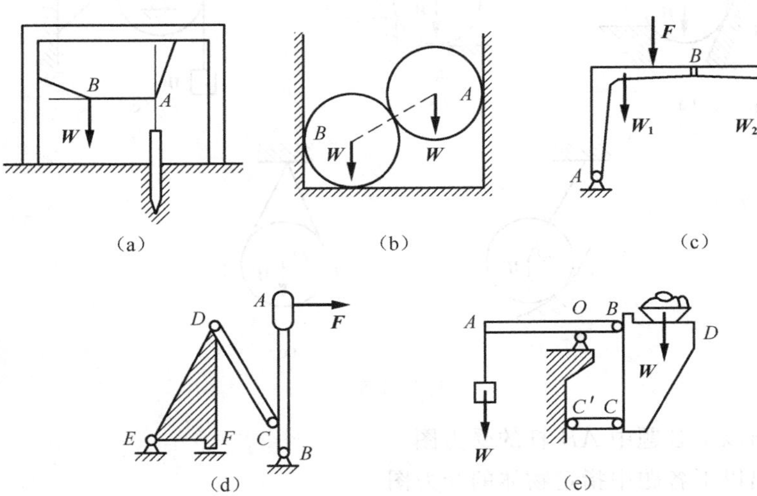

习题 1－4 图

第二章 平面汇交力系

根据力系中各力作用线的位置，力系可分为平面力系和空间力系。各力的作用线都在同一平面内的力系称为平面力系。在平面力系中又可以分为平面汇交力系、平面平行力系、平面力偶系和平面一般力系。在平面力系中，各力作用线汇交于一点的力系称平面汇交力系。本章讨论平面汇交力系的合成与平衡问题。

第一节 平面汇交力系合成与平衡的几何法

一、平面汇交力系合成的几何法

设在某刚体上作用有由力 $\boldsymbol{F}_1$、$\boldsymbol{F}_2$、$\boldsymbol{F}_3$、$\boldsymbol{F}_4$组成的平面汇交力系，各力的作用线交于点 A，如图 2-1(a)所示。由力的可传性，将力的作用线移至汇交点 A；然后由力的合成三角形法则将各力依次合成，即从任意点 a 作矢量 $\boldsymbol{ab}$ 代表力矢 $\boldsymbol{F}_1$，在其末端 b 作矢量 $\boldsymbol{bc}$ 代表力矢 $\boldsymbol{F}_2$，则虚线 $\boldsymbol{ac}$ 表示力矢 $\boldsymbol{F}_1$和 $\boldsymbol{F}_2$的合力矢 $\boldsymbol{F}_{R1}$；再从点 C 作矢量 $\boldsymbol{cd}$ 代表力矢 $\boldsymbol{F}_3$，则 $\boldsymbol{ad}$ 表示 $\boldsymbol{F}_{R1}$和 $\boldsymbol{F}_3$的合力 $\boldsymbol{F}_{R2}$；最后从点 d 作 $\boldsymbol{de}$ 代表力矢 $\boldsymbol{F}_4$，则 $\boldsymbol{ae}$ 代表力矢 $\boldsymbol{F}_{R2}$与 $\boldsymbol{F}_4$的合力矢，亦即力 $\boldsymbol{F}_1$、$\boldsymbol{F}_2$、$\boldsymbol{F}_3$、$\boldsymbol{F}_4$的合力矢 $\boldsymbol{F}_R$，其大小和方向如图 2-1(b)，其作用线通过汇交点 A。

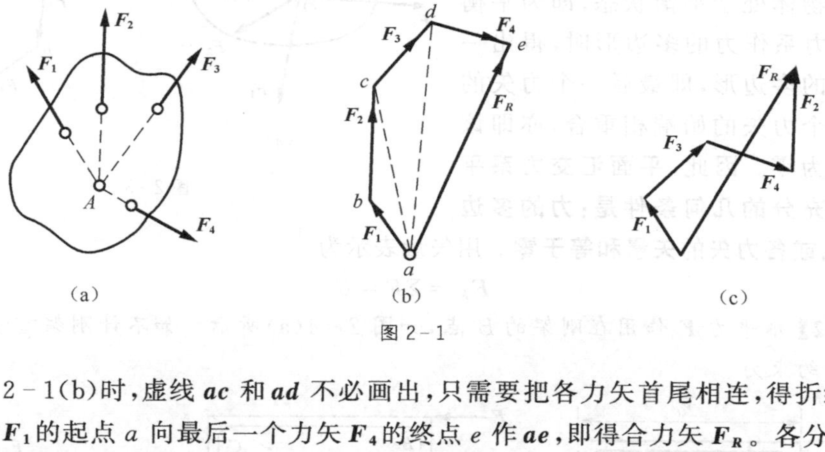

图 2-1

在作图 2-1(b)时，虚线 $\boldsymbol{ac}$ 和 $\boldsymbol{ad}$ 不必画出，只需要把各力矢首尾相连，得折线 $abcde$，则第一个力矢 $\boldsymbol{F}_1$的起点 a 向最后一个力矢 $\boldsymbol{F}_4$的终点 e 作 $\boldsymbol{ae}$，即得合力矢 $\boldsymbol{F}_R$。各分力矢与合力矢构成的多边形称为力的多边形，表示合力矢的边 $\boldsymbol{ae}$ 称为力的多边形的逆封边。这种求合力的方法称为力的多边形法则。

若改变各力矢的作图顺序，所得的力的多边形的形状则不同，但是这并不影响最后所得的逆封边的大小和方向，如图 2-1(c)所示。但应注意，各分力矢必须首尾相连，环绕力多边形周边的同一方向，而合力矢则反向封闭力多边形。

上述方法可以推广到由 n 个力 $\boldsymbol{F}_1,\boldsymbol{F}_2,\cdots,\boldsymbol{F}_n$ 组成的平面汇交力系：**平面汇交力系合成的结果是一个合力，合力的作用线过力系的汇交点，合力等于原力系中所有各力的矢量和。**

可用矢量式表示为

$$\boldsymbol{F}_R=\boldsymbol{F}_1+\boldsymbol{F}_2+\cdots+\boldsymbol{F}_n=\Sigma\boldsymbol{F} \tag{2-1}$$

【例 2-1】同一平面的三根钢索连结在一固定环上，如图 2-2(a)所示，已知三钢索的拉力分别为：$F_1=500$ N，$F_2=1000$ N，$F_3=2000$ N。试用几何作图法求三根钢索在环上作用的合力。

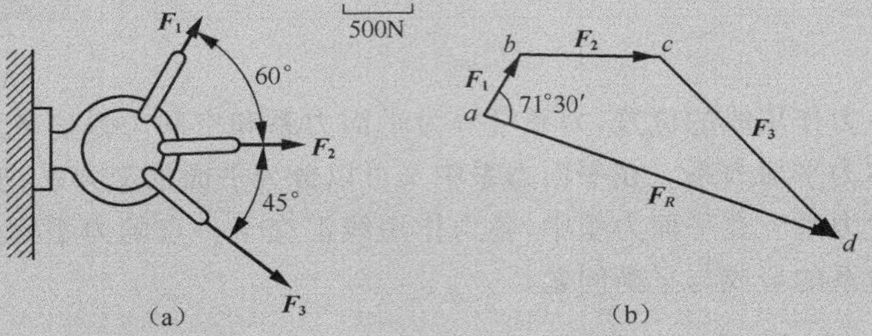

图 2-2

解 先定力的比例尺如图。作力多边形先将各分力乘以比例尺得到各力的长度，然后作出力多边形图 2-2(b)，量得代表合力矢的长度，则 $\boldsymbol{F}_R$ 的实际值为

$$F_R=2700 \text{ N}$$

$\boldsymbol{F}_R$ 的方向可由力的多边形图直接量出，$\boldsymbol{F}_R$ 与 $\boldsymbol{F}_1$ 的夹角为 71°31′。

二、平面汇交力系平衡的几何条件

在图 2-3(a)中，平面汇交力系合成为一合力，即与原力系等效。若在该力系中再加一个等值、反向、共线的力，根据二力平衡公理知物体处于平衡状态，即为平衡力系。对该力系作力的多边形时，得出一个闭合的力的多边形，即最后一个力矢的末端与第一个力矢的始端相重合，亦即该力系的合力为零。因此，**平面汇交力系平衡的必要与充分的几何条件是：力的多边形自行封闭，或各力矢的矢量和等于零。**用矢量表示为

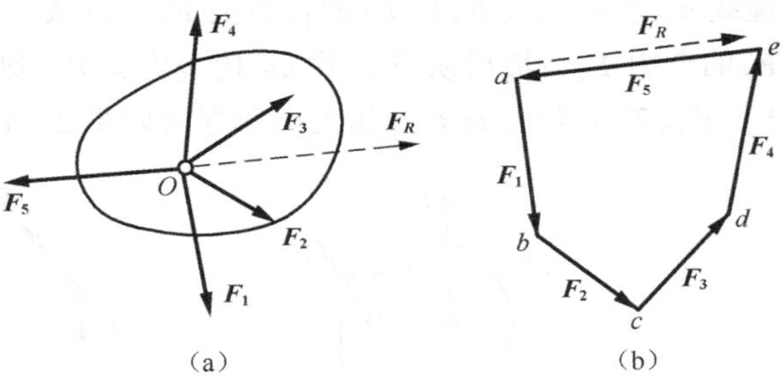

图 2-3

$$\boldsymbol{F}_R=\Sigma\boldsymbol{F}=0 \tag{2-2}$$

【例 2-2】水平力 $\boldsymbol{F}$ 作用在刚架的 B 点，如图 2-4(a)所示。如不计刚架重量，试求支座 A 和 D 处的约束力。

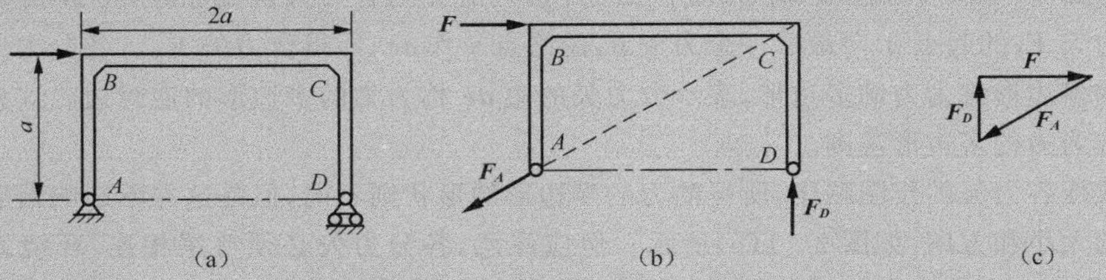

图 2-4

解 (1)取整体 $ABCD$ 为研究对象，受力分析如图 2-4(b)所示，画封闭的力三角形如图 2-4(c)所示。

(2)由力三角形得

$$\frac{F}{BC}=\frac{F_D}{AB}=\frac{F_A}{AC}=\frac{F}{2}=\frac{F_D}{1}=\frac{F_A}{\sqrt{5}}$$

$$\therefore F_D=\frac{1}{2}F \quad F_A=\frac{\sqrt{5}}{2}F=1.12F$$

第二节 平面汇交力系合成与平衡的解析法

求解平面汇交力系问题的几何法，具有直观简捷的优点，但是作图时的误差难以避免。因此，工程中多用解析法来求解力系的合成和平衡问题。解析法是以力在坐标轴上的投影为基础的。

一、力在坐标轴上的投影

如图 2-5 所示，设力 $\boldsymbol{F}$ 作用于刚体上的 A 点，在力作用的平面内建立坐标系 Oxy，由力 $\boldsymbol{F}$ 的起点和终点分别向 x 轴作垂线，得垂足 a_1 和 b_1，则线段 a_1b_1 冠以相应的正负号称为力 $\boldsymbol{F}$ 在 x 轴上的投影，用 F_x 表示。即 $F_x=\pm a_1b_1$；同理，力 $\boldsymbol{F}$ 在 y 轴上的投影用 F_y 表示，即 $F_y=\pm a_2b_2$。

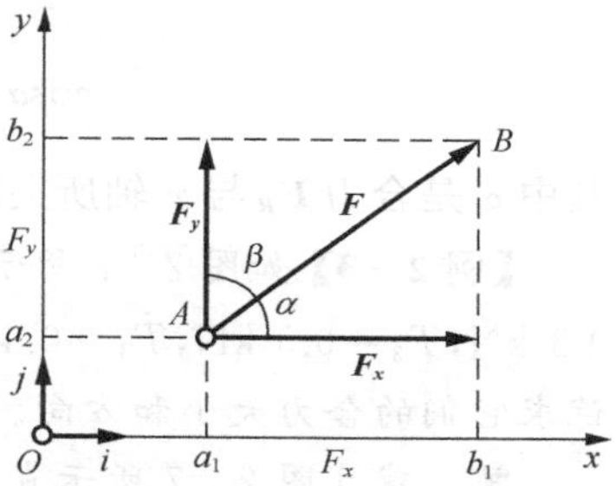

图 2-5

力在坐标轴上的投影是代数量，正负号规定：力的投影由始到末端与坐标轴正向一致其投影取正号，反之取负号。投影与力的大小及方向有关，即

$$\left.\begin{aligned} F_x &= \pm a_1b_1 = F\cos\alpha \\ F_y &= \pm a_2b_2 = F\cos\beta \end{aligned}\right\} \tag{2-3}$$

式中 α、β 分别为 $\boldsymbol{F}$ 与 x、y 轴正向所夹的角。

反之，若已知力 $\boldsymbol{F}$ 在坐标轴上的投影 F_x、F_y，则该力的大小及方向余弦为

$$\left.\begin{aligned} F &= \sqrt{F_x^2+F_y^2} \\ \cos\alpha &= \frac{F_x}{F} \end{aligned}\right\} \tag{2-4}$$

应当注意，力的投影和力的分量是两个不同的概念。投影是代数量，而分力是矢量；投影无所谓作用点，而分力作用点必须作用在原力的作用点上。另外仅在直角坐标系中在坐标轴上的投影的绝对值和力沿该轴的分量的大小相等。

二、合力投影定理

设一平面汇交力系由 $\boldsymbol{F}_1$、$\boldsymbol{F}_2$、$\boldsymbol{F}_3$ 和 $\boldsymbol{F}_4$ 作用于刚体上，其力的多边形 $abcde$ 如图 2-6 所示，封闭边 $\boldsymbol{ae}$ 表示该力系的合力矢 $\boldsymbol{F}_R$，在力的多边形所在平面内取一坐标系 Oxy，将所有的力矢都投影到 x 轴和 y 轴上。得

$$F_{Rx}=a_1e_1,\ F_{x1}=a_1b_1,\ F_{x2}=b_1c_1,F_{x3}=c_1d_1,F_{x4}=d_1e_1$$

由图 2-6 可知

$$a_1e_1=a_1b_1+b_1c_1+c_1d_1+d_1e_1$$

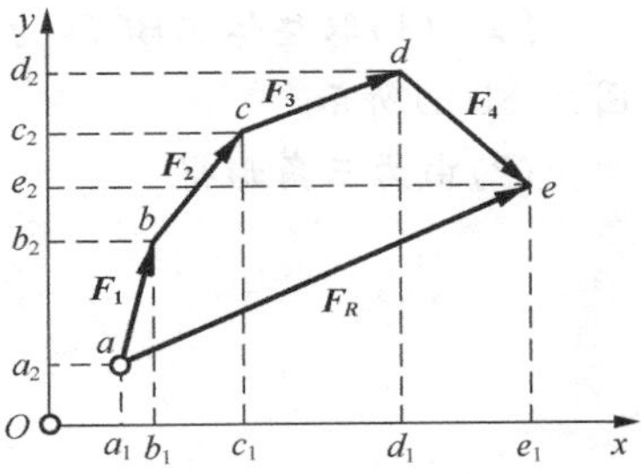

图 2-6

即

$$F_{Rx}=F_{x1}+F_{x2}+F_{x3}+F_{x4}$$

同理

$$F_{Ry}=F_{y1}+F_{y2}+F_{y3}+F_{y4}$$

将上述关系式推广到任意平面汇交力系的情形，得

$$\left.\begin{aligned}F_{Rx}&=F_{x1}+F_{x2}+\cdots+F_{xn}=\Sigma F_x\\F_{Ry}&=F_{y1}+F_{y2}+\cdots+F_{yn}=\Sigma F_y\end{aligned}\right\}\quad(2-5)$$

即合力在任一轴上的投影，等于各分力在同一轴上投影的代数和，这就是合力投影定理。

三、平面汇交力系合成的解析法

用解析法求平面汇交力系的合成时，首先在其所在的平面内选定坐标系 Oxy。求出力系中各力在 x 轴和 y 轴上的投影，由合力投影定理得

$$\left.\begin{aligned}F_R&=\sqrt{F_{Rx}^2+F_{Ry}^2}=\sqrt{(\Sigma F_x)^2+(\Sigma F_y)^2}\\\cos\alpha&=\left|\frac{F_{Rx}}{F_R}\right|=\left|\frac{\Sigma F_x}{F_R}\right|\end{aligned}\right\}\quad(2-6)$$

其中 α 是合力 $\boldsymbol{F_R}$ 与 x 轴所夹的锐角。

【例 2-3】 如图 2-7 所示，固定圆环作用有四根绳索，其拉力分别为 $T_1=0.2$ kN，$T_2=0.3$ kN，$T_3=0.5$ kN，$T_4=0.4$ kN，它们与轴的夹角分别为 $\alpha_1=30°$，$\alpha_2=45°$，$\alpha_3=0$，$\alpha_4=60°$。试求它们的合力大小和方向。

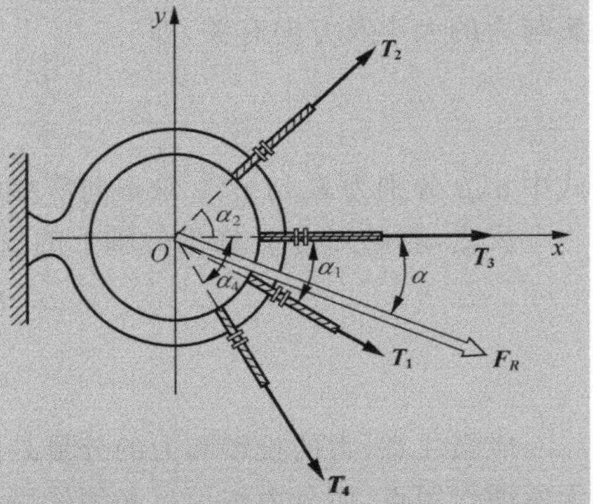

图 2-7

解 建立图 2-7 所示直角坐标系。根据合力投影定理，有

$$F_{Rx}=\Sigma F_x=T_1\cos\alpha_1+T_2\cos\alpha_2+T_3\cos\alpha_3+T_4\cos\alpha_4=1.085\ \text{kN}$$

$$F_{Ry}=\Sigma F_y=T_1\sin\alpha_1+T_2\sin\alpha_2+T_3\sin\alpha_3-T_4\sin\alpha_4=-0.234\ \text{kN}$$

由 ΣF_{xi}、ΣF_{yi} 的代数值可知，F_{Rx} 沿 x 轴的正向，F_{Ry} 沿 y 轴的负向。由式(2-6)得合力的大小

$$F_R=\sqrt{(\Sigma F_x)^2+(\Sigma F_y)^2}=1.11\ \text{kN}$$

方向为

$$\cos\alpha=\left|\frac{\Sigma F_x}{F_R}\right|=0.977$$

解得 $\alpha=12°12'$

四、平面汇交力系平衡的解析条件

我们已经知道平面汇交力系平衡的必要与充分条件是其合力等于零，即 $F_R=0$。由式(2-6)可知，要使 $F_R=0$，须有

$$\Sigma F_x=0;\Sigma F_y=0\quad(2-7)$$

上式表明，平面汇交力系平衡的必要与充分条件是：**力系中各力在力系所在平面内两个相**

交轴上投影的代数和同时为零。式(2-7)称为平面汇交力系的平衡方程。

式(2-7)是由两个独立的平衡方程组成的,故用平面汇交力系的平衡方程只能求解两个未知量。

【例 2-4】 重量为 W 的重物,放置在倾角为 α 的光滑斜面上(如图 2-8 所示),试求保持重物平衡时需沿斜面方向所加的力 $\boldsymbol{F}$ 和重物对斜面的压力 $\boldsymbol{F}_N$。

解　以重物为研究对象。重物受到重力 W、拉力 $\boldsymbol{F}$ 和斜面对重物的作用力 $\boldsymbol{F}_N$,其受力图如图 2-8(b)所示。取坐标系 Oxy,列平衡方程

$\Sigma F_x=0$　　　$W\sin\alpha-F=0$

$\Sigma F_y=0$　　　$-W\cos\alpha+F_N=0$

解得　$F=W\sin\alpha$　　$F_N=W\cos\alpha$

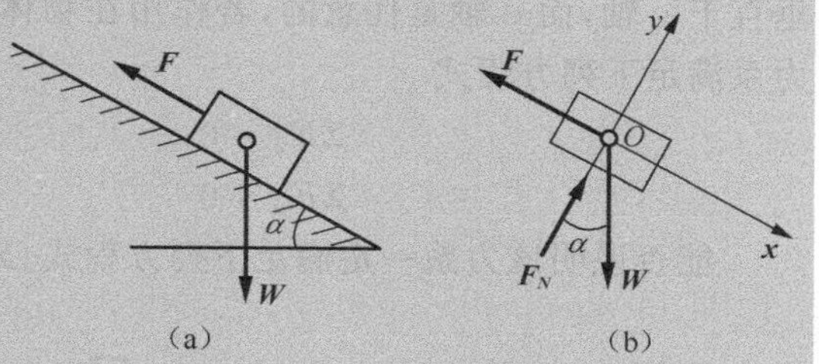

图 2-8

则重物对斜面的压力 $\boldsymbol{F}_N'=W\cos\alpha$,指向和 $\boldsymbol{F}_N$ 相反。

【例 2-5】 物体重 $W=20$ kN,用绳子挂在支架的滑轮 B 上,绳子的另一端接在绞车 D 上,如图 2-9(a)所示,转动绞车物体便能升起。设滑轮的大小及其中的摩擦略去不计,A、B、C 三处均为铰链连接。当物体处于平衡状态时,试求拉杆 AB 和支杆 CB 所受的力。

解　取滑轮 B(连同销钉 B)为研究对象,受力如图 2-9(b)所示,列平衡方程

$\Sigma F_x=0$:　　$-F_{AB}-F_{CB}\cos30°-T\sin30°=0$

$\Sigma F_y=0$:　　$-F_{CB}\sin30°-W-T\cos30°=0$

$T=W$

联立上述方程可解得

$F_{AB}=54.64$ kN;(拉)

$F_{CB}=-74.64$ kN;(压)

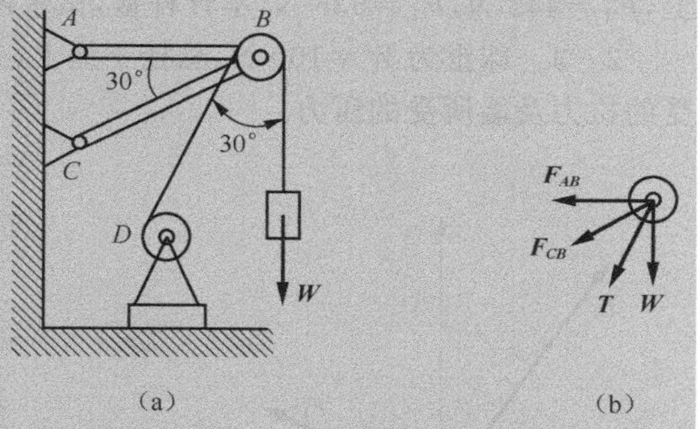

图 2-9

通过以上分析和求解过程可以看出,在求解平衡问题时,要恰当地选取分离体,恰当地选取坐标轴,以最简捷、合理的途径完成求解工作。尽量避免求解联立方程,以提高计算的工作效率。这些都是求解平衡问题所必须注意的。

思　考　题

2-1　如图所示的平面汇交力系的各力多边形中,各代表什么意义。

2-2　如图所示,已知力 $\boldsymbol{F}$ 大小和其与 x 轴正向的夹角 θ,试问能否求出此力在 x 轴上的投影,能否求出此力沿 x 轴方向的分力。

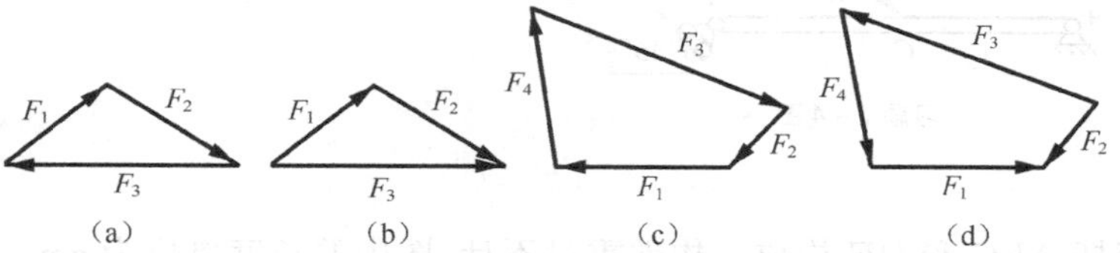

思考题 2-1 图

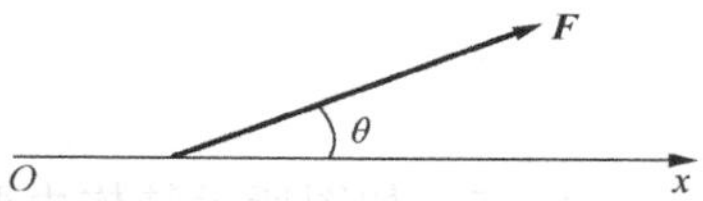

思考题 2-2 图

2-3 同一个力在两个互相平行的轴上的投影有何关系，相等，问这两个力的大小是否一定相等。

2-4 平面汇交力系在任意两根轴上的投影的代数和分别等于零，则力系必平衡，对吗？为什么。

2-5 若选择同一平面内的3个轴x、y和z，其中x轴垂直于y轴，而z轴是任意的，若作用在物体上的平面汇交力系满足下列方程式

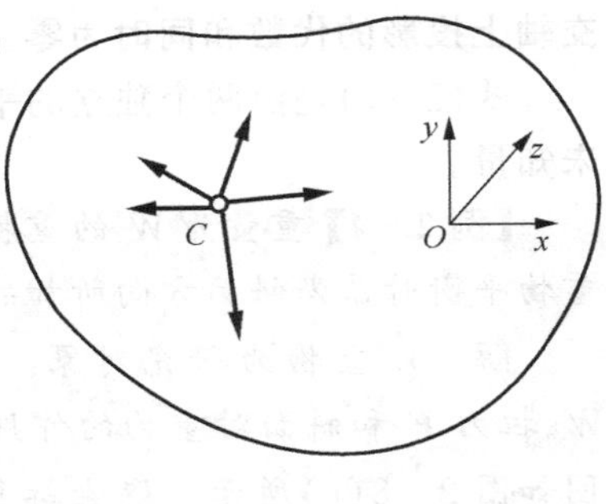

思考题 2-5 图

$$\Sigma F_x = 0$$

$$\Sigma F_y = 0$$

能否说明该力系一定满足下列方程式：$\Sigma F_z = 0$ 试说明理由。

习　题　二

2-1 在刚体的A点作用有4个平面汇交力。其中$F_1 = 2$ kN，$F_2 = 3$ kN，$F_3 = 1$ kN，$F_4 = 2.5$ kN，方向如图所示。用解析法求该力系的合成结果。

2-2 杆AC、BC在C处铰接，另一端均与墙面铰接，如图所示，$\boldsymbol{F}_1$和$\boldsymbol{F}_2$作用在销钉C上，$F_1 = 445$ N，$F_2 = 535$ N，不计杆重，试求两杆所受的力。

2-3 球重为$W = 100$ N，悬挂于绳上，并与光滑墙相接触，如图所示。$\alpha = 30°$，试求绳所受的拉力及墙所受的压力。

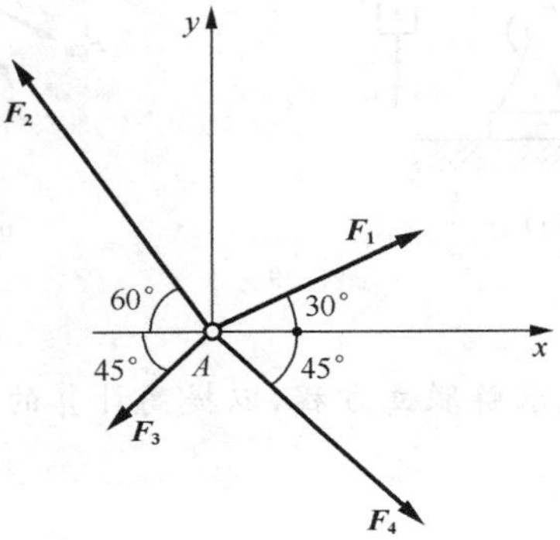

习题 2-1 图

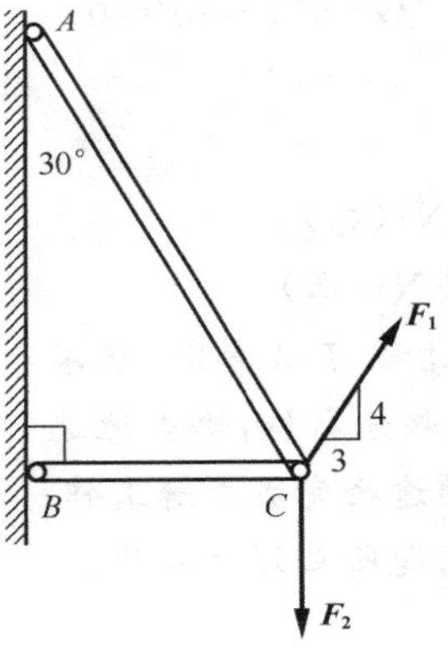

习题 2-2 图

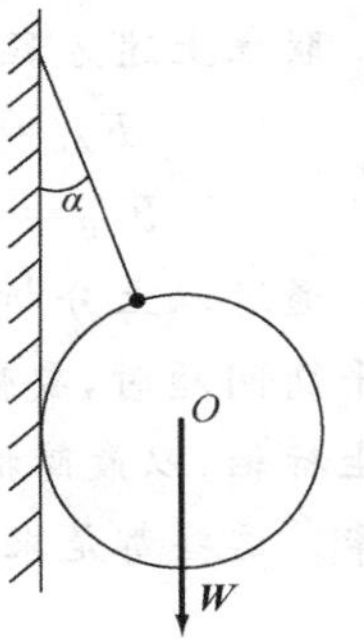

习题 2-3 图

2-4 在简支梁AB的中点C作用一个倾斜45°的力$\boldsymbol{F}$，力的大小等于20 kN，如图所示。若梁的自重不计，试求两支座的约束力。

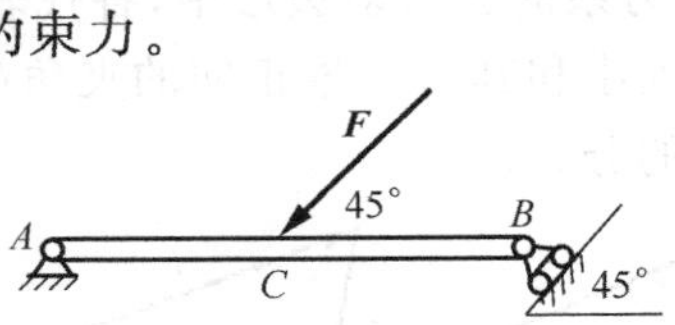

习题 2-4 图

2-5 如图所示结构由两弯杆ABC和DE构成。构件重量不计，图中的长度单位为cm。已知$F = 200$ N，试求支座A和E的约束力。

2－6　在四连杆机构 $ABCD$ 的铰链 B 和 C 上分别作用有力 $\boldsymbol{F}_1$ 和 $\boldsymbol{F}_2$，机构在图示位置平衡。试求平衡时力 $\boldsymbol{F}_1$ 和 $\boldsymbol{F}_2$ 的大小之间的关系。

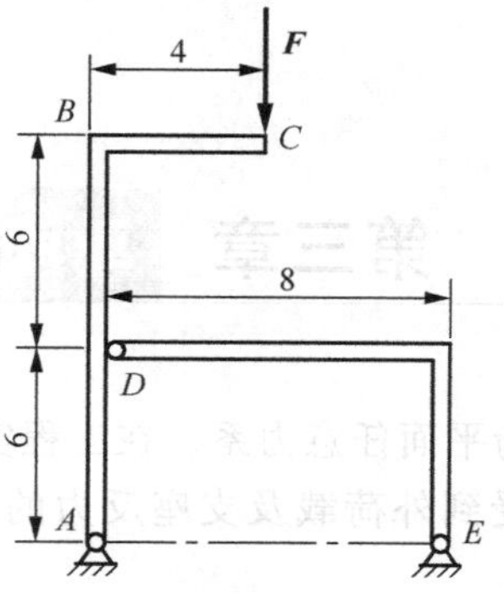

习题 2－5 图

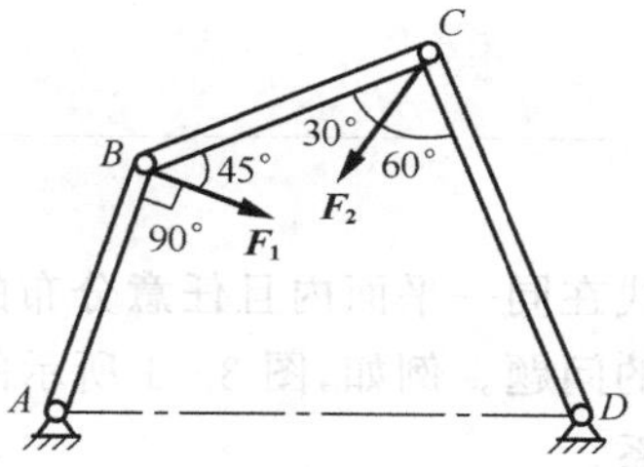

习题 2－6 图

第三章 平面任意力系

各力作用线在同一平面内且任意分布的力系称为平面任意力系。在工程实际中经常遇到平面任意力系的问题。例如，图 3－1 所示的简支梁受到外荷载及支座反力的作用，这个力系是平面任意力系。

有些结构所受的力系本不是平面任意力系，但可以简化为平面任意力系来处理。如图 3－2 所示的屋架，可以忽略它与其他屋架之间的联系，单独分离出来，视为平面结构来考虑。屋架上的荷载及支座反力作用在屋架自身平面内，组成一平面任意力系。

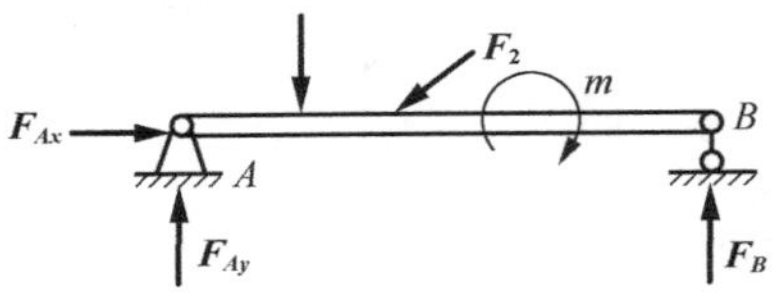

图 3－1

对于水坝(如图 3－3 所示)这样纵向尺寸较大的结构，在分析时常截取单位长度(如 1)的坝段来考虑，将坝段所受的力简化为作用于中央平面内的平面任意力系。事实上工程中的多数问题都简化为平面任意力系问题来解决。所以，本章的内容在工程实践中有着重要的意义。

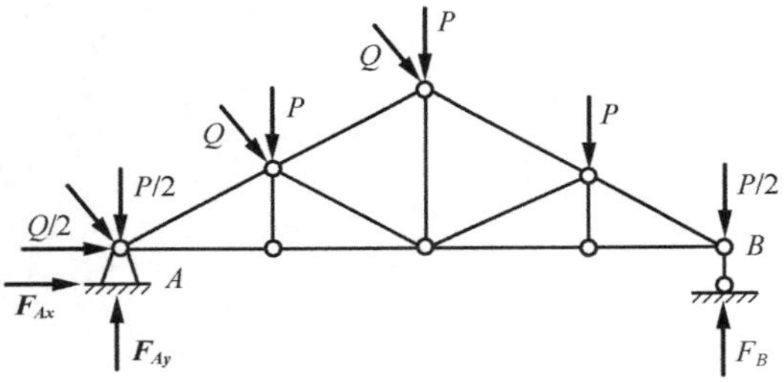

图 3－2

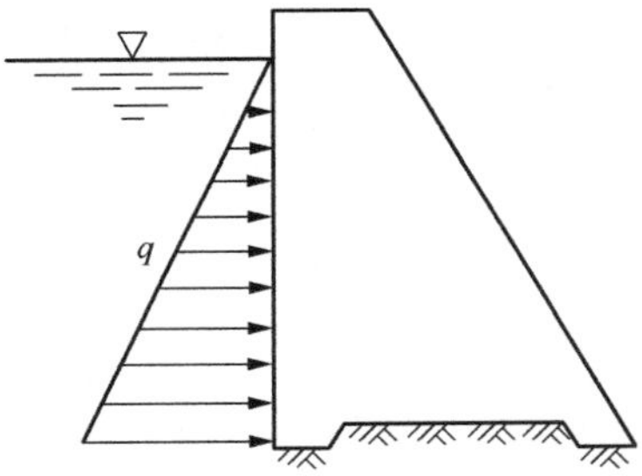

图 3－3

在研究平面任意力系之前，首先研究力矩、力偶和平面力偶系的理论。这都是有关力的转动效应的基本知识，在理论研究和工程实际应用中都有重要的意义。

第一节　力对点之矩

一、力矩的概念

力不仅可以改变物体的移动状态，而且还能改变物体的转动状态。力使物体绕某点转动的力学效应，称为力对该点之矩。以扳手旋转螺母为例，如图 3－4 所示，设螺母能绕点 O 转动。由经验可知，螺母能否旋动，不仅取决于作用在扳手上的力 $\boldsymbol{F}$ 的大小，而且还与点 O 到 $\boldsymbol{F}$ 的作用线的垂直距离 d 有关。因此，用 $\boldsymbol{F}$ 与 d 的乘积作为力 $\boldsymbol{F}$ 使螺母绕点 O 转动效应的量度。其中距离 d 称为 $\boldsymbol{F}$ 对 O 点的力臂，点 O 称为矩心。由于转动有逆时针和顺时针两个转向，则力 $\boldsymbol{F}$ 对 O 点之矩定义为：力的大小 F 与力臂 d 的乘积冠以适当的正负号，以符号 $M_O(\boldsymbol{F})$表示，记为

$$M_O(\boldsymbol{F}) = \pm Fd \tag{3-1}$$

通常规定：力使物体绕矩心逆时针方向转动时，力矩为正，反之为负。

由图 3-4 可知，力 $\boldsymbol{F}$ 对 O 点之矩的大小，也可以用三角形 OAB 的面积的两倍表示，即

$$M_O(\boldsymbol{F}) = \pm 2\Delta ABC \tag{3-2}$$

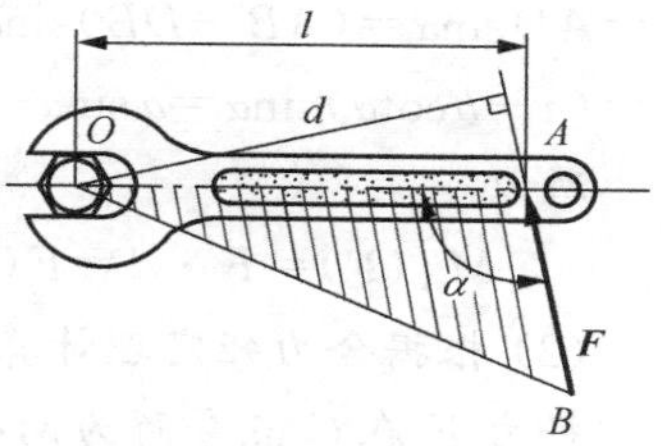

图 3-4

在国际单位制中，力矩的单位是牛顿·米(N·m)或千牛顿·米(kN·m)。

由上述分析可得力矩的性质。

(1) 力对点之矩，不仅取决于力的大小，还与矩心的位置有关。力矩随矩心的位置变化而变化。

(2) 力对任一点之矩，不因该力的作用点沿其作用线移动而改变，再次说明力是滑移矢量。

(3) 力的大小等于零或其作用线通过矩心时，力矩等于零。

二、合力矩定理

定理：平面汇交力系的合力对其平面内任一点的矩等于所有各分力对同一点之矩的代数和。

证明：设刚体上的 A 点作用着一平面汇交力系 $\boldsymbol{F_1}$，$\boldsymbol{F_2}$，…，$\boldsymbol{F_n}$。力系的合力 $\boldsymbol{F_R}$。在力系所在平面内任选一点 O，过 O 作 Oy 轴，且垂直于 OA。如图 3-5 所示。则图中 Ob_1，Ob_2，…，Ob_n 和 Ob_r 分别等于力 $\boldsymbol{F_1}$，$\boldsymbol{F_2}$，…，$\boldsymbol{F_n}$ 和 $\boldsymbol{F_R}$ 在 Oy 轴上的投影 F_{y1}，F_{y2}，…，F_{yn} 和 F_{Ry}。现分别计算 $\boldsymbol{F_1}$、$\boldsymbol{F_2}$，…，$\boldsymbol{F_n}$ 和 $\boldsymbol{F_R}$ 各力对点 O 的力矩。

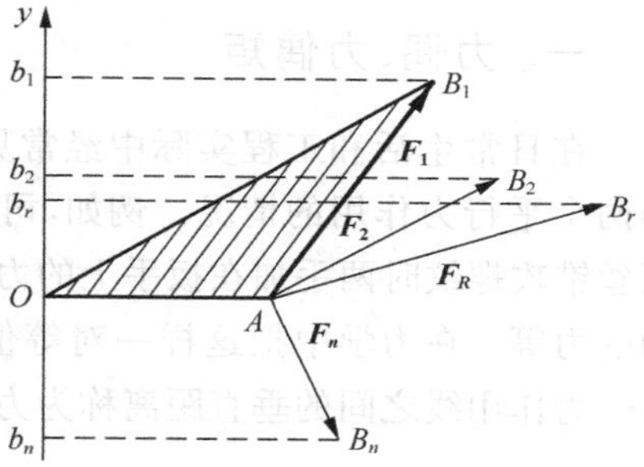

图 3-5

由图 3-5 可以得知

$$\left.\begin{aligned} M_O(F_1) &= Ob_1 OA = F_{y1} OA \\ M_O(F_2) &= Ob_2 OA = F_{y2} OA \\ &\vdots \\ M_O(F_n) &= Ob_n OA = F_{yn} OA \\ M_O(F_R) &= Ob_r OA = F_{Ry} OA \end{aligned}\right\} \tag{1}$$

根据合力投影定理

$$F_{Ry} = F_{y1} + F_{y2} + \cdots + F_{yn}$$

两端乘以 OA 得

$$F_R OA = F_{y1} OA + F_{y2} OA + \cdots + F_{yn} OA$$

将式(1)代入得

$$M_O(\boldsymbol{F_R}) = M_O(\boldsymbol{F_1}) + M_O(\boldsymbol{F_2}) + \cdots + M_O(\boldsymbol{F_n})$$

即

$$M_O(\boldsymbol{F_R}) = \Sigma M_O(\boldsymbol{F}) \tag{3-3}$$

上式称为合力矩定理。合力矩定理建立了合力对点之矩与分力对同一点之矩的关系。这个定理也适用于有合力的其他力系。

【例 3-1】试计算图 3-6 中力对 A 点之矩。

解　本题有两种解法。

(1) 由力矩的定义计算力 F 对 A 点之矩。

先求力臂 d。由图中几何关系有：

$$d=AD\sin\alpha=(AB-DB)\sin\alpha=(AB-BC\cot\alpha)\sin\alpha$$
$$=(a-b\cot\alpha)\sin\alpha=a\sin\alpha-b\cos\alpha$$

所以

$$M_A(\boldsymbol{F})=F\cdot d=F(a\sin\alpha-b\cos\alpha)$$

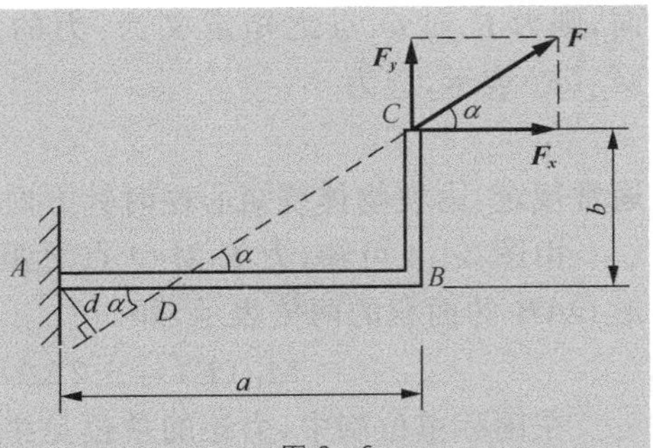

图 3-6

(2) 根据合力矩定理计算力 F 对 A 点之矩。

将力 F 在 C 点分解为两个正交的分力和，由合力矩定理可得

$$M_A(\boldsymbol{F})=M_A(\boldsymbol{F}_x)+M_A(\boldsymbol{F}_y)=-F_x\cdot b+F_y\cdot a=-F(b\cos\alpha+a\sin\alpha)$$
$$=F(a\sin\alpha-b\cos\alpha)$$

本例两种解法的计算结果是相同的，当力臂不易确定时，用后一种方法较为简便。

第二节　力　　偶

一、力偶、力偶矩

在日常生活和工程实际中经常见到物体受到两个大小相等、方向相反，但不在同一直线上的两个平行力作用的情况。例如，司机驾驶汽车时两手作用在方向盘上的力[图 3-7(a)]；工人用丝锥攻螺纹时两手加在扳手上的力[图 3-7(b)]；以及用两个手指拧动水龙头[图 3-7(c)]所加的力等。在力学中把这样一对等值、反向而不共线的平行力称为力偶，用符号$(\boldsymbol{F},\boldsymbol{F}')$表示。两个力作用线之间的垂直距离称为力偶臂，两个力作用线所决定的平面称为力偶的作用面。

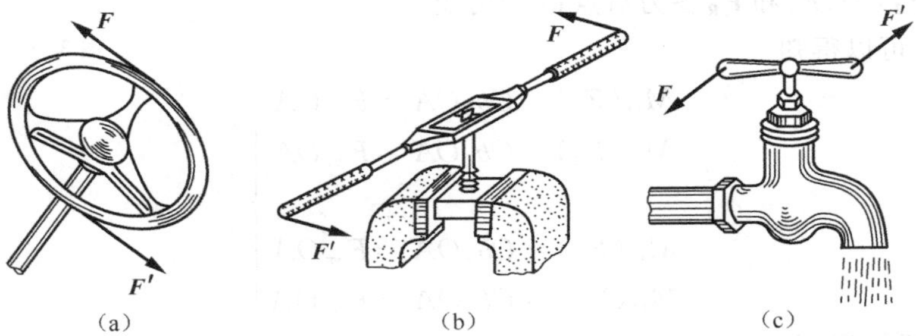

(a)　(b)　(c)

图 3-7

实验表明，力偶对物体只能产生转动效应，且当力越大或力偶臂越大时，力偶使刚体转动效应就越显著。因此，力偶对物体的转动效应取决于：力偶中力的大小、力偶的转向以及力偶臂的大小。在平面问题中，将力偶中的一个力的大小和力偶臂的乘积冠以正负号，作为力偶对物体转动效应的量度，称为力偶矩，用 M 或 $M(\boldsymbol{F},\boldsymbol{F}')$表示，如图 3-8 所示，即

$$M(\boldsymbol{F},\boldsymbol{F}')=Fd=\pm2\triangle ABC \tag{3-4}$$

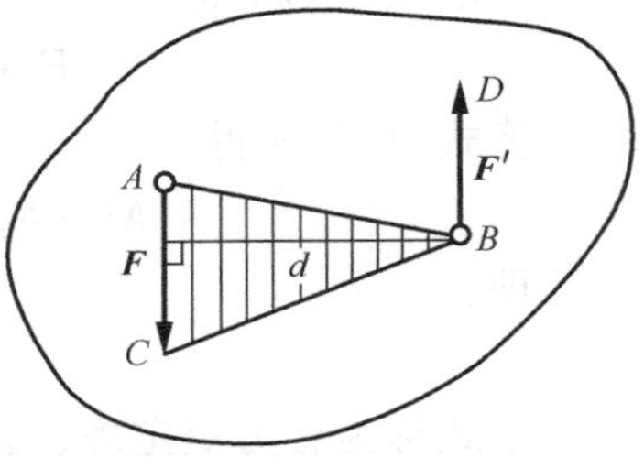

图 3-8

通常规定：力偶使物体逆时针方向转动时，力偶矩为正，反之

为负。

在国际单位制中，力矩的单位是牛·米(N·m)或千牛·米(kN·m)。

二、力偶的性质

力和力偶是静力学中两个基本要素。力偶与力具有不同的性质。

(1) 力偶不能简化为一个力，即力偶不能用一个力等效替代。因此力偶不能与一个力平衡，力偶只能与力偶平衡。

设刚体上的 A 和 B 分别作用着大小不等，指向相反的平行力 $\boldsymbol{F_1}$ 和 $\boldsymbol{F_2}$，若 $F_1>F_2$。由同向平行力合成的内分反比关系，来求反向平行力的合力。如图 3-9(b)所示，将力 $\boldsymbol{F_1}$ 分解成两个同向平行力，使其中一个分力 $\boldsymbol{F_2}'$ 作用于点 B，且 $\boldsymbol{F_2}'=-\boldsymbol{F_2}$，设另一个分力为 $\boldsymbol{F_R}$，其作用线与 AB 的延长线交于 C 点。现将平衡力 $\boldsymbol{F_2}$ 和 $\boldsymbol{F_2}'$ 减去，力 $\boldsymbol{F_R}$ 就与原来两反向平行力 $\boldsymbol{F_1}$ 和 $\boldsymbol{F_2}$ 等效。即力 $\boldsymbol{F_R}$ 为 $\boldsymbol{F_1}$ 和 $\boldsymbol{F_2}$ 的合力，如图 3-9(b)所示。

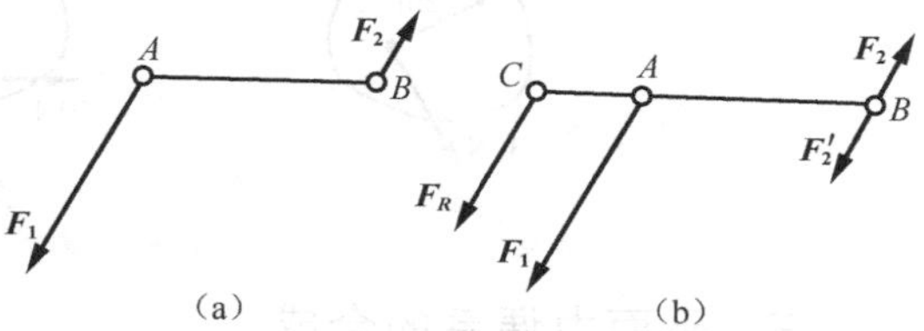

图 3-9

因为
$$\boldsymbol{F_1}=\boldsymbol{F_2}'+\boldsymbol{F_R}=-\boldsymbol{F_2}+\boldsymbol{F_R}$$
所以
$$\boldsymbol{F_R}=\boldsymbol{F_1}+\boldsymbol{F_2}$$
由内分反比关系知
$$\frac{CA}{AB}=\frac{F'_2}{F_R}=\frac{F_2}{F_R},\quad CA=AB\cdot\frac{F_2}{F_R}$$
若 $\boldsymbol{F_1}=-\boldsymbol{F_2}$，则力 $\boldsymbol{F_1}$ 和 $\boldsymbol{F_2}$ 组成力偶，此时，$F_R=0$，于是
$$CA=\infty$$

$CA=\infty$，说明合力的作用点 C 不存在，所以力偶不能合成为一合力。即力偶不能用一个力代替，也不能与一个力平衡，力偶只能用力偶来平衡。

(2) 力偶对其作用平面内任一点的矩恒等于力偶矩，与矩心位置无关。

如图 3-10 所示，力偶$(\boldsymbol{F},\boldsymbol{F}')$的力偶矩 $M(\boldsymbol{F})=F\cdot d$。在其作用面内任取一点 O 为矩心，因为力使物体转动效应用力对点之矩量度，因此力偶的转动效应可用力偶中的两个力对其作用面内任何一点的矩的代数和来量度。设 O 到力 $\boldsymbol{F}'$ 的垂直距离为 x，则力偶$(\boldsymbol{F},\boldsymbol{F}')$对于点 O 的矩为

$$M_O(\boldsymbol{F},\boldsymbol{F}')=M_O(\boldsymbol{F})+M_O(\boldsymbol{F}')=F(x+d)-F'x=F\cdot d=M$$

所得结果表明，不论点 O 选在何处，其结果都不会变，即力偶对其作用面内任一点的矩总等于力偶矩。所以力偶对物体的转动效应总取决于力偶矩(包括大小和转向)，而与矩心位置无关。

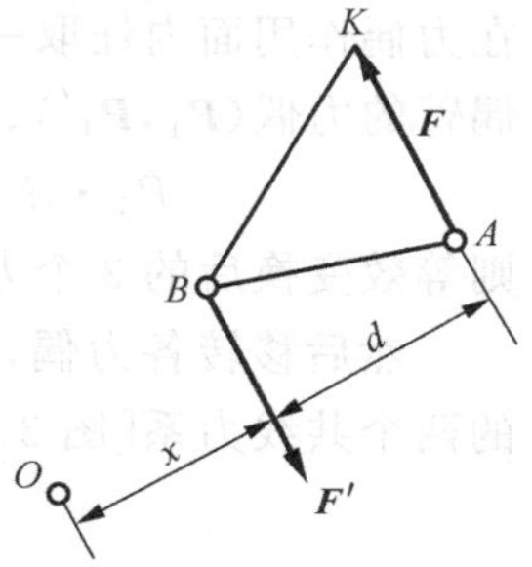

图 3-10

由上述分析得到如下结论。

在同一平面内的两个力偶，只要两力偶的力偶矩的代数值相等，则这两个力偶相等。这就是平面力偶的等效条件。

根据力偶的等效性，可得出下面两个推论。

推论 1　力偶可在其作用面内任意移动和转动，而不会改变它对物体的效应。

推论 2　只要保持力偶矩不变，可同时改变力偶中力的大小和力偶臂的长度，而不会改变它对物体的作用效应。

由力偶的等效性可知，力偶对物体的作用，完全取决于力偶矩的大小和转向。因此，力偶可以用一带箭头的弧线来表示，如图 3－11 所示，其中箭头表示力偶的转向，M 表示力偶矩的大小。

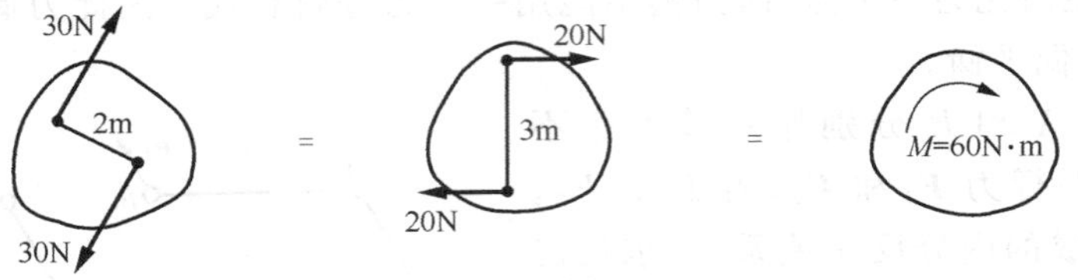

图 3－11

三、平面力偶系的合成

作用在物体同一平面内的各力偶组成平面力偶系。

设在刚体的同一平面内作用 3 个力偶($\boldsymbol{F}_1$,$\boldsymbol{F}_1'$)、($\boldsymbol{F}_2$,$\boldsymbol{F}_2'$)和($\boldsymbol{F}_3$,$\boldsymbol{F}_3'$)，如图 3－12 所示。各力偶矩分别为：

$$M_1=F_1\cdot d_1,\quad M_2=F_2\cdot d_2,\quad M_3=-F_3\cdot d_3,$$

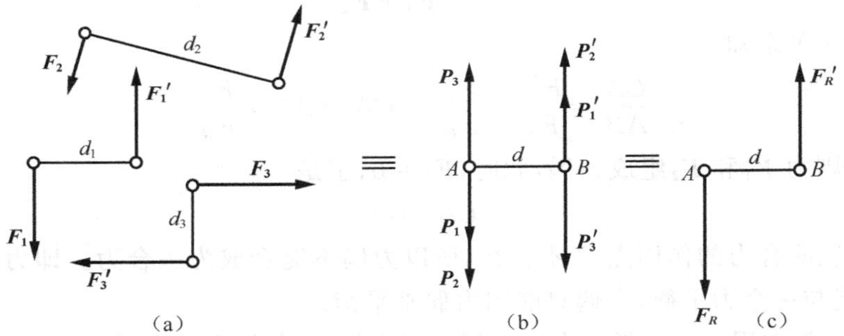

图 3－12

在力偶作用面内任取一线段 $AB=d$，按力偶等效条件，将这 3 个力偶都等效地改为以 d 为力偶臂的力偶($\boldsymbol{P}_1$,$\boldsymbol{P}_1'$)、($\boldsymbol{P}_2$,$\boldsymbol{P}_2'$) 和($\boldsymbol{P}_3$,$\boldsymbol{P}_3'$)，如图 3－12 所示。由等效条件可知

$$P_1\cdot d=F_1\cdot d_1,\quad P_2\cdot d=F_2\cdot d_2,\quad -P_3\cdot d=-F_3\cdot d_3$$

则等效变换后的 3 个力偶的力的大小可求出。

然后移转各力偶，使它们的力偶臂都与 AB 重合，则原平面力偶系变换为作用于点 A、B 的两个共线力系[图 3－12(b)]。将这两个共线力系分别合成，得

$$\boldsymbol{F}_R=\boldsymbol{P}_1+\boldsymbol{P}_2-\boldsymbol{P}_3$$

$$\boldsymbol{F}_R'=\boldsymbol{P}_1'+\boldsymbol{P}_2'-\boldsymbol{P}_3'$$

可见，力 $\boldsymbol{F}_R$ 与 $\boldsymbol{F}_R'$ 等值、反向作用线平行但不共线，构成一新的力偶($\boldsymbol{F}_R$,$\boldsymbol{F}_R'$)，如图 3－12(c)所示，力偶($\boldsymbol{F}_R$,$\boldsymbol{F}_R'$)称为原来的 3 个力偶的合力偶。用 M 表示此合力偶矩，则

$$M=F_R d=(P_1+P_2-P_3)d=P_1\cdot d+P_2\cdot d-P_3\cdot d=F_1\cdot d_1+F_2\cdot d_2-F_3\cdot d_3$$

所以

$$M=M_1+M_2+M_3$$

若作用在同一平面内有 n 个力偶，则上式可以推广为

$$M=M_1+M_2+\cdots+M_n=\Sigma M\qquad(3-5)$$

由此可得到如下结论。

平面力偶系可以合成为一合力偶，此合力偶的力偶矩等于力偶系中各力偶的力偶矩的代数和。

四、平面力偶系的平衡条件

平面力偶系可以用它的合力偶等效代替，因此，若合力偶矩等于零，则原力偶系必定平衡；反之若原力偶系平衡，则合力偶矩必等于零。由此可得到**平面力偶系平衡的必要与充分条件：平面力偶系中所有各力偶的力偶矩的代数和等于零。**即

$$\Sigma M=0 \tag{3-6}$$

平面力偶系只有一个平衡方程，可以求解一个未知量。

【例 3-2】如图 3-13 所示，电动机轴通过联轴器与工作轴相连，联轴器上 4 个螺栓 A、B、C、D 的孔心均匀地分布在同一圆周上，此圆的直径 $d=150$ mm，电动机轴传给联轴器的力偶矩 $m=2.5$ kN·m，试求每个螺栓所受的力为多少。

解　取联轴器为研究对象，作用于联轴器上的力有电动机传给联轴器的力偶，每个螺栓的反力，受力图如图 3-13 所示。设 4 个螺栓的受力均匀，即 $F_1=F_2=F_3=F_4=F$，则组成两个力偶并与电动机传给联轴器的力偶平衡。

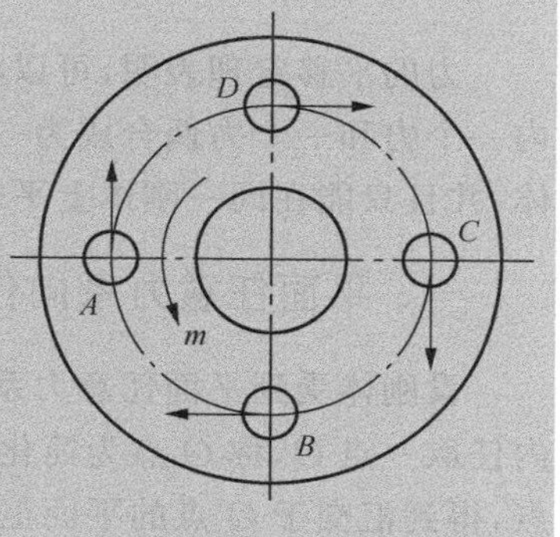

图 3-13

由　　$\Sigma M=0, m-F\times AC-F\times BD=0$

解得　　$F=\dfrac{m}{2d}=\dfrac{2.5}{2\times 0.15}=8.33$ kN

【例 3-3】如图 3-14 所示，梁 AC 受两个力偶的作用，已知其力偶矩的大小分别为 $M_1=225$ kN·m、$M_2=130$ kN·m。不计梁的自重，试求 A、B 支座的约束力。

解　取梁 AC 为研究对象，作出其受力图。

根据力偶性质可知，支座 A、B 处的约束力 $\boldsymbol{F}_A$、$\boldsymbol{F}_B$ 必然大小相等，方向相反，构成一个力偶。根据平面力偶系平衡方程，有

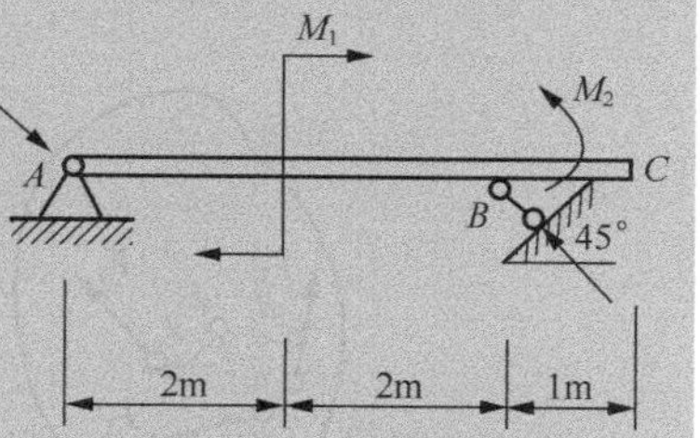

图 3-14

$$\Sigma M_i=0,\quad -M_1+M_2+F_A\times 4\times \cos 45^\circ=0$$

代入数据，解得 A、B 两支座的约束力

$$F_A=F_B=33.6 \text{ kN}$$

第三节　力的平移定理

由力的可传性可知，力可以沿其作用线滑移到刚体上任意一点，而不改变力对刚体的作用效应。但当力平行于原来的作用线移动到刚体上任意一点时，力对刚体的作用效应便会改变，为了进行力系的简化，将力等效地平行移动，给出如下定理。

力的平移定理：作用于刚体上的力可以平行移动到刚体上的任意一指定点，但必须同时在该力与指定点所决定的平面内附加一力偶，其力偶矩等于原力对指定点之矩。

证明：设力 $\boldsymbol{F}$ 作用于刚体上 A 点，如图 3-15 所示。为将力 $\boldsymbol{F}$ 等效地平行移动到刚体上任意一点，根据加减平衡力系公理，在 B 点加上两个等值、反向的力 $\boldsymbol{F}'$ 和 $\boldsymbol{F}''$，并使 $\boldsymbol{F}'=\boldsymbol{F}''=$

$\boldsymbol{F}$，如图 3－15(b)所示。显然，力 $\boldsymbol{F}$、$\boldsymbol{F}'$和 $\boldsymbol{F}''$组成的力系与原力 $\boldsymbol{F}$ 等效。由于在力系 $\boldsymbol{F}$、$\boldsymbol{F}'$和 $\boldsymbol{F}''$中，力 $\boldsymbol{F}$ 与力 $\boldsymbol{F}''$等值、反向且作用线平行，它们组成力偶($\boldsymbol{F}$、$\boldsymbol{F}''$)。于是作用在 B 点的力 $\boldsymbol{F}'$和力偶($\boldsymbol{F}$、$\boldsymbol{F}''$)与原力 $\boldsymbol{F}$ 等效。即把作用于 A 点的力 $\boldsymbol{F}$ 平行移动到任意一点 B，但同时附加了一个力偶，如图 3－15(c)所示。由图可知，附加力偶的力偶矩为

$$M = F \cdot d = M_B(\boldsymbol{F})$$

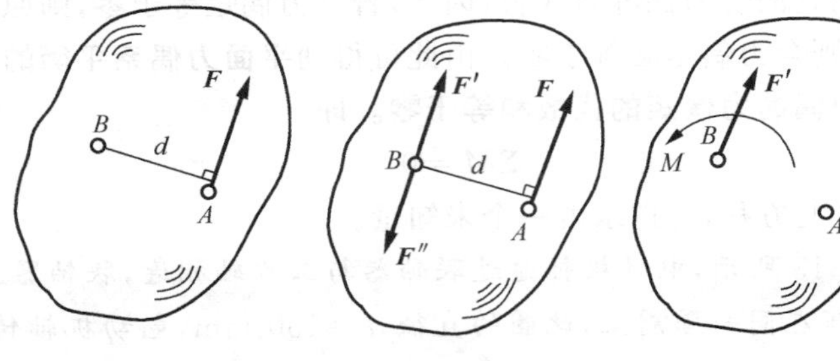

图 3－15

力的平移定理表明，可以将一个力分解为一个力和一个力偶；反过来，也可以将同一平面内一个力和一个力偶合成为一个力。应该注意，力的平移定理只适用于刚体，而不适用于变形体，并且只能在同一刚体上平行移动。

一、平面任意力系向作用面内任意一点简化

设刚体受到平面任意力系 $\boldsymbol{F}_1, \boldsymbol{F}_2, \cdots, \boldsymbol{F}_n$ 的作用，如图 3－16(a)所示。在力系所在的平面内任取一点 O，称 O 点为简化中心。应用力的平移定理，将力系中的各力依次分别平移至 O 点，得到汇交于 O 点的平面汇交力系 $\boldsymbol{F}_1', \boldsymbol{F}_2', \cdots, \boldsymbol{F}_n'$，此外还应附加相应的力偶，构成附加力偶系 $M_{O1}, M_{O2}, \cdots, M_{On}$[图 3－16(b)]。

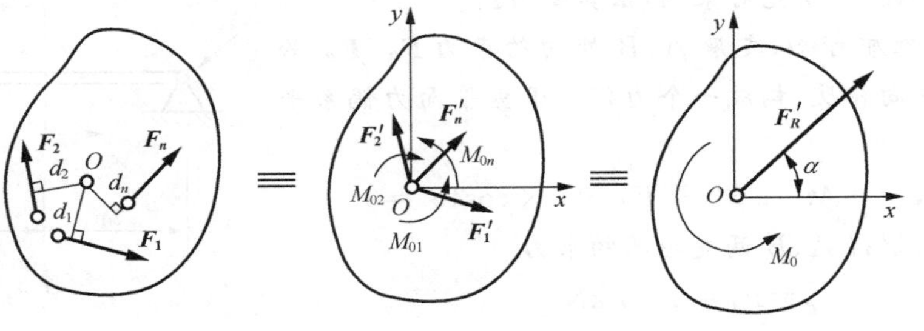

图 3－16

平面汇交力系中各力的大小和方向分别与原力系中对应的各力相同，即

$$\boldsymbol{F}_1' = \boldsymbol{F}_1, \boldsymbol{F}_2' = \boldsymbol{F}_2, \cdots, \boldsymbol{F}_n' = \boldsymbol{F}_n$$

所得平面汇交力系可以合成为一个力 $\boldsymbol{F}_R'$，也作用于点 O，其力矢 $\boldsymbol{F}_R'$等于各力矢 $\boldsymbol{F}_1'$，$\boldsymbol{F}_2'$，…，$\boldsymbol{F}_n'$的矢量和，即

$$\boldsymbol{F}_R' = \boldsymbol{F}_1' + \boldsymbol{F}_2' + \cdots + \boldsymbol{F}_n' = \boldsymbol{F}_1 + \boldsymbol{F}_2 + \cdots + \boldsymbol{F}_n = \Sigma \boldsymbol{F} \tag{3-7}$$

$\boldsymbol{F}_R'$称为该力系的主矢，它等于原力系各力的矢量和，与简化中心的位置无关。

主矢 $\boldsymbol{F}_R'$的大小与方向可用解析法求得。图 3－16(b)所选定的坐标系 Oxy，有

$$F_{Rx}' = F_{x1} + F_{x2} + \cdots F_{xn} = \Sigma F_x$$

$$F_{Ry}'=F_{y1}+F_{y2}+\cdots F_{yn}=\Sigma F_y$$

主矢 $\boldsymbol{F_R}'$的大小及方向分别由下式确定：

$$\left.\begin{aligned}F_R&=\sqrt{F'^2_{Rx}+F'^2_{Ry}}=\sqrt{\left(\sum F_x\right)^2+\left(\sum F_y\right)^2}\\ \alpha&=\tan^{-1}\left|\frac{F'_{Ry}}{F'_{Rx}}\right|=\tan^{-1}\left|\frac{\sum F_y}{\sum F_x}\right|\end{aligned}\right\}\tag{3-8}$$

其中 α 为主矢 $\boldsymbol{F_R}'$与 x 轴所夹的锐角。

各附加力偶的力偶矩分别等于原力系中各力对简化中心 O 之矩，即

$$M_{O1}=M_O(\boldsymbol{F_1}),M_{O2}=M_O(\boldsymbol{F_2}),\cdots,M_{On}=M_O(\boldsymbol{F_n})$$

所得附加力偶系可以合成为同一平面内的力偶，其力偶矩可用符号 M_O 表示，它等于各附加力偶矩 $M_{O1},M_{O2},\cdots,M_{On}$ 的代数和，即

$$M_O=M_{O1}+M_{O2}+\cdots+M_{On}=M_O(\boldsymbol{F_1})+M_O(\boldsymbol{F_2})+\cdots M_O(\boldsymbol{F_n})=\Sigma M_O(\boldsymbol{F})\tag{3-9}$$

原力系中各力对简化中心之矩的代数和称为原力系对简化中心的主矩。

由式(3-9)可见在选取不同的简化中心时，每个附加力偶的力偶臂一般都要发生变化，所以主矩一般都与简化中心的位置有关。

由上述分析我们得到如下结论：**平面任意力系向作用面内任一点简化，可得一力和一个力偶[图 3-16(c)]。这个力的作用线过简化中心，其力矢等于原力系的主矢；这个力偶的矩等于原力系对简化中心的主矩。**

二、简化结果分析及合力矩定理

平面任意力系向 O 点简化，一般得一个力和一个力偶。可能出现的情况有四种。

(1) $F_R'\neq0,M_O=0$，原力系简化为一个力，力的作用线过简化中心，此合力的矢量为原力系的主矢即 $F_R'=\Sigma\boldsymbol{F}$

(2) $F_R'=0,M_O\neq0$，原力系简化为一力偶。此时该力偶就是原力系的合力偶，其力偶矩等于原力系的主矩。此时原力系的主矩与简化中心的位置无关。

(3) $F_R'=0,M_O=0$，原力系平衡，下节将详细讨论。

(4) $F_R'\neq0,M_O\neq0$，这种情况下，由力的平移定理的逆过程，可将力 $\boldsymbol{F_R}'$和力偶矩为 M_O 的力偶进一步合成为一合力 $\boldsymbol{F_R}$，如图 3-17 所示。将力偶矩为 M_O的力偶用两个力 $\boldsymbol{F_R}$与 $\boldsymbol{F_R}''$表示，并使 $\boldsymbol{F_R}'=\boldsymbol{F_R}=\boldsymbol{F_R}''$，$\boldsymbol{F_R}''$作用在点 O，$\boldsymbol{F_R}$作用在点 O'，如图 3-17(b)所示。$\boldsymbol{F_R}'$与 $\boldsymbol{F_R}''$组成一对平衡力，将其去掉后得到作用于 O'点的力 $\boldsymbol{F_R}$，与原力系等效，如图 3-17(c)所示。因此这个力 $\boldsymbol{F_R}$就是原力系的合力。显然 $\boldsymbol{F_R}'=\boldsymbol{F_R}$，而合力作用线到简化中心的距离为

$$d=\frac{|M_O|}{F_R}=\frac{|M_O|}{F'_R}$$

当 $M_O>0$ 时，顺着 $\boldsymbol{F_R}'$的方向看(如图 3-17 所示)，合力 $\boldsymbol{F_R}$在 $\boldsymbol{F_R}'$的右边；当 $M_O<0$ 时，合力 $\boldsymbol{F_R}$在 $\boldsymbol{F_R}'$的左边。

由以上分析，我们可以导出合力矩定理。

由图 3-17(c)可见，合力对点 O 之矩为

$$M_O(\boldsymbol{F_R})=F_R\cdot d=M_O$$

而
$$M_O=\Sigma M_O(\boldsymbol{F})$$

则
$$M_O(\boldsymbol{F_R})=\Sigma M_O(\boldsymbol{F})\tag{3-10}$$

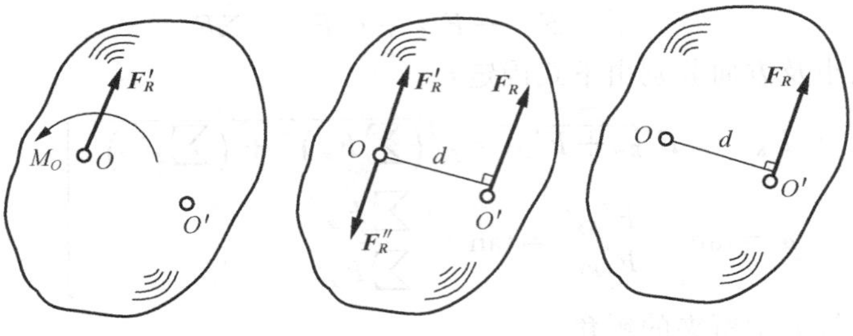

(a) (b) (c)

图 3-17

因为 O 点是任选的，上式有普遍意义。

于是：得到合力矩定理：**平面任意力系的合力对其作用面内任一点之矩等于力系中各力对同一点之矩的代数和。**

【例 3-4】 已知 $F_1=60$ N，$F_2=80$ N，$F_3=150$ N，$m=100$ N·m，转向为逆时针，$\theta=30°$ 图中距离单位为 m。试求图中力系向 O 点简化结果及最终结果。如图 3-18 所示。

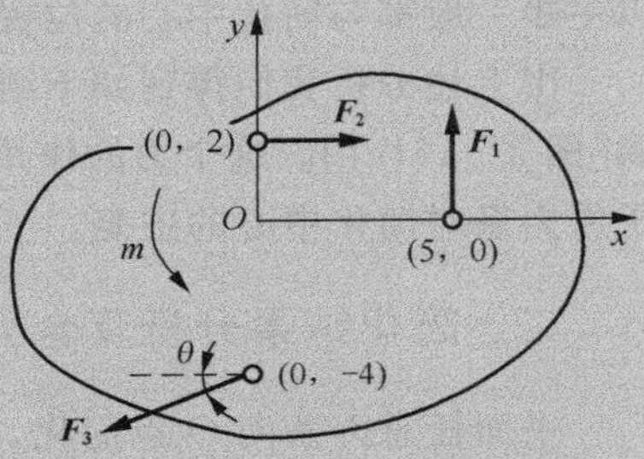

图 3-18

解 $F_{Rx}=\sum F_x=F_2-F_3\cos 30°=-49.9$ N

$F_{Ry}=\sum F_y=F_1-F_3\sin 30°=-15$ N

$F'_R=\sqrt{F_{Rx}^2+F_{Ry}^2}=52.1$ N

$\tan\alpha=\left|\dfrac{\sum F_y}{\sum F_x}\right|=0.3 \qquad \therefore \alpha=16°42'$

$M_O=\sum M_O(\boldsymbol{F})=F_1\times 5-F_2\times 2-F_3\times\cos 30°\times 4+m$

$=-279.6$ N·m(顺时针转向)

故向 O 点简化的结果为：

$$\boldsymbol{F'}_R=F_{Rx}\boldsymbol{i}+F_{Ry}\boldsymbol{j}=(-49.9\boldsymbol{i}-15\boldsymbol{j})\text{ N}$$

$$M_O=-279.6\text{ N·m}$$

由于 $F'_R\neq 0, M_O\neq 0$，故力系最终简化结果为一合力 $\boldsymbol{F_R}$，$\boldsymbol{F_R}$ 大小和方向与主矢 $\boldsymbol{F'_R}$ 相同，合力 $\boldsymbol{F_R}$ 的作用线距 O 点的距离为 d。

$F_R=F'_R=52.1$ N $\quad d=\left|\dfrac{M_O}{F_R}\right|=5.37$ m

第四节 平面任意力系的平衡

当平面任意力系的主矢和主矩都等于零时，作用在简化中心的汇交力系是平衡力系，附加的力偶系也是平衡力系，所以该平面任意力系一定是平衡力系。于是得到**平面任意力系平衡的充分与必要条件是：力系的主矢和主矩同时为零。**即

$$\boldsymbol{F_R}'=0, M_O=0 \tag{3-11}$$

用解析式表示可得

$$\left.\begin{aligned}\Sigma F_x&=0\\ \Sigma F_y&=0\\ \Sigma M_O(\boldsymbol{F})&=0\end{aligned}\right\} \tag{3-12}$$

上式为平面任意力系的平衡方程。平面任意力系平衡的充分与必要条件可解析地表达

为:力系中各力在其作用面内两相交轴上的投影的代数和分别等于零,同时力系中各力对其作用面内任一点之矩的代数和也等于零。

平面任意力系的平衡方程除了由简化结果直接得出的基本形式(3-12)外,还有二矩式和三矩式。

二矩式平衡方程形式:

$$\left.\begin{aligned}\Sigma F_x&=0\\ \Sigma M_A(\boldsymbol{F})&=0\\ \Sigma M_B(\boldsymbol{F})&=0\end{aligned}\right\}\qquad(3-13)$$

其中矩心 A、B 两点的连线不能与 x 轴垂直。

因为当 $\Sigma M_A(\boldsymbol{F})=0$ 满足时,力系不可能简化为一个力偶,或者是通过 A 点的一合力,或者平衡。如果力系同时又满足条件 $\Sigma M_B(\boldsymbol{F})=0$,则这个力系或者有一通过 A、B 两点连线的合力,或者平衡。如果力系又满足条件 $\Sigma F_x=0$,其中 x 轴若与 A、B 连线垂直,力系仍有可能有通过这两个矩心的合力,而不一定平衡;若 x 轴不与 A、B 连线垂直,这就排除了力系有合力的可能性。由此断定,当式(3-13)的 3 个方程同时满足,并附加条件矩心 A、B 两点的连线不能与 x 轴垂直时,力系一定是平衡力系。

三矩式平衡方程形式

$$\left.\begin{aligned}\Sigma M_A(\boldsymbol{F})&=0\\ \Sigma M_B(\boldsymbol{F})&=0\\ \Sigma M_C(\boldsymbol{F})&=0\end{aligned}\right\}\qquad(3-14)$$

其中 A、B、C 三点不能共线。

对于三矩式附加上条件后,式(3-14)是平面任意力系平衡的必要与充分条件。读者可参照对式(3-13)的解释自行证明。

平面任意力系有 3 种不同形式的平衡方程组,每种形式都只含有 3 个独立的方程式,都只能求解 3 个未知量。应用时可根据问题的具体情况,选择适当形式的平衡方程。

平面平行力系是平面任意力系的一种特殊情况。当力系中各力的作用线在同一平面内且相互平行,这样的力系称为平面平行力系。其平衡方程可由平面任意力系的平衡方程导出。

如图 3-19 所示,在平面平行力系的作用面内取直角坐标系 Oxy,令 y 轴与该力系各力的作用线平行,则不论力系平衡与否,各力在 x 轴上的投影恒为零,不再具有判断平衡与否的功能。于是平面任意力系的后两个方程为平面平行力系的平衡方程。由式(3-12)得

$$\left.\begin{aligned}\Sigma F_y&=0\\ \Sigma M_O(\boldsymbol{F})&=0\end{aligned}\right\}\qquad(3-15)$$

由式(3-13)得

$$\left.\begin{aligned}\Sigma M_A(\boldsymbol{F})&=0\\ \Sigma M_B(\boldsymbol{F})&=0\end{aligned}\right\}\qquad(3-16)$$

其中两个矩心 A、B 的连线不能与各力作用线平行。

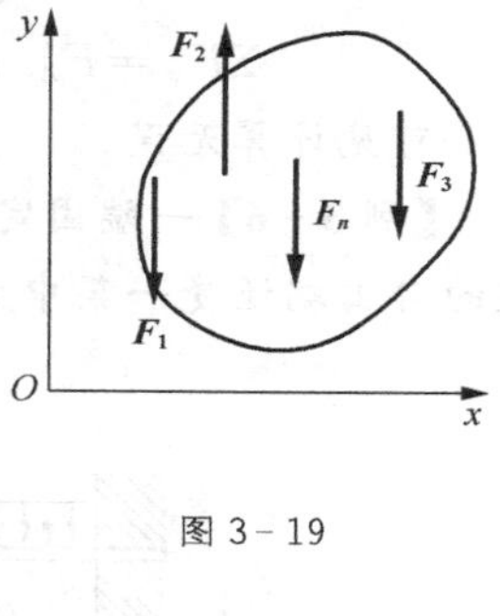

图 3-19

平面平行力系有两个独立的平衡方程,可以求解两个未知量。

【例 3-5】 图 3-20(a)所示为一悬臂式起重机,A、B、C 都是铰链连接。梁 AB 自重 $F_G=1$ kN,作用在梁的中点,提升重量 $F_P=8$ kN,杆 BC 自重不计,求支座 A 的反力和杆 BC 所受的力。

解 (1) 取梁 AB 为研究对象，受力图如图 3-20(b)所示。A 处为固定铰支座，其反力用两分力表示，杆 BC 为二力杆，它的约束反力沿 BC 轴线，并假设为拉力。

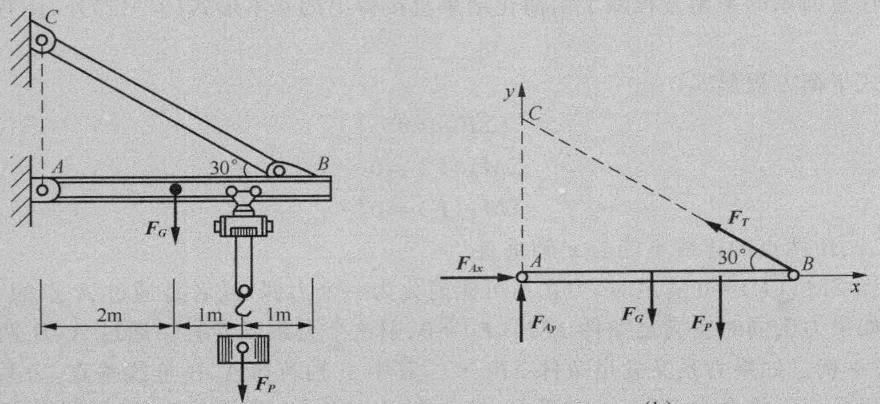

(a)　　(b)

图 3-20

(2) 取投影轴和矩心。为使每个方程中未知量尽可能少，以 A 点为矩心，选取直角坐标系 Axy。

(3) 列平衡方程并求解。梁 AB 所受各力构成平面任意力系，用三矩式求解：

由 $\Sigma M_A(\boldsymbol{F})=0$　　$-F_G\times 2-F_P\times 3+F_T\sin 30°\times 4=0$

得

$$F_T=\frac{(2F_G+3F_P)}{4\times\sin 30°}=\frac{(2\times 1+3\times 8)}{4\times 0.5}=13\ \text{kN}$$

由 $\Sigma M_B(\boldsymbol{F})=0$　　$-F_{Ay}\times 4+F_G\times 2+F_P\times 1=0$

得

$$F_{Ay}=\frac{(2F_G+F_P)}{4}=\frac{(2\times 1+8)}{4}=2.5\ \text{kN}$$

由 $\Sigma M_C(\boldsymbol{F})=0$　　$F_{Ax}\times 4\times \text{tg}30°-F_G\times 2-F_P\times 3=0$

得

$$F_{Ax}=\frac{(2F_G+3F_P)}{4\times\text{tg}30°}=\frac{(2\times 1+3\times 8)}{4\times 0.577}=11.26\ \text{kN}$$

(4) 校核

$$\Sigma F_x=F_{Ax}-F_T\times\cos 30°=11.25-13\times 0.866=0$$

$$\Sigma F_y=F_{Ay}-F_G-F_P+F_T\times\sin 30°=2.5-1-8+13\times 0.5=0$$

可见计算无误。

【例 3-6】 一端固定的悬臂梁如图 3-21(a)所示。梁上作用均布荷载，荷载集度为 q，在梁的自由端还受一集中力 $\boldsymbol{F}$ 和一力偶矩为 m 的力偶的作用。试求固定端 A 处的约束反力。

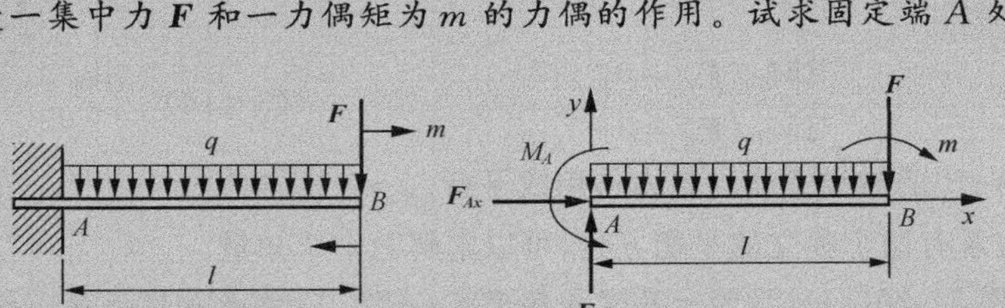

(a)　　(b)

图 3-21

解 取梁 AB 为研究对象。受力图及坐标系的选取如图 3-21(b)所示。列平衡方程

由 $$\Sigma F_x=0,\quad F_{Ax}=0$$
$$\Sigma F_y=0,\quad F_{Ay}-ql-F=0$$
解得
$$F_{Ay}=ql+F$$
由
$$\Sigma M=0,\ M_A-ql^2/2-Fl-m=0$$
解得
$$M_A=ql^2/2+Fl+m$$

【例 3-7】 塔式起重机如图 3-22 所示。机身重 $G=220$ kN，作用线过塔架的中心。已知最大起吊重量 $P=50$ kN，起重悬臂长 12 m，轨道 A、B 的间距为 4 m，平衡锤重 Q 至机身中心线的距离为 6 m。试求：

(1) 确保起重机不至翻倒的平衡锤重 Q 的大小；

(2) 当 $Q=30$ kN，而起重机满载时，轨道对 A、B 的约束反力。

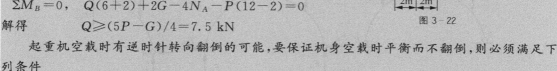

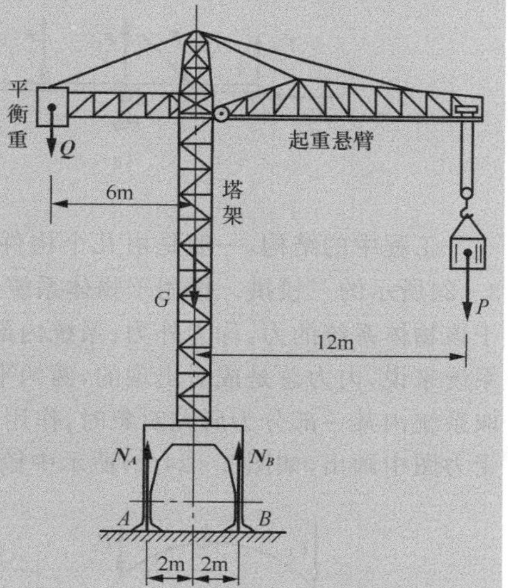

图 3-22

解 取起重机整体为研究对象。其正常工作时受力如图 3-22 所示。

(1) 求确保起重机不至翻倒的平衡锤重 Q 的大小。

起重机满载时有顺时针转向翻倒的可能，要保证机身满载时而不翻倒，则必须满足：
$$N_A\geqslant 0$$
$$\Sigma M_B=0,\quad Q(6+2)+2G-4N_A-P(12-2)=0$$
解得
$$Q\geqslant(5P-G)/4=7.5\text{ kN}$$

起重机空载时有逆时针转向翻倒的可能，要保证机身空载时平衡而不翻倒，则必须满足下列条件
$$N_B\geqslant 0$$
$$\Sigma M_A=0,\quad Q(6-2)+4N_B-2G=0$$
解得
$$Q\leqslant G/2=110\text{ kN}$$

因此平衡锤重 Q 的大小应满足
$$7.5\text{ kN}\leqslant Q\leqslant 110\text{ kN}$$

(2) 当 $Q=30$ kN，求满载时的约束反力 N_A、N_B 的大小。
$$\Sigma M_B=0,\quad Q(6+2)+2G-4N_A-P(12-2)=0$$
解得
$$N_A=(4Q+G-5P)/2=45\text{ kN}$$
由
$$\Sigma F_Y=0,\quad N_A+N_B-Q-G-P=0$$
解得
$$N_B=Q+G+P-N_A=255\text{ kN}$$

第五节　静定和超静定问题及物体系统的平衡

从前面的讨论已经知道，对每一种力系来说，独立平衡方程的数目是一定的，能求解的未知数的数目也是一定的。对于一个平衡物体，若独立平衡方程数目与未知数的数目恰好相等，则全部未知数可由平衡方程求出，这样的问题称为静定问题。我们前面所讨论的都属于这类

问题。但工程上有时为了增加结构的刚度或坚固性,常设置多余的约束,而使未知数的数目多于独立平衡方程的数目,未知数不能由平衡方程全部求出,这样的问题称为静不定问题或超静定问题。图 3-23 所示是超静定平面问题的例子。图(a)所示是平面任意力系,平衡方程是 3 个,而未知力是 4 个,属于超静定问题;图(b)所示也是平面任意力系,平衡方程是 3 个,而未知力有 5 个,因而也是超静定问题。对于超静定问题的求解,要考虑物体受力后的变形,列出补充方程,这些内容将在后续内容中讨论。

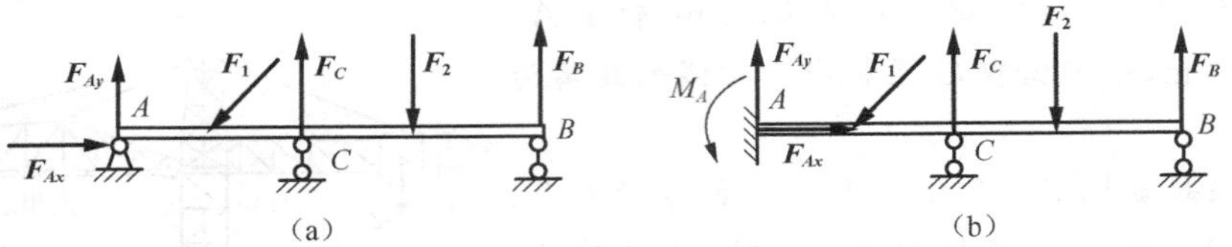

图 3-23

工程中的结构,一般是由几个构件通过一定的约束联系在一起的,称为物体系统。如图 3-24所示的三铰拱。作用于物体系统上的力,可分为内力和外力两大类。系统外的物体作用于该物体系统的力,称为外力;系统内部各物体之间的相互作用力,称为内力。对于整个物体系统来说,内力总是成对出现的,两两平衡,故无须考虑,如图 3-24(b)所示的铰 C 处。而当取系统内某一部分为研究对象时,作用于系统上的内力变成了作用在该部分上的外力,必须在受力图中画出,如图 3-24(c)所示中铰 C 处的 $\boldsymbol{F}_{Cx}$ 和 $\boldsymbol{F}_{Cy}$。

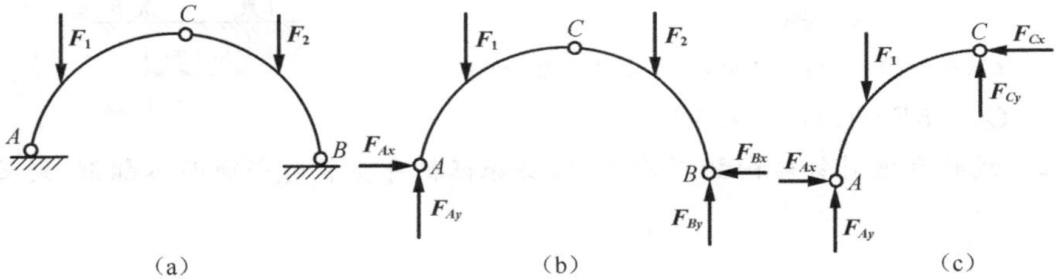

图 3-24

物体系统平衡是静定问题时才能应用平衡方程求解。一般若系统由 n 个物体组成,每个平面力系作用的物体,最多列出 3 个独立的平衡方程,而整个系统共有不超过 $3n$ 个独立的平衡方程。若系统中的未知力的数目等于或小于能列出的独立的平衡方程的数目时,该系统就是静定的;否则就是超静定的问题。

【例 3-8】 图 3-25(a)所示的人字形折梯放在光滑地面上。重 $W=800$ N 的人站在梯子 AC 边的中点 H,C 是铰链,已知 $AC=BC=2$ m;$AD=EB=0.5$ m,梯子的自重不计。求地面 A、B 两处的约束反力和绳 DE 的拉力。

解 先取梯子整体为研究对象。受力图及坐标系如图 3-25(b)所示。

由 $$\sum M_A(\boldsymbol{F})=0,\ F_B(AC+BC)\cos 75°-W\cdot AC\cos 75°/2=0$$

解得 $$F_B=200\ \text{N}$$

由 $$\sum F_Y=0, F_A+F_B-W=0$$

解得 $$F_A=600\ \text{N}$$

为求绳子的拉力,取其所作用的杆 BC 为研究对象。受力图如图 3-25(c)所示。

由 $$\sum M_C(\boldsymbol{F})=0, F_B\cdot BC\cdot\cos 75°-T\cdot EC\cdot\sin 75°=0$$

解得　　　　　　　　$T=71.5\ \text{N}$

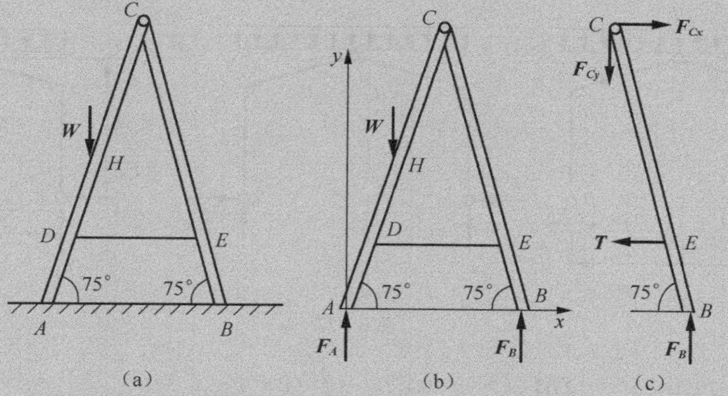

图 3-25

【例 3-9】由 AC 和 CD 构成的组合梁通过铰链 C 连接。支承和受力如图 3-26(a)所示。已知均布荷载强度 $q=10\ \text{kN/m}$，力偶矩 $M=40\ \text{kN}\cdot\text{m}$，不计梁重。试求支座 A、B、D 及铰链 C 处约束力。

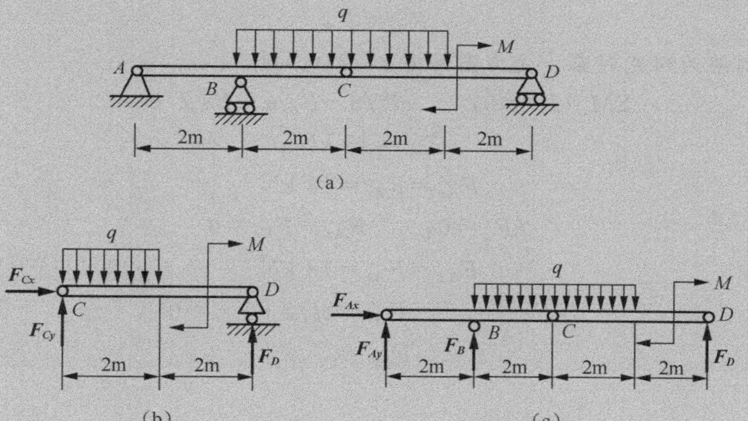

图 3-26

解　取 CD 段为研究对象，受力如图 3-26(b)所示。

$$\sum M_C(\boldsymbol{F})=0,\quad 4F_D-M-2q=0;\quad F_D=15\ \text{kN}$$

$$\sum F_y=0,\quad F_{Cy}+F_D-2q=0;\quad F_{Cy}=5\ \text{kN}$$

$$\sum F_x=0,\quad F_{Cx}=0$$

取组合梁整体为研究对象，受力如图 3-26(c)所示。

$$\sum M_A(\boldsymbol{F})=0,\quad 2F_B+8F_D-M-16q=0;\quad F_B=40\ \text{kN}$$

$$\sum F_y=0,\quad F_{Ay}+F_B-4q+F_D=0;\quad F_{Ay}=-15\ \text{kN}$$

$$\sum F_x=0,\quad F_{Ax}=0$$

【例 3-10】图 3-27(a)为一个钢筋混凝土三铰刚架的计算简图，在刚架上受到沿水平方向均匀分布的线荷载 $q=8\ \text{kN/m}$，刚架高 $h=8\ \text{m}$，跨度 $l=12\ \text{m}$。试求支座 A、B 及铰 C 的约束反力。

解 先取刚架整体为研究对象。受力图如图 3-27(b)所示。

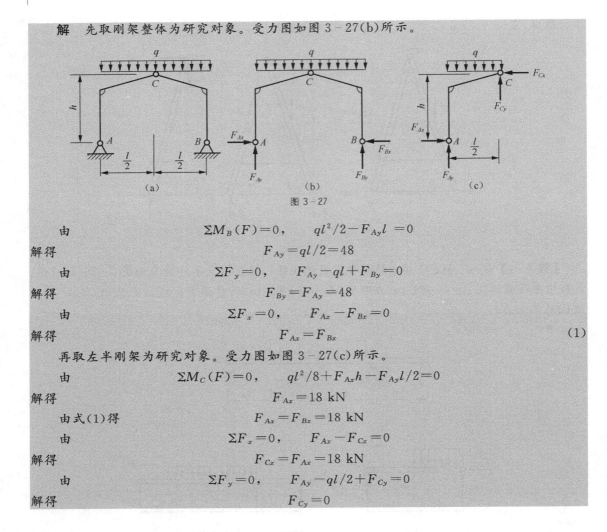

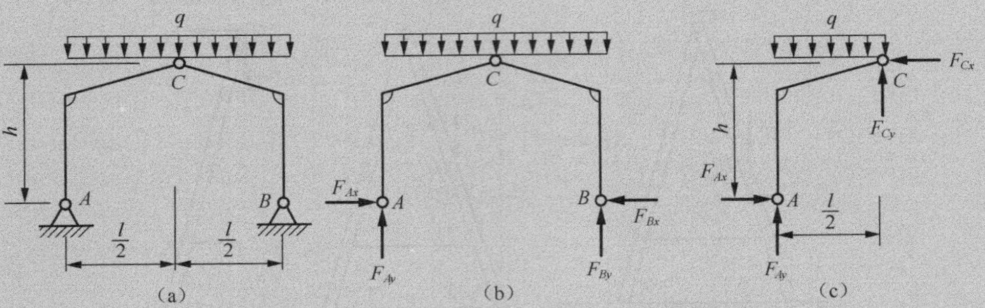

图 3-27

由 $\Sigma M_B(F)=0,\quad ql^2/2-F_{Ay}l=0$

解得 $F_{Ay}=ql/2=48$

由 $\Sigma F_y=0,\quad F_{Ay}-ql+F_{By}=0$

解得 $F_{By}=F_{Ay}=48$

由 $\Sigma F_x=0,\quad F_{Ax}-F_{Bx}=0$

解得 $F_{Ax}=F_{Bx}$ (1)

再取左半刚架为研究对象。受力图如图 3-27(c)所示。

由 $\Sigma M_C(F)=0,\quad ql^2/8+F_{Ax}h-F_{Ay}l/2=0$

解得 $F_{Ax}=18\ \text{kN}$

由式(1)得 $F_{Ax}=F_{Bx}=18\ \text{kN}$

由 $\Sigma F_x=0,\quad F_{Ax}-F_{Cx}=0$

解得 $F_{Cx}=F_{Ax}=18\ \text{kN}$

由 $\Sigma F_y=0,\quad F_{Ay}-ql/2+F_{Cy}=0$

解得 $F_{Cy}=0$

第六节 考虑摩擦时物体的平衡

前面讨论物体平衡问题时，物体间的接触面都假设是绝对光滑的。事实上这种情况是不存在的，两物体之间一般都要有摩擦存在。只是有些问题中，摩擦不是主要因素，可以忽略不计。但在另外一些问题中，如重力坝与挡土墙的滑动问题中，带轮与摩擦轮的转动等，摩擦是重要的甚至是决定性的因素，必须加以考虑。按照接触物体之间的相对运动形式，摩擦可分为滑动摩擦和滚动摩擦。本节只讨论滑动摩擦，当物体之间仅出现相对滑动趋势而尚未发生运动时的摩擦称为静滑动摩擦，简称静摩擦；对已发生相对滑动的物体间的摩擦称为动滑动摩擦，简称动摩擦。

一、滑动摩擦与滑动摩擦定律

当两物体接触面间有相对滑动或有相对滑动趋势时，沿接触点的公切面彼此作用着阻碍相对滑动的力，称为滑动摩擦力，简称摩擦力，用 $\boldsymbol{F}_f$ 表示。

图 3-28 所示的是一重为 W 的物体放在粗糙水平面上，受水平力 $\boldsymbol{F}$ 的作用，当拉力 $\boldsymbol{F}$ 由零逐渐增大，只要不超过某一定值，物体仍处于平衡状态。这说明在接触面处除了有法向约束

反力 $\boldsymbol{F}_N$ 外，必定还有一个阻碍重物沿水平方向滑动的摩擦力 $\boldsymbol{F}_f$，这时的摩擦力称为静摩擦力。静摩擦力可由平衡方程确定。$\Sigma F_x=0, F-F_f=0$。解得 $F_f=F$。可见，静摩擦力 $\boldsymbol{F}_f$ 随主动力 $\boldsymbol{F}$ 的变化而变化。

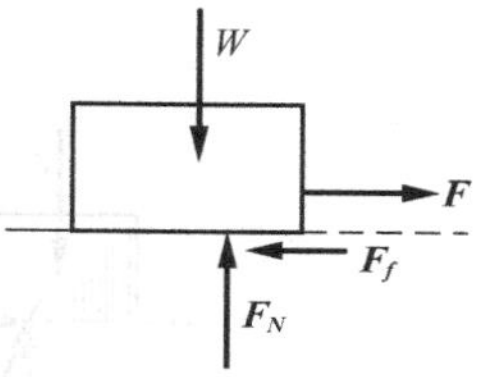

图 3-28

但是静摩擦力 $\boldsymbol{F}_f$ 并不是随主动力的增大而无限制地增大，当水平力达到一定限度时，如果再继续增大，物体的平衡状态将被破坏而产生滑动。我们将物体即将滑动而未滑动的平衡状态称为临界平衡状态。在临界平衡状态下，静摩擦力达到最大值，称为最大静摩擦力，用 $\boldsymbol{F}_m$ 表示。所以静摩擦力大小只能在零与最大静摩擦力 $\boldsymbol{F}_m$ 之间取值。即

$$0 \leqslant F_f \leqslant F_m$$

最大静摩擦力与许多因素有关。大量实验表明最大静摩擦力的大小可用如下近似关系：**最大静摩擦力的大小与接触面之间的正压力(法向反力)成正比**，即

$$F_m = fF_N \tag{3-17}$$

这就是库伦摩擦定律。式中 f 是无量纲的比例系数，称为静摩擦系数。其大小与接触体的材料以及接触面状况(如粗糙度、湿度、温度等)有关。一般可在一些工程手册中查到。式(3-17)表示的关系只是近似的，对于一般的工程问题来说能够满足要求，但对于一些重要的工程，如采用上式必须通过现场测量与试验精确地测定静摩擦系数的值作为设计计算的依据。

物体间在相对滑动时的摩擦力称为动摩擦力，用 $\boldsymbol{F}_f'$ 表示。实验表明，**动摩擦力的方向与接触物体间的相对运动方向相反，大小与两物体间的法向反力成正比**，即

$$F_f' = f'F_N \tag{3-18}$$

这就是动滑动摩擦定律。式中无量纲的系数 f' 称为动摩擦系数，还与两物体的相对速度有关，但由于它们关系复杂，通常在一定速度范围内，可以不考虑这些变化，而认为只与接触的材料以及接触面状况有关。

二、摩擦角与自锁现象

如图 3-29 所示，当物体有相对运动趋势时，支承面对物体作用有法向反力 $\boldsymbol{F}_N$ 和摩擦力 $\boldsymbol{F}_f$，这两个力的合力 $\boldsymbol{F}_R$，称为全约束反力。全约束反力 $\boldsymbol{F}_R$ 与接触面公法线的夹角为 φ，如图 3-29(a)所示。显然，它随摩擦力的变化而变化。当静摩擦力达到最大值 $\boldsymbol{F}_m$ 时，夹角 φ 也达到最大值 φ_m，则称 φ_m 为**摩擦角**。如图 3-29(b)所示，可见

$$\tan\varphi_m = F_m/F_N = fF_N/F_N = f \tag{3-19}$$

若过接触点在不同方向作出在临界平衡状态下的全约束反力的作用线，则这些直线将形成一个锥面，称**摩擦锥**，如图 3-29(c)所示。

将作用在物体上的各主动力用合力 $\boldsymbol{F}_Q$ 表示，当物体处于平衡状态时，主动力合力 $\boldsymbol{F}_Q$ 与全约束反力 $\boldsymbol{F}_R$ 应共线、反向、等值，则有 $\alpha=\varphi$。

而物体平衡时，全约束反力作用线不可能超出摩擦锥，即 $\varphi \leqslant \varphi_m$[图 3-30(a)]。由此得到

$$\alpha \leqslant \varphi_m \tag{3-20}$$

即作用于物体上的主动力的合力 $\boldsymbol{F}_Q$，不论其大小如何，只要其作用线与接触面公法线间的夹角 α 不大于摩擦角 φ_m，物体必保持静止。这种现象称为自锁现象。

自锁现象在工程中有重要的应用，如千斤顶、压榨机等就利用自锁原理。自锁被广泛的应用在工程上，如图 3-30(b)所示的螺旋千斤顶就是利用自锁原理提升货物的，自卸汽车也是

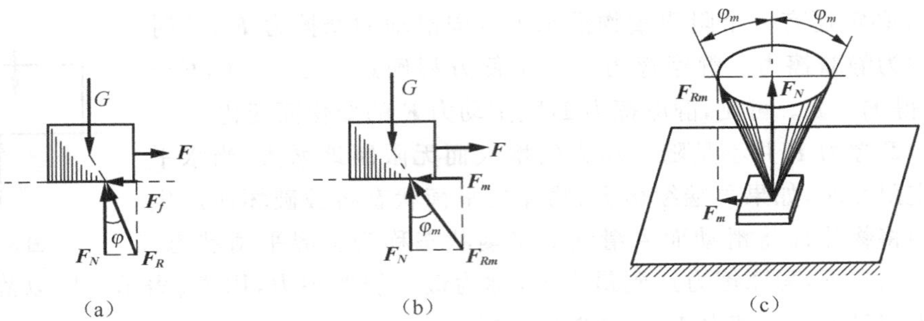

图 3-29

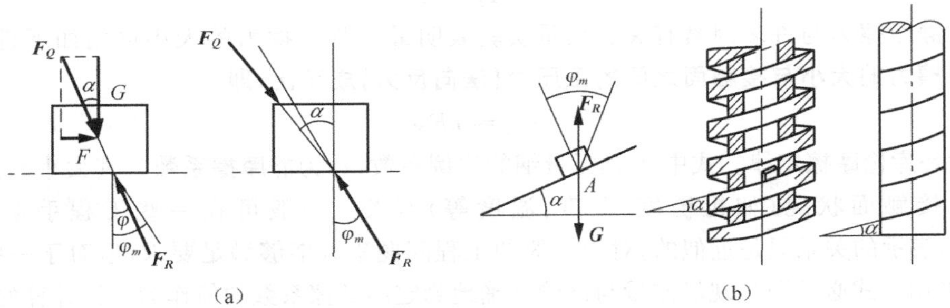

图 3-30

利用自锁原理卸下货物的。

三、考虑摩擦时的平衡问题

求解有摩擦时物体的平衡问题，其解题方法和步骤与不考虑摩擦时平衡问题基本相同。但也要注意以下内容。

(1) 分析受力时需考虑摩擦力 $\boldsymbol{F}_f$，通常增加了未知量。

(2) 需列与摩擦力数相等的补充方程，即 $F_f \leqslant fF_N$，临界平衡时有 $F_m = fF_N$。

(3) 一般先在临界状态计算，再讨论解的范围。

【例 3-11】 物体重 $G=980$ N，放在一倾角 $\alpha=30°$ 的斜面上。已知接触面间的静摩擦系数为 $f=0.20$。有一大小为 $Q=588$ N 的力沿斜面推物体，如图 3-31(a)所示，问物体在斜面上处于静止还是处于滑动状态？若静止，此时摩擦力为多少？

解 可先假设物体处于静止状态，然后由平衡方程求出物体处于静止状态时所需的静摩擦力 $\boldsymbol{F}_f$，并计算出可能产生的最大静摩擦力 $\boldsymbol{F}_m$，将两者进行比较，确定力 F_f 是否满足 $F_f \leqslant F_m$，从而断定物体是静止的还是滑动的。

设物体沿斜面有下滑的趋势；受力图及坐标系如图 3-31(b)所示。

由 $\Sigma F_x=0$，　　$Q-G\sin\alpha+F_f=0$

解得　　$F_f=G\sin\alpha-Q=-98$ N

由 $\Sigma F_y=0$，　　$F_N-G\cos\alpha=0$

解得　　$F_N=G\cos\alpha=848.7$ N

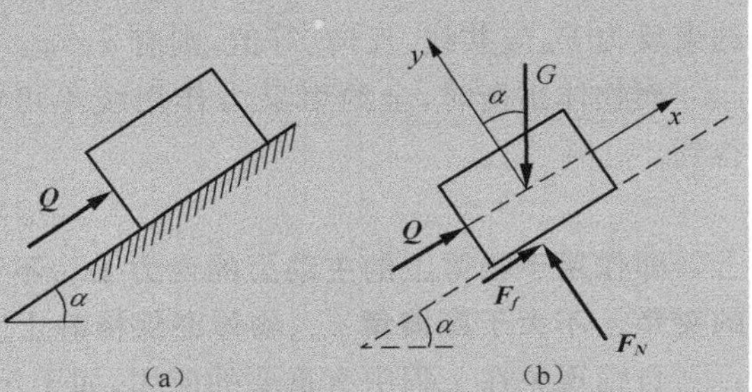

图 3-31

根据静摩擦定律，可能产生的最大静摩擦力为

$$F_m=fF_N=169.7\text{ N}$$

$$|F_f|=98\text{N}<169.7\text{N}=F_m$$

结果说明物体在斜面上保持静止。而静摩擦力 F_f 为 -98 N，负号说明实际方向与假设方向相反，故物体沿斜面有上滑的趋势。

【例 3-12】 如图 3-32(a)所示，一重为 $G=196$ N 的均质圆盘静置在斜面上，已知圆盘与斜面间的摩擦系数 $f=0.2$，$R=20$ cm，$e=10$ cm，$a=40$ cm，$b=60$ cm，$c=40$ cm 杆重及滚阻不计，试求作用在曲杆 AB 上而不致引起圆盘在斜面上发生滑动的最大铅垂力。

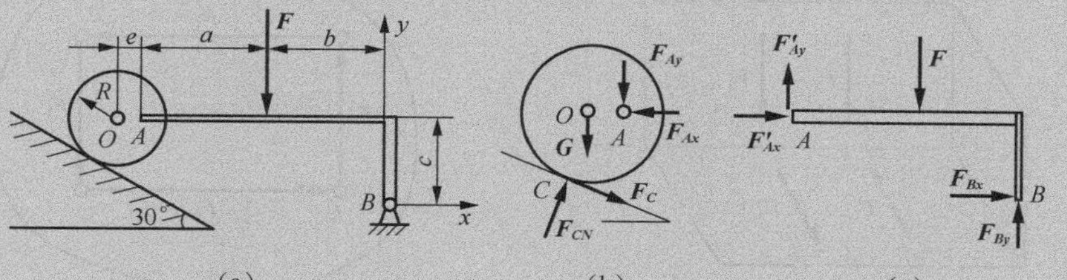

图 3-32

解　因为当力 $\boldsymbol{F}$ 足够大时，圆盘的 A 点将向下运动，所以圆盘上的 C 点将沿斜面向上滑动。从而可以断定斜面作用于 C 点的摩擦力向下。

(1) 首先选取圆盘为研究对象，进行受力分析如图 3-32(b)所示，列平衡方程

$$\sum F_x=0\quad F_C\cos30^\circ+F_{CN}\sin30^\circ-F_{Ax}=0$$

$$\sum F_y=0\quad F_{CN}\cos30^\circ-F_C\sin30^\circ-F_{Ay}-G=0$$

$$\sum M_A(\boldsymbol{F})=0\quad Ge+F_C(R+e\sin30^\circ)-F_{CN}e\cos30^\circ=0$$

补充方程
$$F_C=F_{CN}\cdot f$$

解方程得
$$F_{Ax}=360.5\ \text{N}\qquad F_{Ay}=214.2\ \text{N}$$

(2) 再选取曲杆 AB 为研究对象，如图 3-32(c)所示，列平衡方程

$$\sum M_B(\boldsymbol{F})=0\qquad F_{\max}b-F'_{Ax}c-F'_{Ay}(a+b)=0$$

解得
$$F_{\max}=597\ \text{N}$$

思　考　题

3-1　将图所示 A 点的力 $\boldsymbol{F}$ 沿作用线移至 B 点，是否改变该力对 O 点之矩？

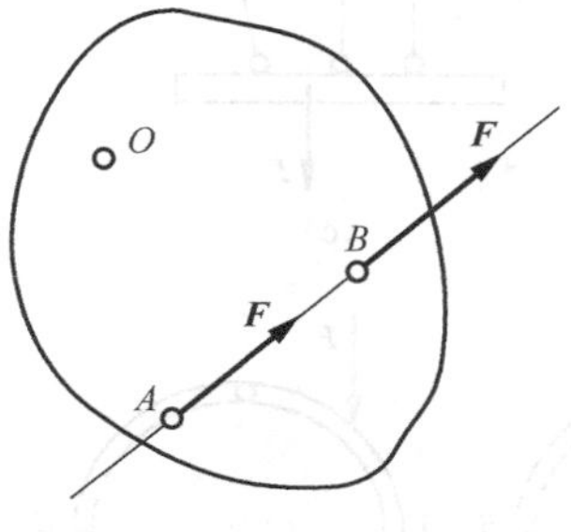

思考题 3-1 图

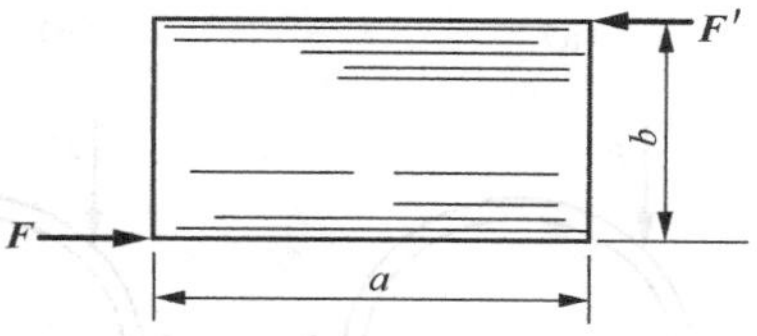

思考题 3-2 图

3-2　一矩形钢板放在水平地面上，其边长 $a=3$ m，$b=2$ m(如图所示)。按图示方向加力，转动钢板需要 $F=F'=250$ N。试问如何加力才能使转动钢板所用的力最小，并求这个最小力的大小。

3－3　一力偶($\boldsymbol{F}_1$,$\boldsymbol{F}_1'$)作用在 Oxy 平面内，另一力偶($\boldsymbol{F}_2$,$\boldsymbol{F}_2'$)作用在 Oyz 平面内，力偶矩之绝对值相等，试问两力偶是否等效，为什么。

3－4　图中 4 个力作用在某物体同一平面上 A、B、C、D 四点上($ABCD$ 为一矩形)，若 4 个力的力矢恰好首尾相接，这时物体平衡吗？为什么。

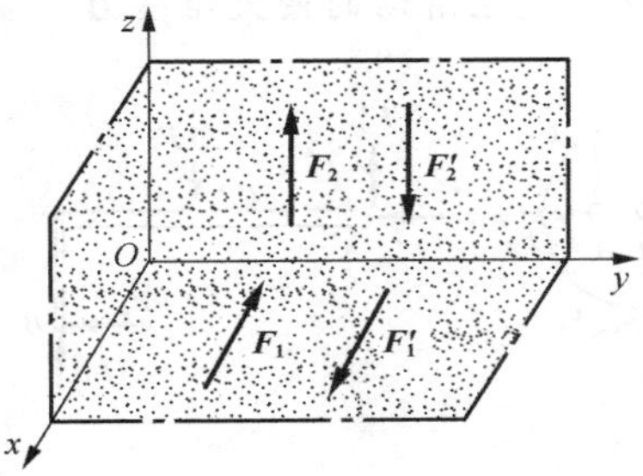

思考题 3－3 图

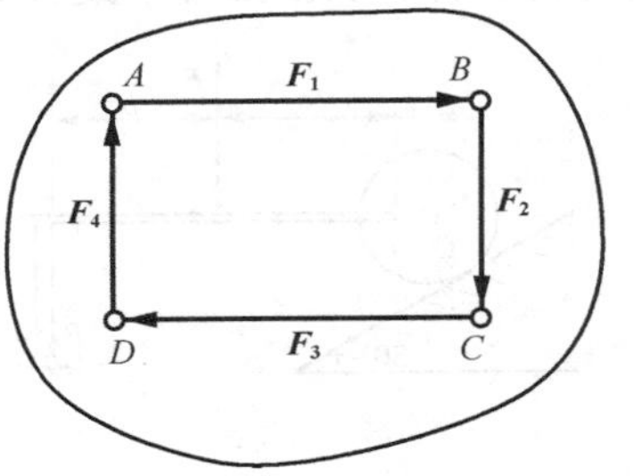

思考题 3－4 图

3－5　水渠的闸门有 3 种设计方案，如图所示。试问哪种方案开关闸门时最省力。

3－6　力偶不能与一力平衡，那么如何解释图示的平衡现象？

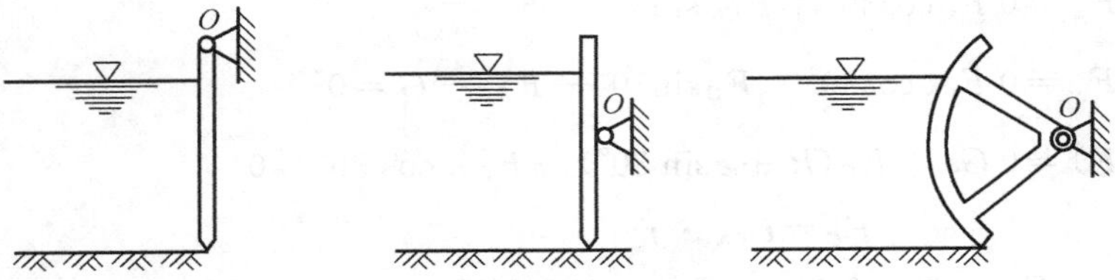

思考题 3－5 图

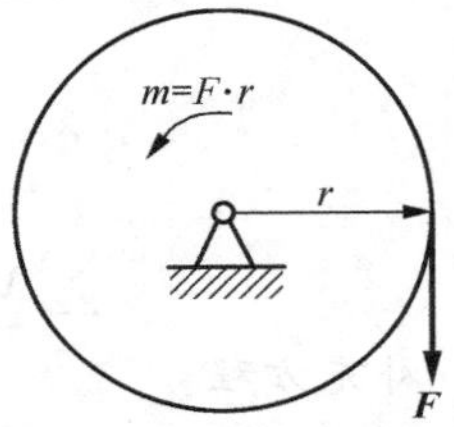

思考题 3－6 图

习　题　三

3－1　怎样判定静定和静不定问题，图中所示的 6 种情况那些是静定问题，那些是静不定问题，为什么。

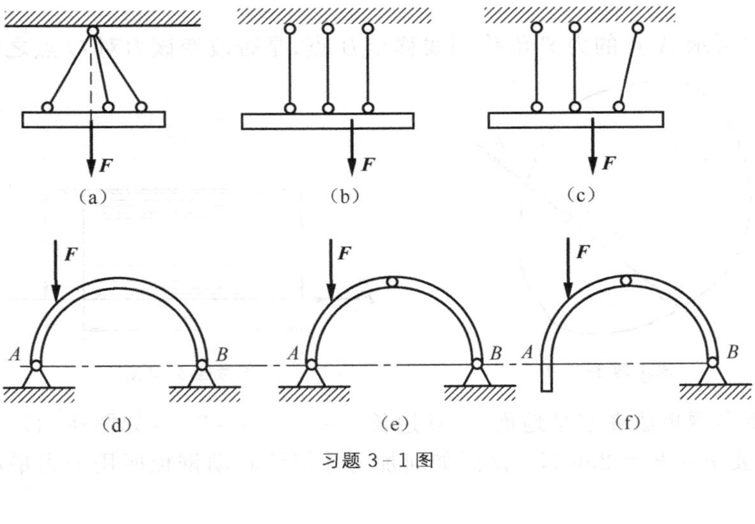

习题 3－1 图

3－2　已知梁 AB 上作用一力偶，力偶矩为 M，梁长为 l，梁重不计。求在图(a)、(b)、(c) 3 种情况下，支座 A 和 B 的约束力。

3－3　在题图所示结构中二曲杆自重不计，曲杆 AB 上作用有主动力偶，其力偶矩为 M，试求 A 和 C 点处的约束力。

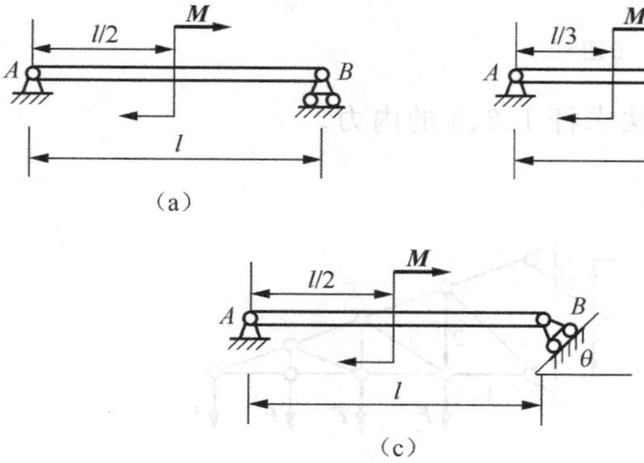

习题 3－2 图

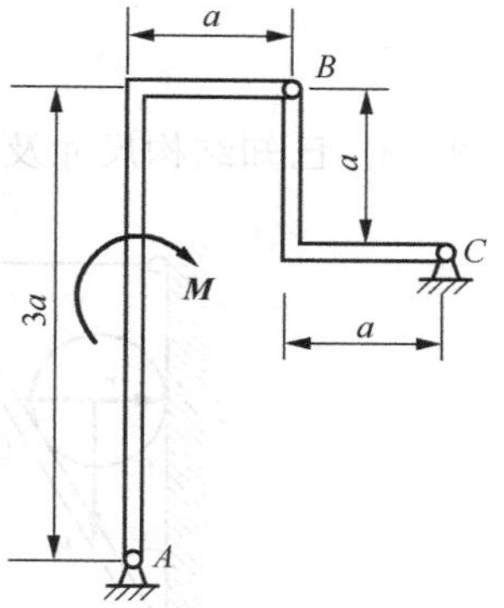

习题 3－3 图

3－4　试求如图所示各梁支座的约束力。设力的单位为 kN，力偶矩的单位为 kN·m，长度单位为 m，分布载荷集度为 kN/m。

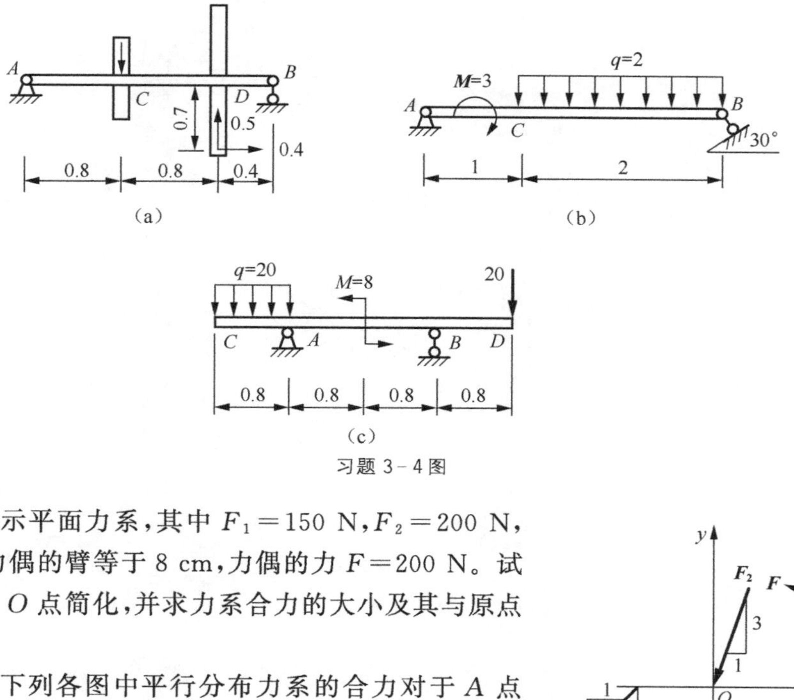

习题 3－4 图

3－5　图示平面力系，其中 $F_1=150$ N，$F_2=200$ N，$F_3=300$ N，力偶的臂等于 8 cm，力偶的力 $F=200$ N。试将平面力系向 O 点简化，并求力系合力的大小及其与原点 O 的距离 d。

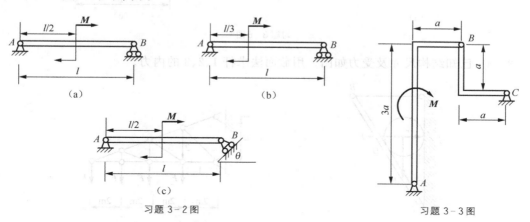

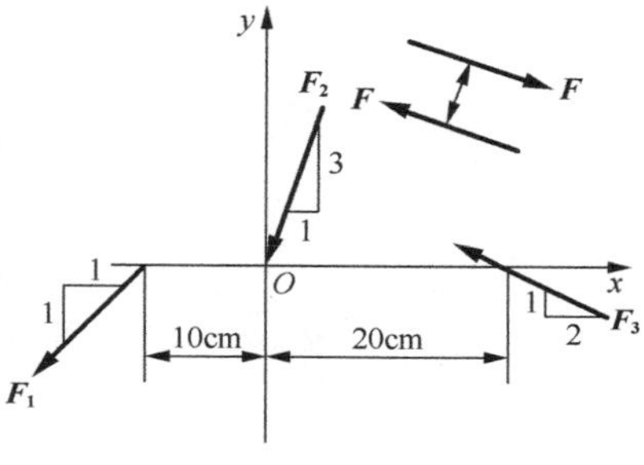

习题 3－5 图

3－6　求下列各图中平行分布力系的合力对于 A 点之矩。

3－7　均质球重为 W，半径为 r，放在墙与杆 CB 之间，杆长为 l，其与墙的夹角为 α，B 端用水平绳 BA 拉住，不计杆重，求绳索的拉力，并求 α 为何值时绳的拉力为最小。

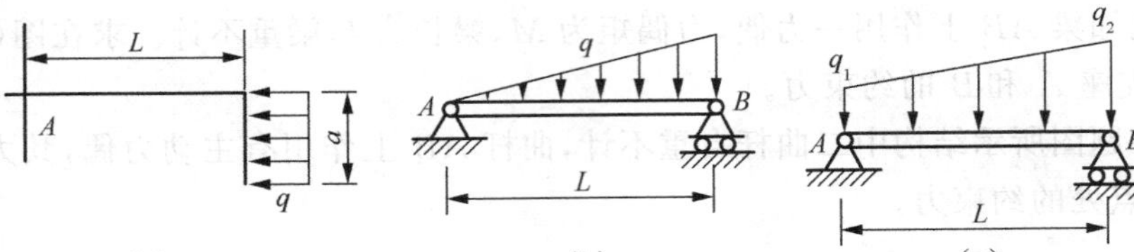

习题 3-6 图

3-8 已知结构尺寸及受力如图。用截面法求杆 1、2、3 的内力。

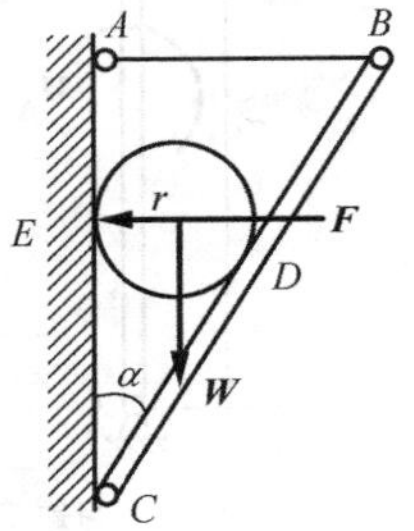

思考题 3-7 图

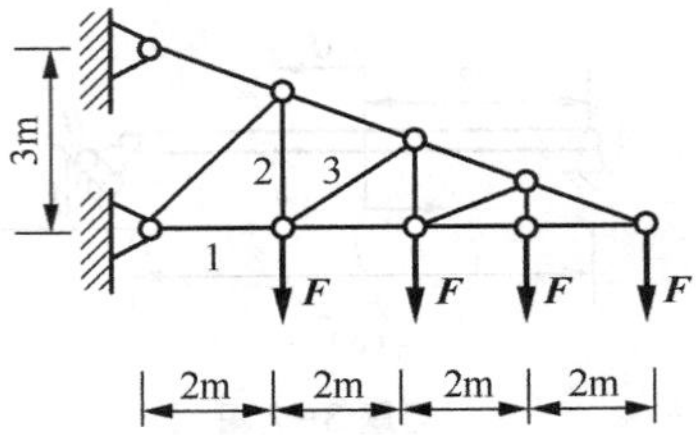

思考题 3-8 图

第四章 空间力系

作用在物体上各力的作用线不在同一平面内，称该力系为空间力系。

按各力的作用线在空间的位置关系，空间力系可分为空间汇交力系、空间平行力系和空间任意力系。前几章介绍的各种力系都是空间力系的特例。

第一节 力的投影与分解

已知力 $\boldsymbol{F}$ 与 x 轴如图 4－1(a)所示，过力 F 的两端点 A、B 分别作垂直于 x 轴的平面 M 及 N，与 x 轴交于 a、b，则线段 ab 冠以正号或负号称为力 $\boldsymbol{F}$ 在 x 轴上的投影，即

$$F_x = \pm ab$$

符号规定：若从 a 到 b 的方向与 x 轴的正向一致取正号，反之取负号。

已知力 $\boldsymbol{F}$ 与平面 Q，如图 4－1(b)所示。过力的两端点 A、B 分别作平面 Q 的垂直线 AA'、BB'，则矢量 $\boldsymbol{A'B'}$ 称为力 $\boldsymbol{F}$ 在平面 Q 上的投影。应注意的是力在平面上的投影是矢量，而力在轴上的投影是代数量。

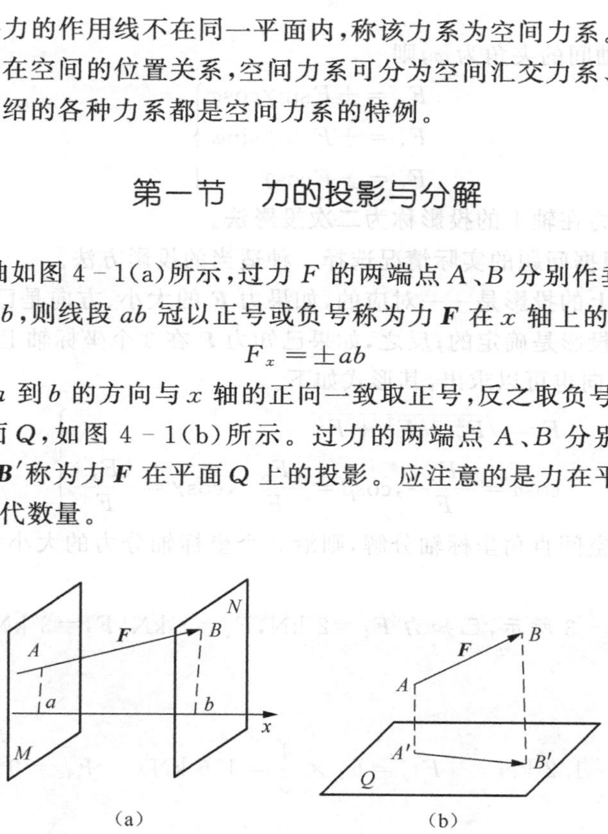

图 4－1

现在讨论力 $\boldsymbol{F}$ 在空间直角坐标系 Oxy 中的情况。如图 4－2(a)所示，过力 $\boldsymbol{F}$ 的端点分别作 x、y、z 三轴的垂直平面，则由力在轴上的投影的定义知，OA、OB、OC 就是力 $\boldsymbol{F}$ 在 x、y、z 轴上的投影。设力 $\boldsymbol{F}$ 与 x、y、z 所夹的角分别是 α、β、γ，则力 $\boldsymbol{F}$ 在空间直角坐标轴上的投影为：

$$\left.\begin{aligned} F_x &= \pm F\cos\alpha \\ F_y &= \pm F\cos\beta \\ F_z &= \pm F\cos\gamma \end{aligned}\right\} \qquad (4-1)$$

用这种方法计算力在轴上的投影的方法称为**直接投影法**。

一般情况下，不易全部找到力与 3 个轴的夹角，设已知力 $\boldsymbol{F}$ 与 z 轴夹角为 γ，可先将力投影到坐标平面 Oxy 上，然后再投影到坐标轴 x、y 上，如图 4－2(b)所示。设力 $\boldsymbol{F}$ 在 Oxy 平面

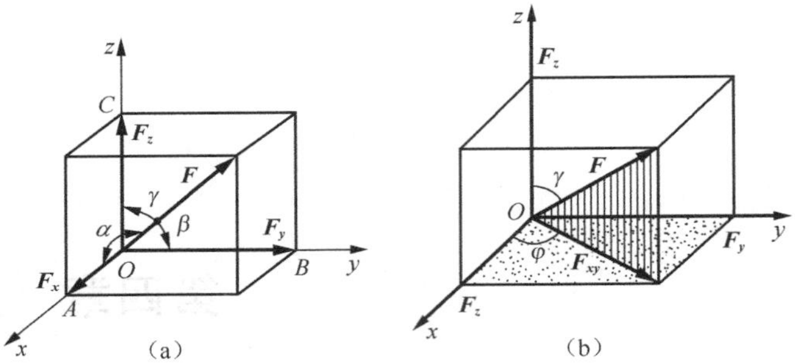

图 4-2

上的投影为 F_{xy} 与 x 轴间的夹角为 φ，则

$$\left.\begin{aligned}F_x&=\pm F\sin\gamma\cos\varphi\\F_y&=\pm F\sin\gamma\sin\varphi\\F_z&=\pm F\cos\gamma\end{aligned}\right\}\tag{4-2}$$

用这种方法计算力在轴上的投影称为**二次投影法**。

具体计算时，可根据问题的实际情况选择一种适当的投影方法。

力和它在坐标轴上的投影是一一对应的，如果力 F 的大小、方向是已知的，则它在选定的坐标系的 3 个轴上的投影是确定的；反之，如果已知力 F 在 3 个坐标轴上的投影 F_x、F_y、F_z 的值，则力 F 的大小、方向也可以求出，其形式如下。

$$\left.\begin{aligned}&F=\sqrt{F_x^2+F_y^2+F_z^2}\\&\cos\alpha=\frac{|F_x|}{F},\cos\beta=\frac{|F_y|}{F},\cos\gamma=\frac{|F_z|}{F}\end{aligned}\right\}\tag{4-3}$$

如果把一个力沿空间直角坐标轴分解，则沿 3 个坐标轴分力的大小等于力在这 3 个坐标轴上投影的绝对值。

【例 4-1】 如图 4-3 所示，已知力 $F_1=2$ kN，$F_2=1$ kN，$F_3=3$ kN，试分别计算三力在 x、y、z 轴上的投影。

解

$F_{1x}=-F_1\times\dfrac{3}{5}=-1.2$ kN　　$F_{1y}=F_1\times\dfrac{4}{5}=1.6$ kN　　$F_{1z}=0$

$F_{2x}=F_2\times\dfrac{\sqrt{2}}{2}\times\dfrac{3}{5}=0.424$ kN　　$F_{2y}=F_2\times\dfrac{\sqrt{2}}{2}\times\dfrac{4}{5}=0.566$ kN

$F_{2z}=F_2\times\dfrac{\sqrt{2}}{2}=0.707$ kN

$F_{3x}=0$　　$F_{3y}=0$　　$F_{3z}=F_3=3$ kN

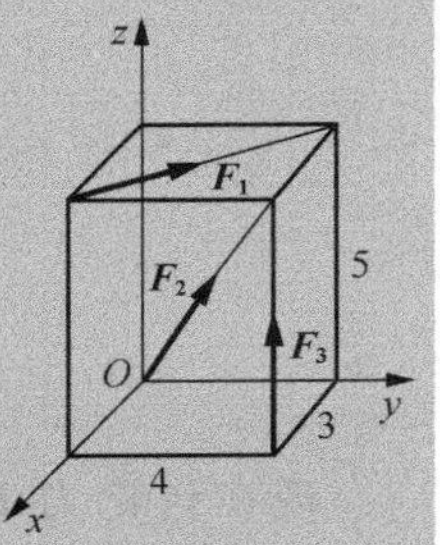

图 4-3

第二节　力对轴之矩

力对轴之矩是度量力使物体绕某轴转动效应的力学量。实践表明，力使物体绕一个轴转动的效果，不仅与力的大小有关，而且和力与转轴之间的相对位置有关。如图 4-4 所示的一扇门可绕固定轴 z 转动。我们将力 F 分解为平行于 z 轴的分力 F_z 和垂直于轴的分力 F_{xy}（即为力 F 在平面 A 上的投影）。由经验可知，分力 F_z 不能使门绕 z 轴转动，即力 F_z 对 z 轴的矩

为零；只有分力 F_{xy} 才能使门绕 z 轴转动。现用符号 $M_z(F)$ 表示力 F 对 z 轴的矩，点 O 为平面 A 与 z 轴的交点，d 为 O 点到力 F_{xy} 作用线的距离。因此，力 F 对 z 轴的矩与其分力 F_{xy} 对点 O 的矩等效，即

$$M_z(\boldsymbol{F}) = M_O(\boldsymbol{F}_{xy}) = \pm F_{xy}d \tag{4-4}$$

可得力对轴之矩的定义如下：**力对轴的矩是力使刚体绕该轴转动效应的量度，是一个代数量，其大小等于力在垂直于该轴的平面上的投影对该平面与该轴的交点的矩，其正负号规定为：从轴的正向看，力使物体绕该轴逆时针转动时，取正号；反之取负号。**也可按右手螺旋法则来确定其正负号，**拇指指向与轴的正向一致时取正号，反之取负号**，如图 4-5 所示。

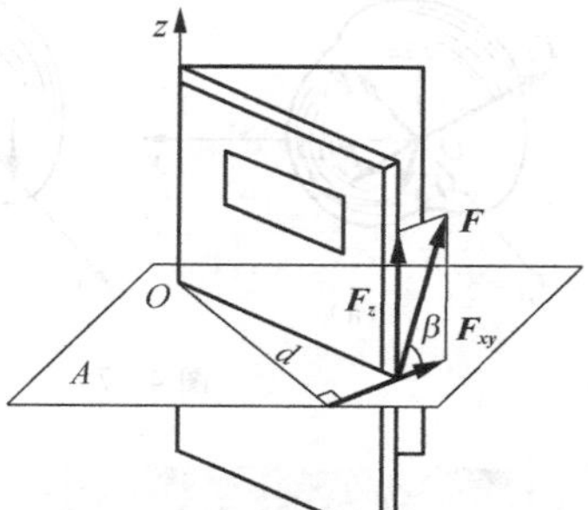

图 4-4

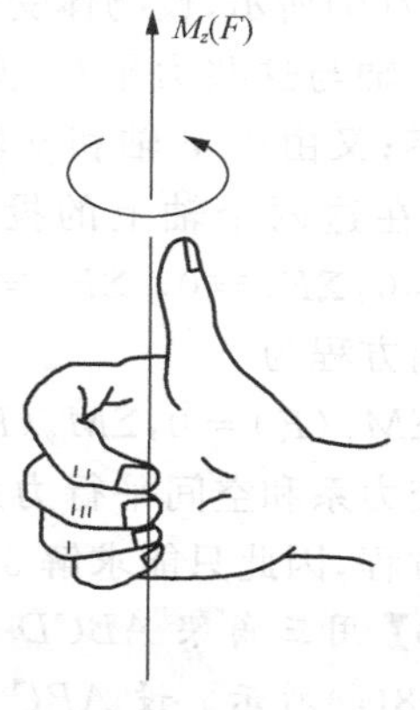

图 4-5

注意，当力与轴共面时力对该轴的矩为零。

力对轴之矩的单位是牛·米(N·m)或千牛·米(kN·m)。

另外合力矩定理在空间力系中也同样适用。

【例 4-2】支柱 AB 高 $h=4$ m，顶端 B 上作用 3 个力 F_1、F_2、F_3，大小均为 2 kN，方向如图 4-6 所示。试写出该力系对 3 个坐标轴之矩。

解

$$\begin{aligned}M_x &= M_x(\boldsymbol{F}_1) + M_x(\boldsymbol{F}_2) + M_x(\boldsymbol{F}_3)\\ &= F_1 \times h - F_2\cos 60^\circ \sin 30^\circ \times h - F_3 \cos 60^\circ \cos 30^\circ \times h\\ &= 2\times 4 - 2\cos 60^\circ \sin 30^\circ \times 4 - 2\cos 60^\circ \cos 30^\circ \times 4\\ &= 2.54\ \text{kN}\cdot\text{m}\end{aligned}$$

$$\begin{aligned}M_y &= M_y(\boldsymbol{F}_1) + M_y(\boldsymbol{F}_2) + M_y(\boldsymbol{F}_3)\\ &= F_2\cos 60^\circ \cos 30^\circ \times h - F_3\cos 60^\circ \sin 30^\circ \times h\\ &= 2\cos 60^\circ \cos 30^\circ \times 4 - 2\cos 60^\circ \sin 30^\circ \times 4\\ &= 1.46\ \text{kN}\cdot\text{m}\end{aligned}$$

$$M_z = M_z(\boldsymbol{F}_1) + M_z(\boldsymbol{F}_2) + M_z(\boldsymbol{F}_3) = 0$$

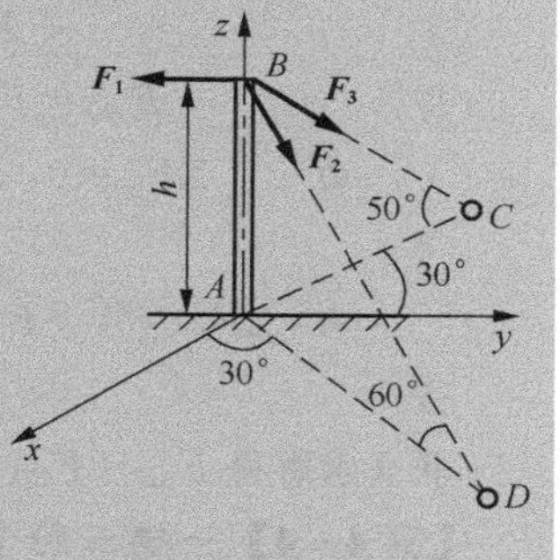

图 4-6

第三节　空间力系的平衡

与建立平面力系的平衡条件的方法相同，通过力系的简化，可建立空间力系的平衡方程。

$$\left.\begin{aligned}\Sigma F_x = 0, \Sigma F_y = 0, \Sigma F_z = 0\\ \Sigma M_x(\boldsymbol{F}) = 0, \Sigma M_y(\boldsymbol{F}) = 0, \Sigma M_z(F) = 0\end{aligned}\right\} \tag{4-5}$$

上式表明：**空间力系平衡的必要和充分条件为各力在3个坐标轴上投影的代数和以及各力对此三轴之矩的代数和分别等于零。**

(4-5)式有6个独立的平衡方程，可以求解6个未知数。

从空间任意力系的平衡方程，很容易导出空间汇交力系和空间平行力系的平衡方程。如图4-7(a)所示，设物体受一空间汇交力系的作用，若选择空间汇交力系的汇交点为坐标系$Oxyz$的原点，则不论此力系是否平衡，各力对三轴之矩恒为零，即$\Sigma M_x(F)\equiv 0$，$\Sigma M_y(F)\equiv 0$，$\Sigma M_z(F)\equiv 0$。因此，空间汇交力系的平衡方程为

$$\Sigma F_x=0,\ \Sigma F_y=0,\ \Sigma F_z=0 \tag{4-6}$$

如图4-7(b)所示，设物体受一空间平行力系的作用。令z轴与这些力平行，则各力对于z轴的矩恒等于零；又由于x轴和y轴都与这些力垂直，所以各力在这两个轴上的投影也恒等于零。即$\Sigma M_z(F)\equiv 0$，$\Sigma F_x\equiv 0$，$\Sigma F_y\equiv 0$。因此空间平行力系的平衡方程为

$$\Sigma F_z=0,\Sigma M_x(F)=0,\Sigma M_y(F)=0 \tag{4-7}$$

空间汇交力系和空间平行力系分别只有3个独立的平衡方程，因此只能求解3个未知数。

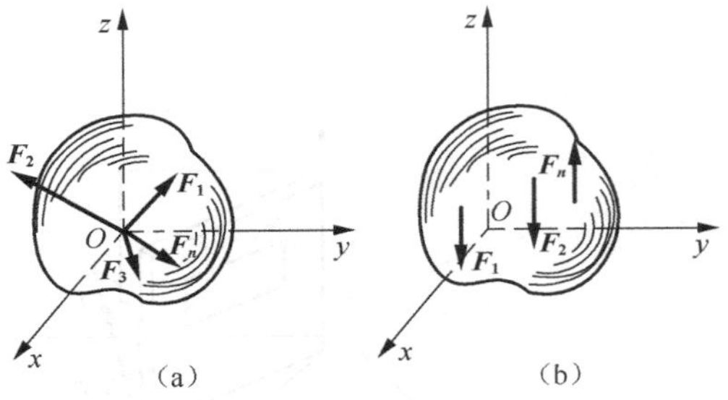

图4-7

【例4-3】 用三角架$ABCD$和绞车提升一重物如图4-8(a)所示。设ABC为一等边三角形，各杆及绳索均与水平面成60°的角。已知重物$F_G=30$ kN，各杆均为二力杆，滑轮大小不计。试求重物匀速吊起时各杆所受的力。

解 取铰链D为分离体，画受力图如图4-8(b)所示，各力形成空间汇交力系。

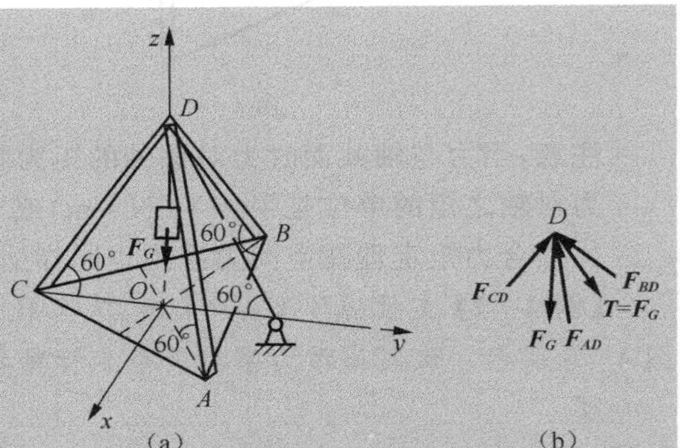

图4-8

由 $\Sigma F_x=0$，$-F_{AD}\cos60°\sin60°+F_{BD}\cos60°\sin60°=0$

得 $F_{AD}=F_{BD}$

由 $\Sigma F_y=0$， $T\cos60°+F_{CD}\cos60°-F_{AD}\cos60°\cos60°-F_{BD}\cos60°\cos60°=0$

得 $T+F_{CD}-0.5F_{AD}-0.5F_{BD}=0$

由 $\Sigma F_z=0$， $F_{AD}\sin60°+F_{CD}\sin60°+F_{BD}\sin60°-T\sin60°-F_G=0$

得 $0.866(F_{AD}+F_{CD}+F_{BD}-T)-F_G=0$

联立求解得$F_{AD}=F_{BD}=31.55$ kN，$F_{CD}=1.55$ kN。

【例4-4】 一辆三轮货车自重$F_G=5$ kN，载重$F=10$ kN，作用点位置如图4-9所示。求静止时地面对轮子的反力。

解 自重$\boldsymbol{F_G}$、载重$\boldsymbol{F}$及地面对轮子的反力组成空间平行力系。

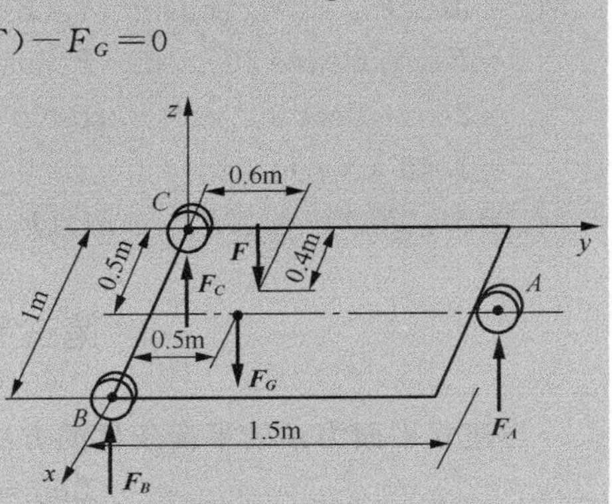

图4-9

$\Sigma F_z=0$ $F_A+F_B+F_C-F_G-F=0$

$\Sigma M_x(\boldsymbol{F})=0$ $1.5F_A-0.5F_G-0.6F=0$

$\Sigma M_y(\boldsymbol{F})=0$ $-0.5F_A-1F_B+0.5F_G+0.4F_A=0$

联立以上方程得

$$F_A=5.67\ \text{kN}\quad F_B=5.66\ \text{kN}\quad F_C=3.67\ \text{kN}$$

【例 4-5】 某厂房柱子下端固定，柱顶承受力 $\boldsymbol{F}_1$，牛腿上承受铅直力 $\boldsymbol{F}_2$ 及水平力 $\boldsymbol{F}_3$，取坐标系如图 4-10 所示。$\boldsymbol{F}_1$、$\boldsymbol{F}_2$ 在 yoz 平面内，与 z 轴的距离分别为 $e_1=0.1$ m，$e_2=0.34$ m；$\boldsymbol{F}_3$ 平行于 x 轴。已知 $F_1=120$ kN，$F_2=300$ kN，$F_3=25$ kN，柱子自重 $F_G=40$ kN，$h=6$ m。试求基础的约束反力。

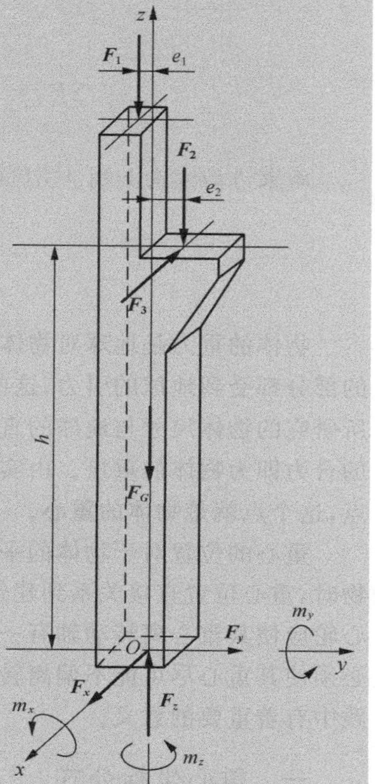

图 4-10

解　柱子基础为固定端，其约束反力如图 4-10 所示，该约束反力与柱子上各荷载形成空间任意力系。

$$\Sigma F_x=0\quad F_x-F_3=0$$

$$\Sigma F_y=0\quad F_y=0$$

$$\Sigma F_z=0\quad F_z-F_1-F_2-F_G=0$$

$$\Sigma M_x(\boldsymbol{F})=0\quad m_x+F_1e_1-F_2e_2=0$$

$$\Sigma M_y(\boldsymbol{F})=0\quad m_y-F_3h=0$$

$$\Sigma M_z(\boldsymbol{F})=0\quad m_z+F_3e_2=0$$

将已知数值代入以上方程并求得柱子的约束反力为

$$F_x=25\ \text{kN}\quad F_y=0\quad F_z=460\ \text{kN}$$

$$m_x=90\ \text{kNm}\quad m_y=150\ \text{kNm}\quad m_z=-8.5\ \text{kNm}$$

【例 4-6】 作用于半径为 120 mm 的齿轮上的啮合力 F 推动皮带绕水平轴 AB 作匀速转动。已知皮带紧边拉力为 200 N，松边拉力为 100 N，尺寸如图 4-11(a)所示。试求力 F 的大小以及轴承 A、B 的约束力。（尺寸单位 mm）。

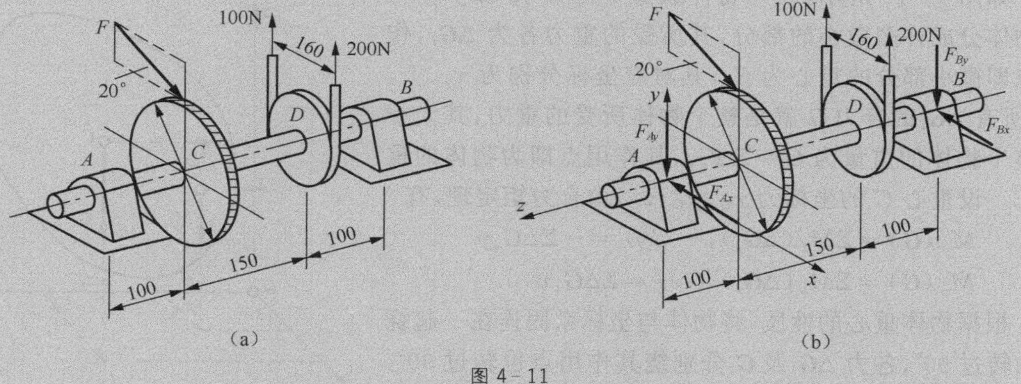

图 4-11

解　(1) 研究整体，受力分析，画出受力图(空间任意力系)如图 4-11(b)所示；

(2)选坐标系 $Axyz$，列出平衡方程；

$$\Sigma M_z(\boldsymbol{F})=0:\quad -F\cos 20^\circ\times 120+(200-100)\times 80=0$$

$$F=70.9\ \text{N}$$

$$\Sigma M_x(\boldsymbol{F})=0:\quad -F\sin 20^\circ\times 100+(200+100)\times 250-F_{By}\times 350=0$$

$$F_{By}=207\ \text{N}$$

$\Sigma M_y(\boldsymbol{F})=0$：　　$-F\cos 20°\times 100+F_{Bx}\times 350=0$

$F_{Bx}=19\ \mathrm{N}$

$\Sigma F_x=0$：　　$-F_{Ax}+F\cos 20°-F_{Bx}=0$

$F_{Ax}=47.6\ \mathrm{N}$

$\Sigma F_y=0$：　　$-F_{Ay}-F\sin 20°-F_{By}+(100+200)=0$

$F_{Ay}=68.8\ \mathrm{N}$

约束力的方向如图 4-11(b)所示。

第四节　物体的重心

物体的重力是地球对物体的引力，如果把物体看成是由许多微小部分组成的，则每个微小的部分都受到地球的引力，这些引力汇交于地球的中心，形成一个空间汇交力系，但由于我们所研究的物体尺寸与地球的直径相比要小得多，因此可以近似地看成是空间平行力系，该力系的合力即为物体的重量。由实践可知，无论物体如何放置，重力合力的作用线总是过一个确定点，这个点就是物体的**重心**。

重心的位置对于物体的平衡和运动都有很大关系。在工程上，设计挡土墙、重力坝等建筑物时，重心位置直接关系到建筑物的抗倾稳定性及其内部受力的分布。机械的转动部分如偏心轮应使其重心离转动轴有一定距离，以便利用其偏心产生的效果；而一般的高速转动物体又必须使其重心尽可能不偏离转动轴，以免产生不良影响。所以如何确定物体的重心位置，在实践中有着重要的意义。

一、重心坐标公式

如图 4-12 所示，设一物体放置于坐标系 $Oxyz$ 中，将物体分成许多微小的部分，其所受的重力各为 $\Delta\boldsymbol{G}_i$，作用点即微小部分的重心为 C_i，其对应坐标分别为 x_i、y_i、z_i，所有 $\Delta\boldsymbol{G}_i$ 的合力 $\boldsymbol{G}$ 就是整个物体所受的重力，其大小即整个物体的重量为 $G=\Sigma\Delta G_i$，其作用点即为物体的重心 C。设重心 C 的坐标为 x_C、y_C、z_C，由合力矩定理，有

$$M_x(\boldsymbol{G})=\Sigma M_x(\Delta\boldsymbol{G}_i),\quad -Gy_C=-\Sigma\Delta G_i y$$

$$M_y(\boldsymbol{G})=\Sigma M_y(\Delta\boldsymbol{G}_i),\quad Gx_C=\Sigma\Delta G_i x$$

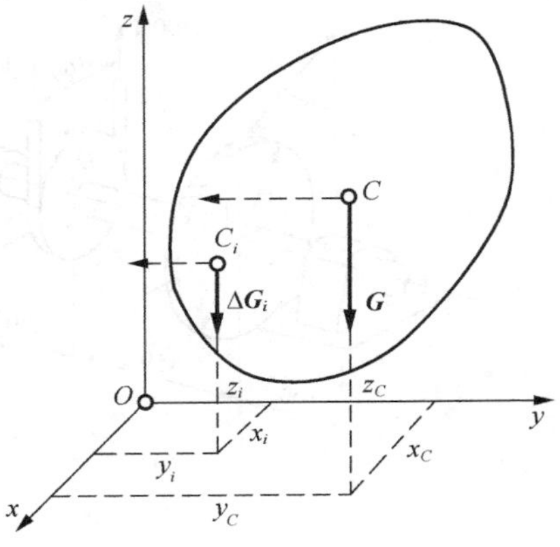

图 4-12

根据物体重心的性质，将物体与坐标系固连在一起绕 x 轴转过 90°，各力 $\Delta\boldsymbol{G}_i$ 及 $\boldsymbol{G}$ 分别绕其作用点也转过 90°，如图中虚线所示，再应用合力矩定理，有

$$M_x(\boldsymbol{G})=\Sigma M_x(\Delta\boldsymbol{G}_i),\quad Gz_C=\Sigma\Delta G_i z$$

由上述三式可得物体的重心坐标公式为

$$x_C=\frac{\Sigma\Delta Gx}{G},\ y_C=\frac{\Sigma\Delta Gy}{G},\ z_C=\frac{\Sigma\Delta Gz}{G} \tag{4-8}$$

若物体是均质的，其单位体积的重量为 γ，各微小部分体积为 ΔV_i，整个物体的体积为 $V=\Sigma\Delta V$，则 $\Delta G_i=\gamma\Delta V_i$，$G=\gamma V$ 代入上式，得

$$x_C=\frac{\Sigma\Delta Vx}{V},y_C=\frac{\Sigma\Delta Vy}{V},z_C=\frac{\Sigma\Delta Vz}{V} \tag{4-9}$$

由式(4－9)可知，均质物体的重心与物体的重量无关，只取决于物体的几何形状和尺寸。这个由物体的几何形状和尺寸决定的物体的几何中心，称为物体的**形心**。它是几何概念。只有均质物体的重心和形心才重合于同一点。

若物体是均质薄壳(或曲面)，其重心(或形心)坐标公式为

$$x_C=\frac{\Sigma\Delta Ax}{A},y_C=\frac{\Sigma\Delta Ay}{A},z_C=\frac{\Sigma\Delta Az}{A} \tag{4-10}$$

若物体是均质细杆(或曲线)，其重心(或形心)坐标公式为

$$x_C=\frac{\Sigma\Delta Lx}{L},y_C=\frac{\Sigma\Delta Ly}{L},z_C=\frac{\Sigma\Delta Lz}{L} \tag{4-11}$$

二、物体重心与形心的计算

根据物体的具体形状的特征，可用不同的方法确定其重心及形心的位置。

(一) 对称法

由重心公式不难证明，具有对称轴、对称面或对称中心的均质物体，其形心必定在其对称轴、对称面或对称中心上。因此，有一根对称轴的平面图形，其形心在对称轴上；具有两根或两根以上对称轴的平面图形，其形心在对称轴的交点上；有对称中心的物体，其形心在对称中心上。如图 4－13 所示。

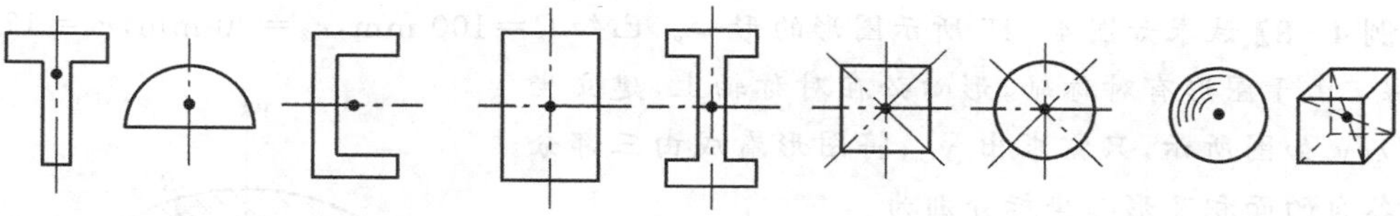

图 4－13

(二) 组合法

有些平面图形是由几个简单图形组成的，称为组合图形，可先把图形分成几个简单图形，每个简单图形的形心可查表求得，再应用形心坐标公式计算出组合图形的形心，这种方法称组合法。

【例 4－7】 热轧不等边角钢的横截面近似简化图形如图 4－14(a)所示，求该截面形心的位置。

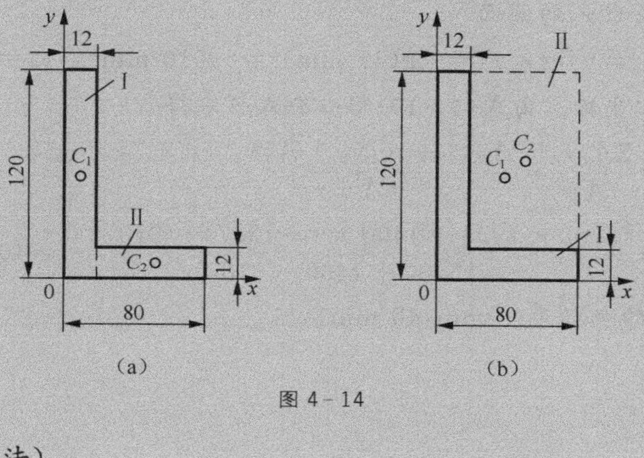

图 4－14

解　方法一(分割法)：

根据图形的组合情况，可将该截面分割成Ⅰ、Ⅱ两个矩形，如图4-14(a)，C_1和C_2分别为两个矩形的形心。取坐标系Oxy如图所示，则矩形Ⅰ、Ⅱ的面积和形心坐标分别为

$$A_1=120\ \text{mm}\times 12\ \text{mm}=1440\ \text{mm}^2,\ x_1=6\ \text{mm},\ y_1=60\ \text{mm}$$

$$A_2=(80-12)\ \text{mm}\times 12\ \text{mm}=816\ \text{mm}^2,\ x_2=12\ \text{mm}+(80-12)/2=46\ \text{mm},y_2=6\ \text{mm}$$

$$x_C=\frac{\Sigma A_i x_i}{A}=\frac{A_1x_1+A_2x_2}{A}=\frac{1440\times 6+816\times 46}{1440+816}=20.5\ \text{mm}$$

$$y_C=\frac{\Sigma A_i y_i}{A}=\frac{A_1y_1+A_2y_2}{A}=\frac{1440\times 60+816\times 6}{1440+816}=40.5\ \text{mm}$$

即所求截面形心C点的坐标为(20.5 mm,40.5 mm)

方法二(负面积法)：

用负面积法求形心。计算简图如图4-14(b)所示。

$$A_1=80\ \text{mm}\times 120\ \text{mm}=9600\ \text{mm}^2\qquad x_1=40\ \text{mm}\qquad y_1=60\ \text{mm}$$

$$A_2=-108\ \text{mm}\times 68\ \text{mm}=-7344\ \text{mm}^2\quad x_2=12\ \text{mm}+(80-12)\ \text{mm}/2=46\ \text{mm}$$

$$y_2=12\ \text{mm}+(120-12)\ \text{mm}/2=66\ \text{mm}$$

$$x_C=\frac{\Sigma A_i x_i}{A}=\frac{A_1x_1+A_2x_2}{A}=\frac{9600\times 40-7344\times 46}{9600-7344}=20.5\ \text{mm}$$

$$y_C=\frac{\Sigma A_i y_i}{A}=\frac{A_1y_1+A_2y_2}{A}=\frac{9600\times 60-7344\times 66}{9600-7344}=40.5\ \text{mm}$$

由于将去掉部分的面积作为负值，方法二又称为负面积法。

【例4-8】试求如图4-15所示图形的形心。已知$R=100$ mm,$r_2=30$ mm,$r_3=17$ mm。

解 由于图形有对称轴，形心必在对称轴上，建立坐标系Oxy如图所示，只需求出y_C，将图形看成由三部分组成，各自的面积及形心坐标分别为

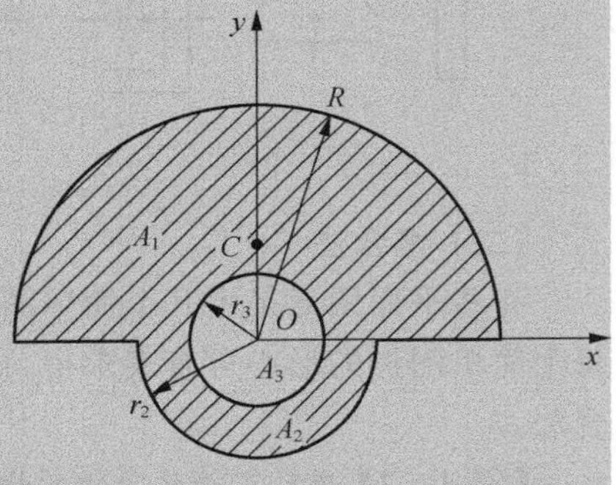

图4-15

(1) 半径为R的半圆面

$$A_1=\pi R^2/2=\pi\times(100\ \text{mm})^2/2=15700\ \text{mm}^2$$

$$y_1=4R/(3\pi)=4\times 100\ \text{mm}/(3\pi)=42.4\ \text{mm}$$

(2) 半径为r_2的半圆面

$$A_2=\pi(r_2)^2/2=\pi\times(30\ \text{mm})^2/2=1400\ \text{mm}^2$$

$$y_2=-4r_2/(3\pi)=-4\times 30\ \text{mm}/(3\pi)=-12.7\ \text{mm}$$

(3) 被挖掉的半径为r_3的圆面

$$A_3=-\pi(r_3)^2=-\pi(17\ \text{mm})^2=-910\ \text{mm}^2\quad y_3=0$$

(4) 求图形的形心坐标。由式(4-10)形心公式可求得

$$y_C=\frac{\Sigma A_i y_i}{A}=\frac{A_1y_1+A_2y_2+A_3y_3}{A}$$

$$=\frac{15700\times 42.4+1400\times(-12.7)-910\times 0}{15700+1400-910}=40\ \text{mm}$$

即所求截面形心C点的坐标为(0 mm,40 mm)。

思 考 题

4-1 已知一个力 $\boldsymbol{F}$ 的值及该力与 x 轴、y 轴的夹角 α、β，能否算出该力在 z 轴的投影。

4-2 有一力 $\boldsymbol{F}$ 和 x 轴，若力在轴上的投影和力对轴的矩是下列情况：(a) $F_x=0$，$M_x(\boldsymbol{F})\neq0$；(b) $F_x\neq0$，$M_x(\boldsymbol{F})=0$；(c) $F_x\neq0$，$M_x(\boldsymbol{F})\neq0$；(d) $F_x=0$，$M_x(\boldsymbol{F})=0$。试判断每一种情况力 $\boldsymbol{F}$ 的作用线与 x 轴的关系如何。

4-3 空间任意力系的平衡方程除了包括 3 个投影方程和 3 个力矩方程外，是否还有其他形式。

4-4 物体的重心是否一定在物体的内部。

4-5 当物体质量分布不均匀时，重心和几何中心还重合吗，为什么。

4-6 计算一物体重心的位置时，如果选取的坐标轴不同，重心的坐标是否改变，重心在物体内的位置是否改变。

习 题 四

4-1 图示空间构架由 3 根无重直杆组成，在 D 端用球铰链连接，如图所示。A、B 和 C 端则用球铰链固定在水平地板上。如果挂在 D 端的物重 $\boldsymbol{G}=10$ kN，试求铰链 A、B 和 C 的反力。

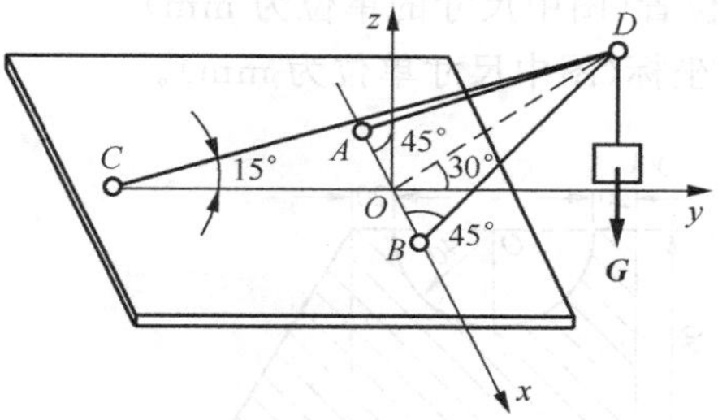

习题 4-1 图

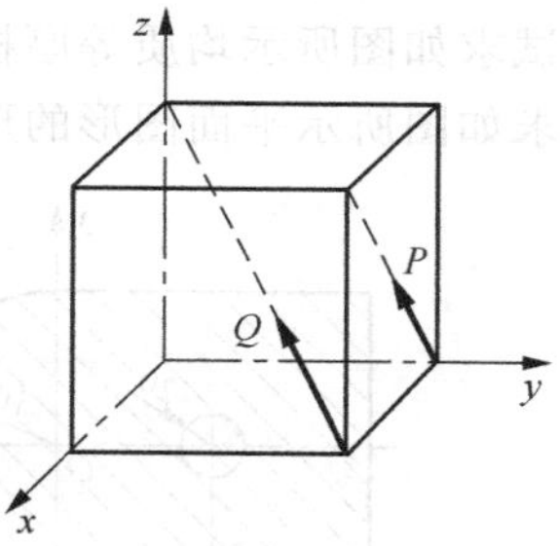

习题 4-2 图

4-2 已知边长为 a 的正方形的顶角处分别作用力 Q 和 P。求二力在 x、y、z 轴上的投影和对 x、y、z 轴的矩。

4-3 如图所示，已知镗刀杆刀头上受切削力 $F_z=500$ N，径向力 $F_x=150$ N，轴向力 $F_y=75$ N，刀尖位于 Oxy 平面内，其坐标 $x=75$ mm，$y=200$ mm。工件重量不计，试求被切削工件左端 O 处的约束反力。

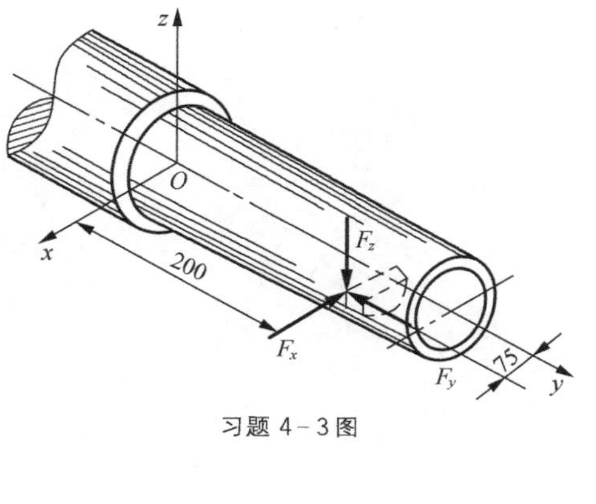

习题 4-3 图

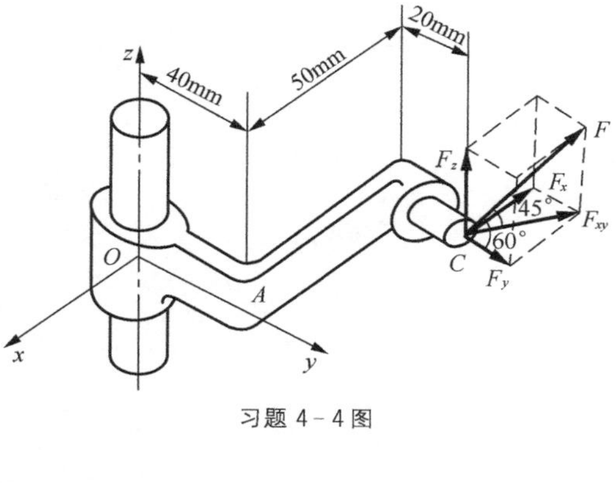

习题 4-4 图

4－4 托架 A 套在转轴 z 上，在点 C 作用一力 $F=2000$ N。图中点 C 在 Oxy 平面内，尺寸如图所示，试求力 $\boldsymbol{F}$ 对 x、y、z 轴之矩。

4－5 如图所示作用在踏板上的铅垂力 F_1 使得位于铅垂位置的连杆上产生的拉力 $F=400$ N，$\alpha=30°$，$a=60$ mm，$b=100$ mm，$c=120$ mm。求轴承 A、B 处的约束力和主动力 $\boldsymbol{F}_1$。

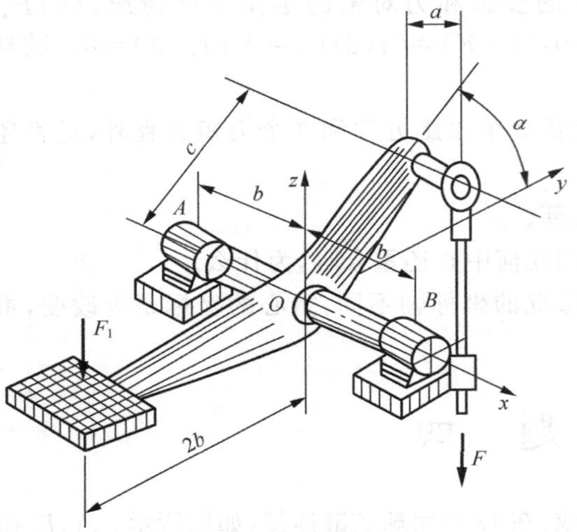

习题 4－5 图

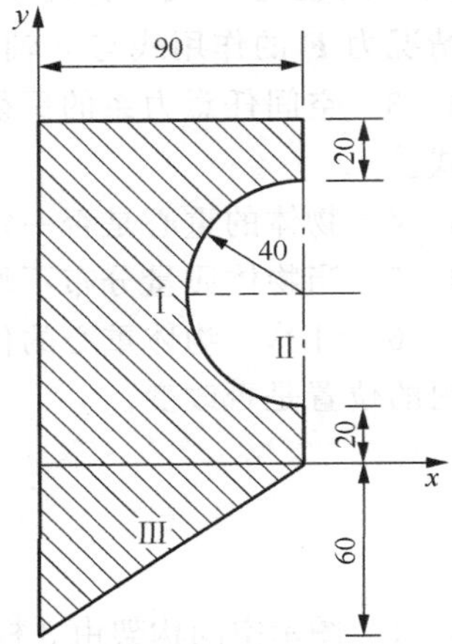

习题 4－6 图

4－6 试求如图所示均质等厚板的重心位置(图中尺寸的单位为 mm)。

4－7 求如图所示平面图形的形心 C 的坐标(图中尺寸单位为 mm)。

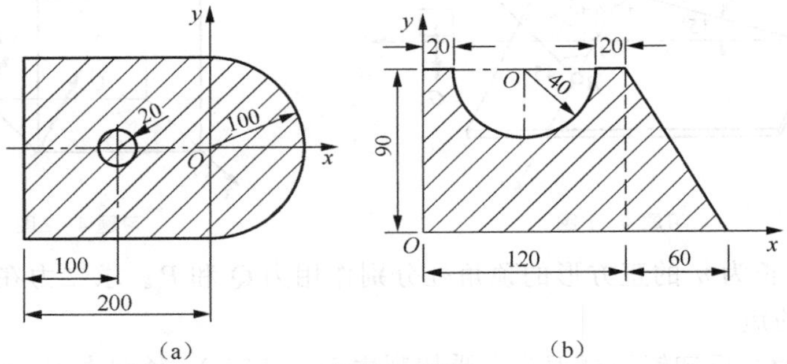

习题 4－7 图

第二篇　强度、刚度及稳定性分析

物体受到外力作用后，其内部会引起内力和变形，物体会发生破坏。强度、刚度及稳定性分析主要研究物体受力后发生的变形、由于变形而产生的内力以及物体由此而产生的失效和控制失效的准则，为将来合理地选用构件的材料，确定其截面尺寸和形状，提供必要的理论基础与计算方法以及试验技术。

一、本篇的任务

本篇主要研究构件强度、刚度和稳定性的计算。

工程中各种机械和结构都是由许多构件和零件组成的。为了保证机械和结构能安全正常地工作，必须要求全部构件和零件在外力作用时具有一定的承载能力，承载能力表现如下。

1．强度

强度是指构件抵抗破坏的能力。构件在外力作用下不被破坏，表明构件具有足够的强度。

2．刚度

刚度是指构件抵抗变形的能力。构件在外力作用下发生的变形不超过某一规定值，表明构件具有足够的刚度。

3．稳定性

稳定性是指构件在外力作用下，保持原有平衡状态的能力。构件在外力作用下，能保持原有的平衡形态，表明构件具有足够的稳定性。

强度、刚度及稳定性分析的任务：以最经济为代价，保证构件具有足够的承载能力。通过研究构件的强度、刚度、稳定性，为构件选择合适的材料、确定合理的截面形状和尺寸提供计算理论。

二、本篇的研究对象

1．研究对象的几何特征

构件有各种几何形状，强度、刚度及稳定性分析的主要研究对象是杆件，其几何特征是横向尺寸远小于纵向尺寸，如机器中的轴、连接件中的销钉、房屋中的柱、梁等均可视为杆件，本教材主要研究等直杆。

2．研究对象的材料特征

构件都是由一些固体材料制成，如钢、铁、木材、混凝土等，它们在外力作用下会产生变形，称为变形固体。其性质是十分复杂的，为了研究的方便，抓住主要性质，忽略次要性质，对变形固体作如下假设。

均匀连续性假设：假设变形固体内连续不断地充满着均匀的物质，且体内各点处的力学性质相同。

各向同性假设：假设变形固体在各个方向上具有相同的力学性质。

小变形假设：假设变形固体在外力作用下产生的变形与构件原有尺寸相比是很微小的，称“小变形”。这样在列平衡方程时，可以不考虑外力作用点处的微小位移，而按变形前的位置和尺寸进行计算。

本篇首先讨论杆件的 4 种基本变形，然后介绍组合变形、应力状态和压杆稳定。

第五章 杆件的内力分析

在进行结构设计时，为保证结构安全正常工作，要求各构件必须具有足够的强度和刚度。解决构件的强度和刚度问题，首先需要确定危险截面的内力。内力计算是结构设计的基础。本章研究杆件的内力计算问题。

第一节 杆件的外力与变形特点

进行结构的受力分析时，只考虑力的运动效应，可以将结构看作是刚体；但进行结构的内力分析时，要考虑力的变形效应，必须把结构作为变形固体处理。所研究杆件受到的其他构件的作用，统称为杆件的外力。**外力包括载荷(主动力)以及载荷引起的约束反力(被动力)**。广义地讲，对构件产生作用的外界因素除载荷以及载荷引起的约束反力之外，还有温度改变、支座移动、制造误差等。杆件在外力的作用下的变形可分为4种基本变形及其组合变形。

一、轴向拉伸与压缩

受力特点：杆件受到与杆件轴线重合的外力的作用。

变形特点：杆沿轴线方向伸长或缩短。

产生轴向拉伸与压缩变形的杆件称为**拉压杆**。如图5-1所示，屋架中的弦杆、牵引桥的拉索和桥塔、阀门启闭机的螺杆等均为拉压杆。

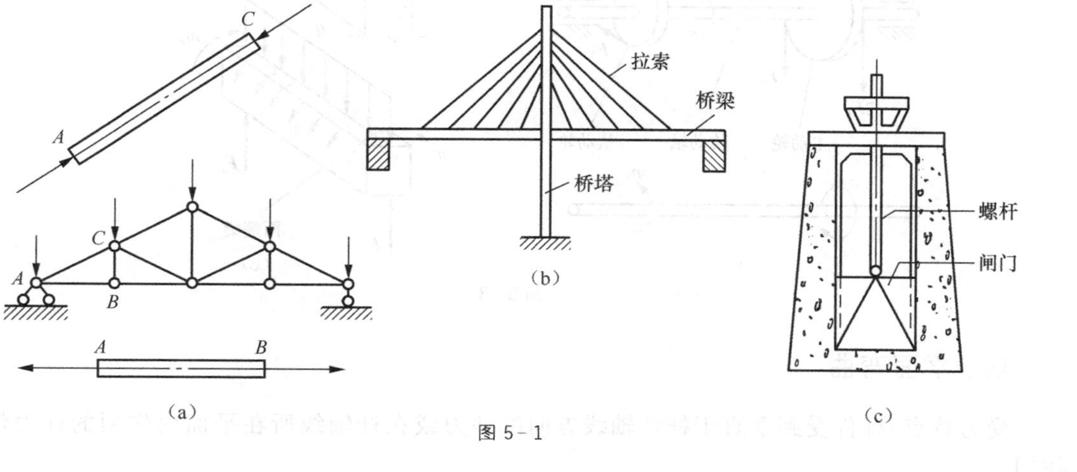

图5-1

二、剪切

受力特点：杆件受到垂直杆件轴线方向的一组等值、反向、作用线相距极近的平行力的作用。

变形特点：二力之间的横截面产生相对错动。

产生剪切变形的杆件通常为拉压杆的连接件。如图 5－2 所示，螺栓、销轴连接中的螺栓和销钉，均产生剪切变形。

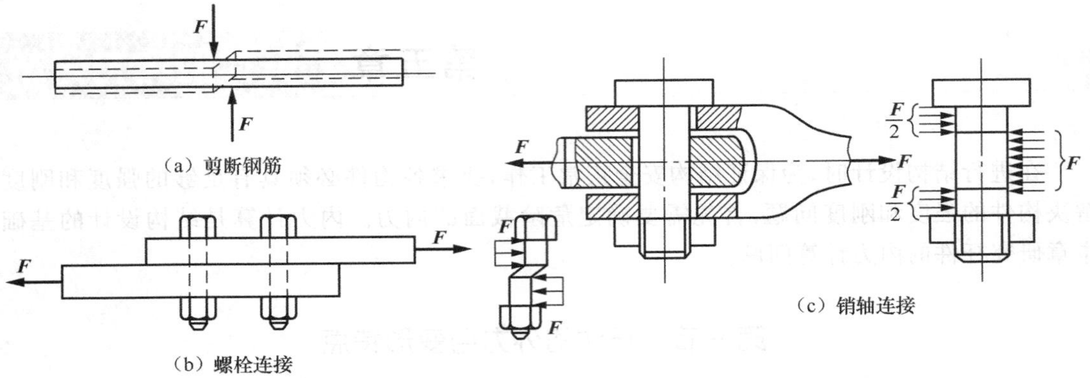

图 5－2

三、扭转

受力特点：杆件受到作用面垂直于杆轴线的力偶的作用。

变形特点：相邻横截面绕杆轴产生相对旋转变形。

产生扭转变形的杆件多为传动轴，房屋的雨篷梁也有扭转变形，如图 5－3 所示。

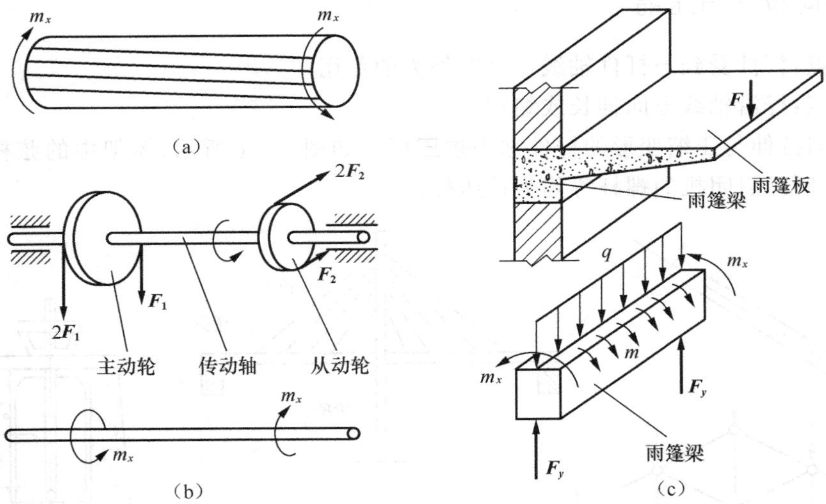

图 5－3

四、平面弯曲

受力特点：杆件受到垂直于杆件轴线方向的外力或在杆轴线所在平面内作用的外力偶的作用。

变形特点：杆轴线由直变弯。

各种以弯曲为主要变形的杆件称为**梁**。工程中常见梁的横截面多有一根对称轴（如图 5－

4所示),各截面对称轴形成一个纵向对称面,梁的轴线也在该平面内弯成一条曲线,这样的弯曲称为**平面弯曲**。如图5-4所示。平面弯曲是最简单的弯曲变形,是一种基本变形。本章重点介绍单跨静定梁的平面弯曲内力。

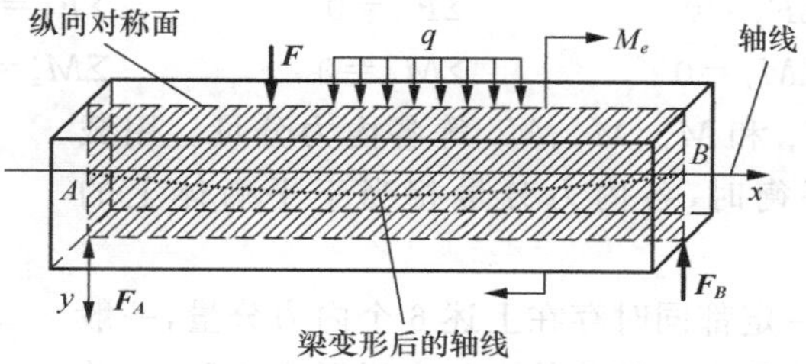

图5-4

单跨静定梁有3种基本形式:简支梁、外伸梁和悬臂梁。如图5-5所示。

简支梁:一端固定铰支座,一端活动铰支座。

外伸梁:固定铰支座,活动铰支座位于梁中某个位置。

悬臂梁:一端固定,一端自由。

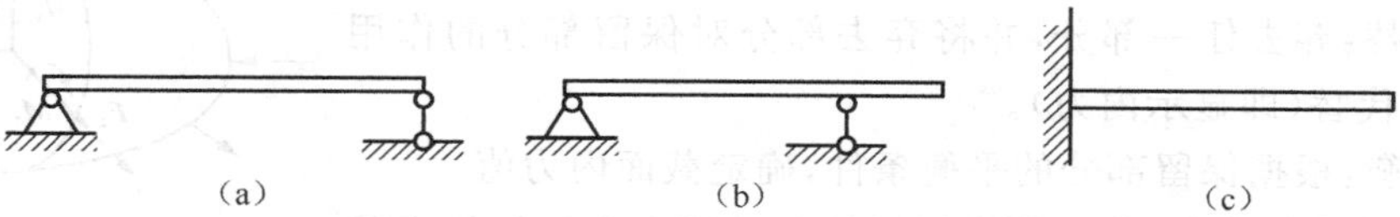

图5-5

第二节 内力及其截面法

一、内力的概念

构件的材料是由许多质点组成的。构件不受外力作用时,材料内部质点之间保持一定的相互作用力,使构件具有固体形状。当构件受外力作用产生变形时,其内部质点之间相互位置改变,原有内力也发生变化。这种**由外力作用而引起的受力构件内部质点之间相互作用力的改变量称为附加内力**,简称**内力**。工程力学所研究的内力是由外力引起的,内力随外力的变化而变化,外力增大,内力也增大,外力撤销后,内力也随着消失。

显然,构件中的内力是与构件的变形相联系的,内力总是与变形同时产生。构件中的内力随着变形的增加而增加,但对于确定的材料,内力的增加有一定的限度,超过这一限度,构件将发生破坏。因此,内力与构件的强度和刚度都有密切的联系。在研究构件的强度、刚度等问题时,必须知道构件在外力作用下某截面上的内力值。

二、截面法

确定构件任意截面上内力值的基本方法是截面法。图5-6(a)所示为任意受平衡力系作用的构件。为了显示并计算某一截面上的内力,可在该截面处用一假想截面将构件一分为二并弃去其中一部分,将弃去部分对保留部分的作用以力的形式表示,此即该截面上的内力。

根据变形固体均匀、连续的基本假设,截面上的内力是连续分布的。通常将截面上的分布内力用位于该截面形心处的合力(简化为主矢和主矩)来代替。尽管内力的合力是未知的,但总可以用其6个内力分量(空间任意力系)F_x、F_y、F_z、M_x、M_y、M_z 来表示,如图5-6(b)所示。因为构件在外力作用下处于平衡状态,所以截开后的保留部分也应保持平衡。由此,根据空间力系的6个平衡方程:

$$\Sigma F_x=0 \qquad \Sigma F_y=0 \qquad \Sigma F_z=0$$
$$\Sigma M_x=0 \qquad \Sigma M_y=0 \qquad \Sigma M_z=0$$

即可求出 F_x、F_y、F_z 和 M_x、M_y、M_z 等各内力分量。用截面法研究保留部分的平衡时,各内力分量相当于平衡体上的外力。

截面上的内力并不一定都同时存在上述6个内力分量,一般可能仅存在其中的一个或几个。随着外力与变形形式的不同,截面上存在的内力分量也不同,如拉压杆截面上的内力,只有与外力平衡的轴向内力 $\boldsymbol{F_N}$。

截面法求内力的步骤可归纳如下。

(1) 截开:在欲求内力截面处,用一假想截面将构件一分为二。

(2) 代替:弃去任一部分,并将弃去部分对保留部分的作用以相应内力代替(即显示内力)。

(3) 平衡:根据保留部分的平衡条件,确定截面内力值。

在本章以后各节中,将分别详细讨论几种基本变形杆件横截面上的内力计算。

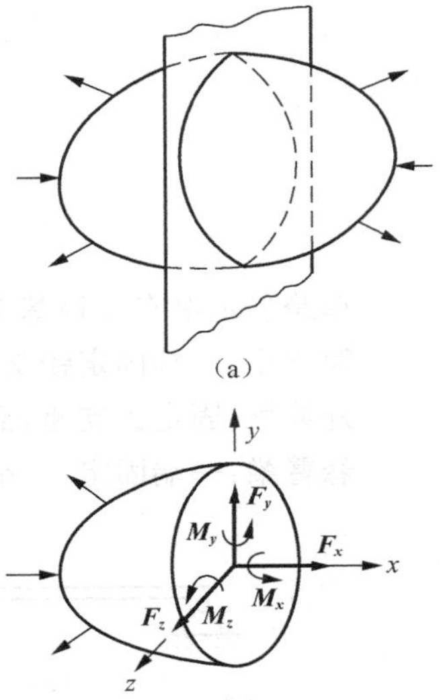

(a) (b)
图5-6

第三节　杆件的内力计算

一、轴向拉(压)杆件横截面上的内力

如图5-7(a)所示,等直杆在拉力的作用下处于平衡,欲求某横截面 $m-m$ 上的内力,按截面法,先假想将杆沿 $m-m$ 截面截开,留下任一部分作为分离体进行分析,并将去掉部分对留下部分的作用以分布在截面 $m-m$ 上各点的内力来代替[如图5-7(b)所示]。对于留下部分而言,截面 $m-m$ 上的内力成为外力。由于整个杆件处于平衡状态,杆件的任一部分均应保持平衡。于是,杆件横截面 $m-m$ 上的内力系的合力(轴力)$\boldsymbol{F}_N$ 与其左端外力 $\boldsymbol{F}$ 形成共线力系,由平衡条件

$$\Sigma F_x=0, F_N-F=0$$

得

$$F_N=F$$

$\boldsymbol{F}_N$ 为杆件任一横截面上的内力,其作用线与杆的轴线重合,即垂直于横截面并通过其形心。这种内力称为轴力,用 $\boldsymbol{F}_N$ 表示。

若在分析时取右段为脱离体[如图5-7(c)所示],则由作用与反作用原理可知,右段在截面上的轴力与前述左段上的轴力数值相等而指向相反。当然,同样也可以从右段的平衡条件来确定轴力。

对于压杆,同样可以通过上述过程求得其任一横截面上的轴力 $\boldsymbol{F}_N$。为了研究方便,给轴力规定一个正负号:当轴力的方向与截面的外法线方向一致时,杆件受拉,规定轴力为正,称为

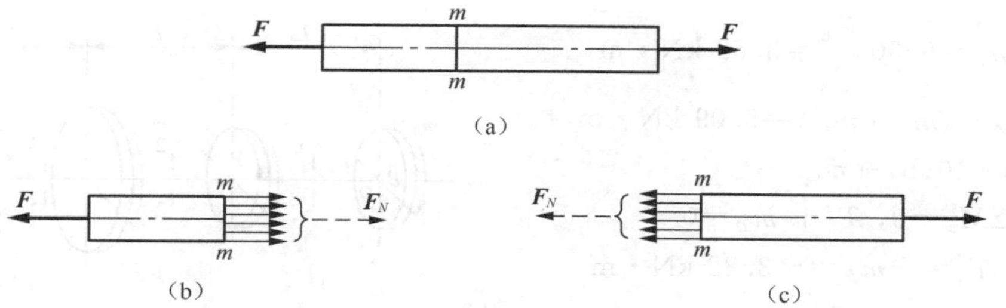

图 5-7

拉力；反之，杆件受压，轴力为负，称为**压力**。

【例 5-1】拉杆或压杆如图 5-8(a)所示，试求指定截面的轴力。

解　分段计算轴力

杆件分为两段。用截面法取图示研究对象画受力图，如图 5-8(b)、(c)所示，列平衡方程分别求得：

$F_{N1}=F$(拉)；$F_{N2}=-F$(压)

结果为负值，说明 $\boldsymbol{F}_{N2}$ 为压力，由上述轴力计算过程可推得：**任一截面上的轴力的数值等于对应截面一侧所有外力的代数和，且当外力的方向使截面受拉时为正，受压时为负。即**

$$F_N=\Sigma F \qquad (5-1)$$

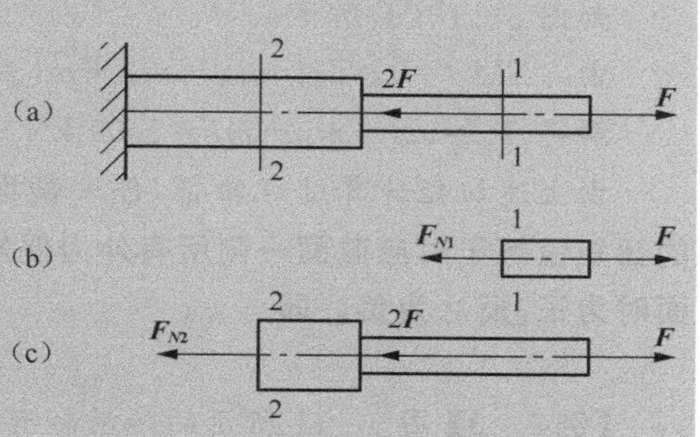

图 5-8

二、受扭杆件横截面上的内力

图 5-9(a)所示为一受扭杆，用截面法来求 $n-n$ 截面上的内力，取左段：[图 5-9(b)]，作用于其上的外力仅有一力偶 m_A，因其平衡，则作用于 $n-n$ 截面上的内力必合成为一力偶。

由 $\sum M_x=0$　　$T-m_A=0$

解得 $T=m_A$

T 称为 $n-n$ 截面上的扭矩。

杆件受到外力偶矩作用而发生扭转变形时，在杆的横截面上产生的内力称扭矩(T)单位：N·m 或 kN·m。

符号规定：按右手螺旋法则将 T 表示为矢量，当矢量方向与截面外法线方向相同为正[图 5-9(c)]；反之为负[图 5-9(d)]。

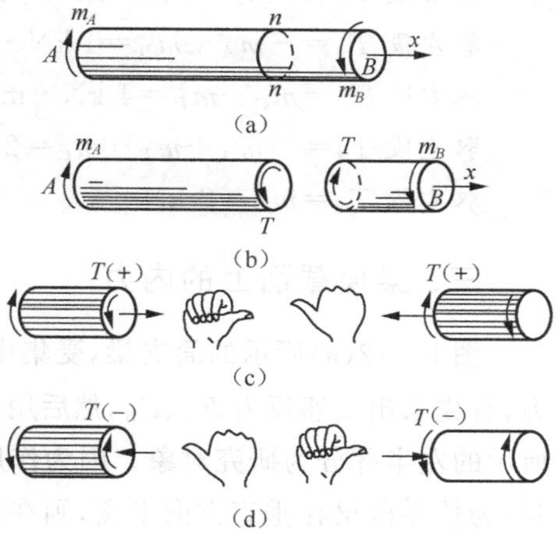

图 5-9

【例 5-2】图 5-10(a)所示的传动轴的转速 $n=300$ r/min，主动轮 A 的功率 $P_A=400$ kW，3 个从动轮输出功率分别为 $P_C=120$ kW、$P_B=120$ kW、$P_D=160$ kW，试求指定截面的扭矩($m=9550\dfrac{P}{n}$ N·m)

解　由 $m=9550\dfrac{P}{n}$，得

$$m_A=9550\frac{P_A}{n}=12.73\ \text{kN}\cdot\text{m}$$

$m_B=m_C=9550\dfrac{P_B}{n}=3.82\ \mathrm{kN\cdot m}$

$m_D=m_A-(m_B+m_C)=5.09\ \mathrm{kN\cdot m}$

如图5-10(b)所示。

由 $\Sigma M_x=0,\ T_1+m_B=0$

解得 $T_1=-m_B=-3.82\ \mathrm{kN\cdot m}$

如图5-10(c)所示。

由 $\Sigma M_x=0,\ T_2+m_B+m_C=0$

解得 $T_2=-m_B-m_C=-7.64\ \mathrm{kN\cdot m}$

如图5-10(d)所示。

由 $\Sigma M_x=0,\ T_3-m_A+m_B+m_C=0$

解得 $T_3=m_A-m_B-m_C=5.09\ \mathrm{kN\cdot m}$

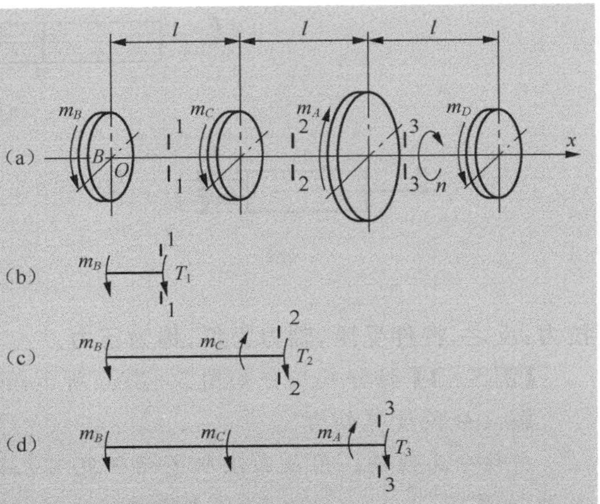

图5-10

由上述扭矩计算过程推得：**任一截面上的扭矩值等于对应截面一侧所有外力偶矩的代数和，且外力偶矩应用右手螺旋法则背离该截面时为正，反之为负。**即

$$T=\Sigma m \tag{5-2}$$

【例5-3】图5-11所示的传动轴有4个轮子，作用轮上的外力偶矩分别为$m_A=3\ \mathrm{kN\cdot m}$，$m_B=7\ \mathrm{kN\cdot m}$，$m_C=2\ \mathrm{kN\cdot m}$，$m_D=2\ \mathrm{kN\cdot m}$，试求指定截面的扭矩。

解 由$T=\Sigma m$，得

取左段 $T_1=-m_A=-3\ \mathrm{kN\cdot m}$

取右段 $T_1=-m_B+m_C+m_D=-3\ \mathrm{kN\cdot m}$

取左段 $T_2=-m_A+m_B=4\ \mathrm{kN\cdot m}$

取右段 $T_2=m_C+m_D=4\ \mathrm{kN\cdot m}$

取左段 $T_3=-m_A+m_B-m_C=2\ \mathrm{kN\cdot m}$

取右段 $T_3=m_D=2\ \mathrm{kN\cdot m}$

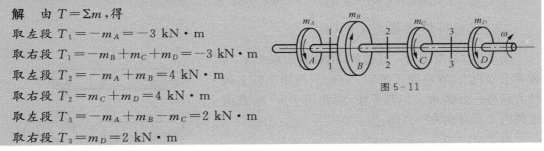

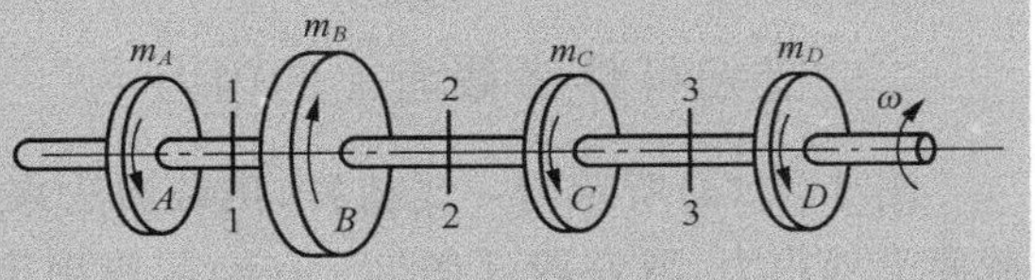

图5-11

三、梁横截面上的内力

图5-12(a)所示的简支梁，受集中载荷$\boldsymbol{F}$的作用，为求距A端x处横截面$m-m$上的内力，首先求出支座反力F_A、F_B，然后用截面法沿截面$m-m$假想地将梁一分为二，取图5-12(b)所示的左半部分为研究对象。因为作用于其上的各力在垂直于梁轴方向的投影之和一般不为零，为使左段梁在垂直方向平衡，则在横截面上必然存在一个切于该横截面的合力F_S，称为剪力。它是与横截面相切的分布内力系的合力；同时左段梁上各力对截面形心O之矩的代数和一般不为零，为使该段梁不发生转动，在横截面上一定存在一个位于荷载平面内的内力偶，其力偶矩用M表示，称为弯矩。它是与横截面垂直的分布内力偶系的合力偶的力偶矩。由此可知，梁弯曲时横截面上一般存在两种内力。

如图5-12(b)所示。

由 $\sum F_y=0\quad F_A-F_S=0$

解得 $F_S=F_A$

由 $\sum M_O=0\qquad -F_Ax+M=0$

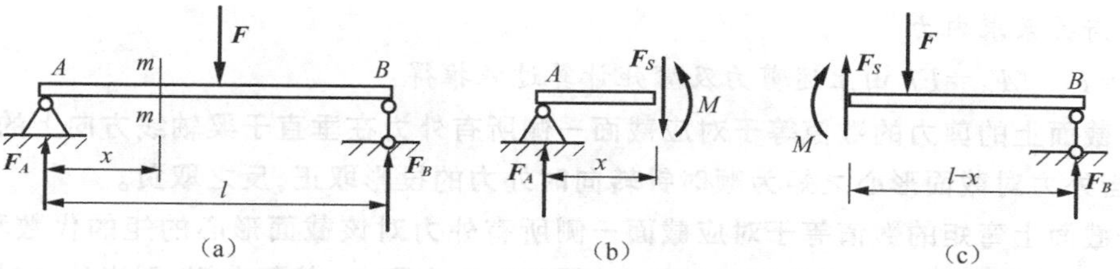

(a)　　(b)　　(c)

图 5-12

解得

$$M=F_Ax$$

剪力与弯矩的符号规定如下。

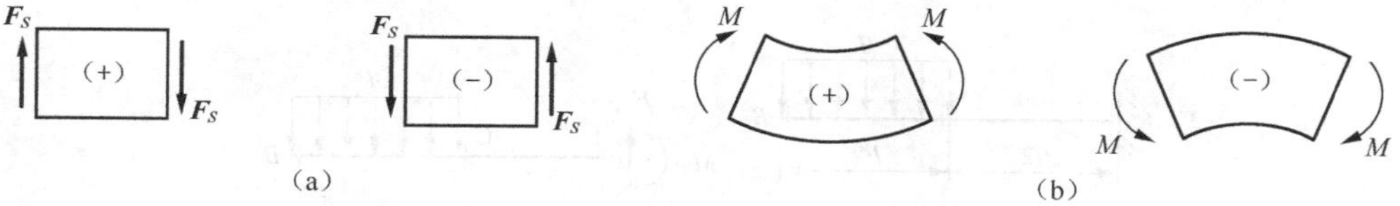

(a)　　(b)

图 5-13

剪力符号：**当截面上的剪力使分离体作顺时针方向转动时为正；反之为负。**如图 5-13(a)所示。

弯矩符号：**当截面上的弯矩使分离体上部受压、下部受拉时为正，反之为负。**如图 5-13(b)所示。

【例 5-4】试求图 5-14(a)所示外伸梁指定截面的剪力和弯矩。

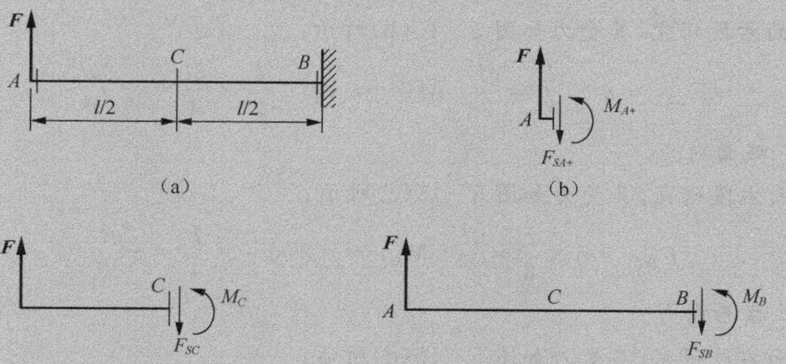

(a)　(b)　(c)　(d)

图 5-14

解　(1) 取 A^+ 截面左段研究，其受力如图 5-14(b)所示；

由平衡关系求内力

$$F_{SA^+}=F \qquad M_{A^+}=0$$

(2) 求 C 截面内力；

取 C 截面左段研究，其受力如图 5-14(c)所示；

由平衡关系求内力

$$F_{SC}=F \qquad M_C=\frac{Fl}{2}$$

(3) 求 B^- 截面内力

截开 B^- 截面，研究左段，其受力如图 5-14(d)所示；

由平衡关系求内力

$F_{SB}=F \quad M_B=Fl$ 由上述剪力及弯矩计算过程推得：

任一截面上的剪力的数值等于对应截面一侧所有外力在垂直于梁轴线方向上的投影的代数和，且当外力对截面形心之矩为顺时针转向时外力的投影取正，反之取负。

任一截面上弯矩的数值等于对应截面一侧所有外力对该截面形心的矩的代数和，若取左侧，则当外力对截面形心之矩为顺时针转向时取正，反之取负；若取右侧，则当外力对截面形心之矩为逆时针转向时取正，反之取负；即

$$F_S=\Sigma F, \qquad M=\Sigma M_i \tag{5-3}$$

【例 5-5】如图 5-15(a)所示悬臂梁，试计算图示指定截面(标有细线者)的剪力与弯矩。

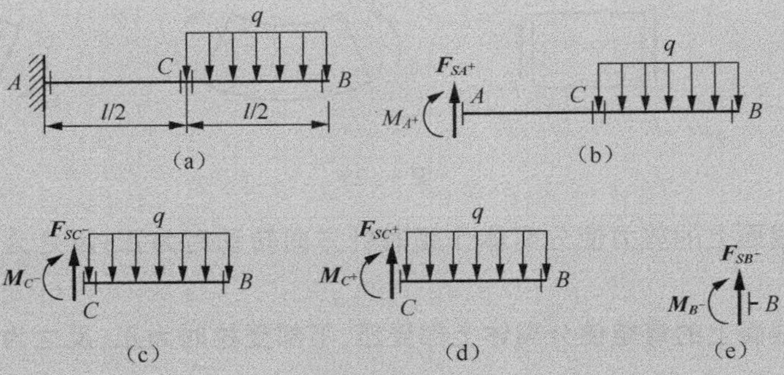

图 5-15

解 (1) 求 A^+ 截面内力

取 A^+ 截面右段研究，其受力如图 5-15(b)所示；

$$F_{SA^+}=q\times\frac{l}{2}=\frac{ql}{2} \quad M_{A^+}=-q\times\frac{l}{2}\times\frac{3l}{4}=-\frac{3ql^2}{8}$$

(2) 求 C^- 截面内力

取 C^- 截面右段研究，其受力如图 5-15(c)所示；

$$F_{SC^-}=q\times\frac{l}{2}=\frac{ql}{2} \quad M_{C^-}=-q\times\frac{l}{2}\times\frac{l}{4}=-\frac{ql^2}{8}$$

(3) 求 C^+ 截面内力

取 C^+ 截面右段研究，其受力如图 5-15(d)所示；

$$F_{SC^+}=q\times\frac{l}{2}=\frac{ql}{2} \quad M_{C^+}=-q\times\frac{l}{2}\times\frac{l}{4}=-\frac{ql^2}{8}$$

(4) 求 B^- 截面内力

取 B^- 截面右段研究，其受力如图 5-15(e)所示；

$$F_{SB^-}=0 \quad M_{B^-}=0$$

第四节 内力方程及内力图

描述内力沿杆长度方向变化规律的坐标 x 的函数，称为内力方程。为了形象直观地反映内力沿杆长度方向的变化规律，以平行于杆轴线的坐标 x 表示横截面的位置，以垂直于杆轴线的坐标表示内力的大小，选取适当的比例尺，便可作出对应的内力图。

一、利用内力方程做内力图

内力方程所提供的函数图形，即为内力图。

【例 5-6】 拉杆或压杆如图 5-16 所示。试用截面法求杆指定截面的轴力，并画出杆的轴力图。

解　(1) 分段计算轴力

杆件分为 3 段。用截面法取图示研究对象画受力图如图，列平衡方程分别求得：

$F_{N1}=-5$ kN(压)；　$F_{N2}=10$ kN(拉)；

$F_{N3}=-10$ kN(压)

(2) 画轴力图。根据所求轴力画出轴力图如图 5-16 所示。

由例子可见，**杆的不同截面上有不同的轴力，而对杆进行强度计算时，要以杆内最大的轴力为计算依据，所以必须知道各个截面上的轴力，以便确定出最大的轴力值。这就需要画轴力图来解决。**

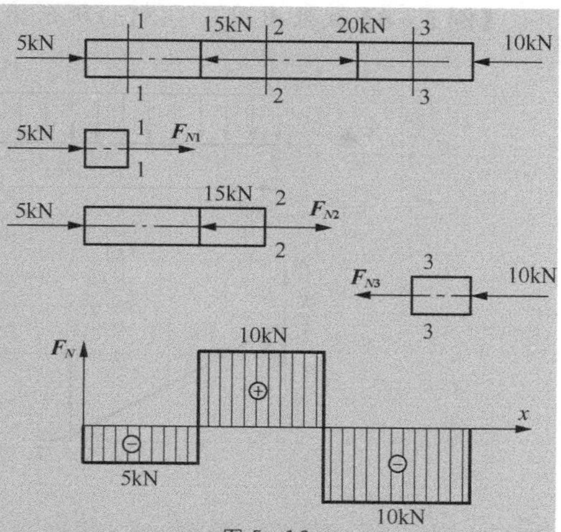

图 5-16

【例 5-7】 试作出例 5-2 中传动轴的扭矩图。

解　BC 段：$T(x)=-m_B=-3.28$ kN·m　　$(0<x<l)$

$T_B^+=T_C^-=-3.28$ kN·m

CA 段：$T(x)=-m_B-m_C=-7.64$ kN·m　　$(l<x<2l)$

$T_C^+=T_A^-=-7.64$ kN·m

AD 段：$T(x)=m_D=5.09$ kN·m　　$(2l<x<3l)$

$T_A^+=T_D^-=5.09$ kN·m

根据 T_B^+、T_C^-、T_C^+、T_A^-、T_A^+、T_D^- 的对应值便可做出图 5-17(b)所示的扭矩图 。T^+ 及 T^- 分别对应横截面右侧及左侧相邻横截面的扭矩。

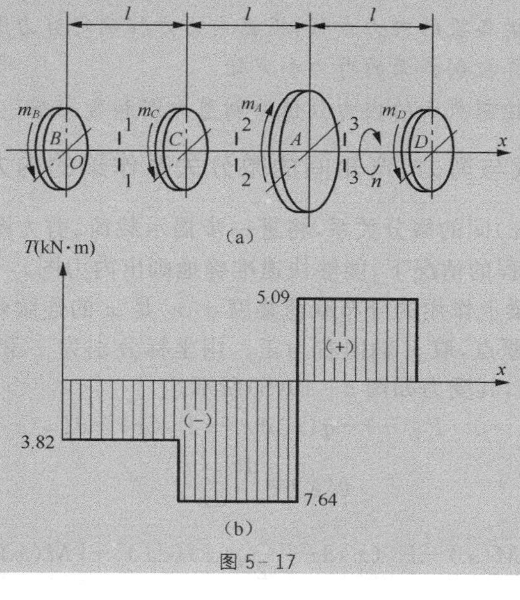

图 5-17

由例子可见，**轴的不同截面上有不同的扭矩，而对轴进行强度计算时，要以轴内最大的扭矩为计算依据，所以必须知道各个截面上的扭矩，以便确定出最大的扭矩值。这就需要画扭矩图来解决。**

【例 5-8】 试做出图 5-18(a)所示梁的剪力图和弯矩图。

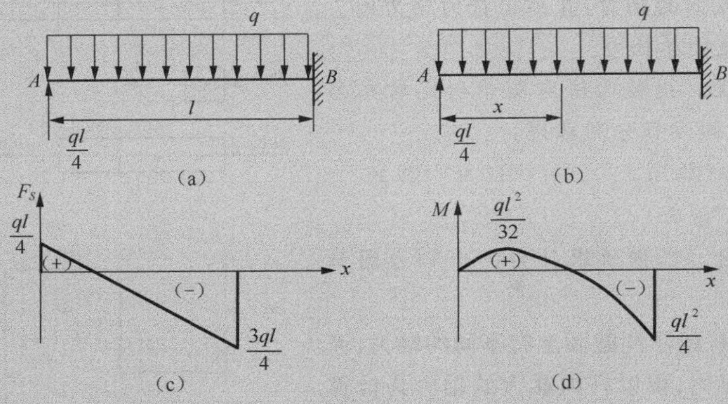

图 5-18

解 (1) 列剪力方程与弯矩方程

$$F_S=\frac{ql}{4}-qx=q(\frac{l}{4}-x)(0<x<l)$$

$$M=\frac{ql}{4}x-\frac{q}{2}x^2(0\leqslant x<l)$$

(2) 画剪力图与弯矩图

由上述内力图可见，**集中力作用处的横截面，轴力图及剪力图均发生突变，突变的值等于集中力的数值；集中力偶作用的横截面，剪力图无变化，扭矩图与弯矩图均发生突变，突变的值等于集中力偶的力偶矩数值。**

应用内力方程法作梁的内力图有以下几个基本步骤。

① 根据梁的整体平衡条件计算梁的支座反力。

② 应用截面法求解梁各段的内力方程，根据内力方程确定剪力图和弯矩图的图形特征。

③ 根据内力方程计算控制截面的剪力和弯矩。

④ 根据内力方程和控制截面的内力数值绘制剪力图和弯矩图。

二、利用分布荷载与剪力、弯矩间的微分关系作梁的内力图

$F_S(x)$、$M(x)$和$q(x)$间的微分关系，将进一步揭示载荷、剪力图和弯矩图三者间存在的某些规律，在不列内力方程的情况下，能够快速准确地画出内力图。

图 5-19(a)所示的梁上作用的分布载荷集度$q(x)$是x的连续函数。设分布载荷向上为正，反之为负，并以A为原点，取x轴向右为正。用坐标分别为x和$x+dx$的两个横截面从梁上截出长为dx的微段，其受力如图 5-19(b)所示。

由 $\sum F_y=0 \quad F_S(x)+q(x)dx-[F_S(x)+dF_S(x)]=0$

解得
$$q(x)=\frac{dF_S(x)}{dx} \tag{5-4}$$

由 $\sum M_C=0 \quad -M(x)-F_S(x)dx-\frac{1}{2}q(x)(dx)^2+[M(x)+dM(x)]=0$

略去二阶微量 $\frac{1}{2}q(x)(\mathrm{d}x)^2$ 解得

$$F_S(x)=\frac{\mathrm{d}M(x)}{\mathrm{d}x} \tag{5-5}$$

将式(5－5)代入式(5－4)得

$$q(x)=\frac{\mathrm{d}^2M(x)}{\mathrm{d}x^2} \tag{5-6}$$

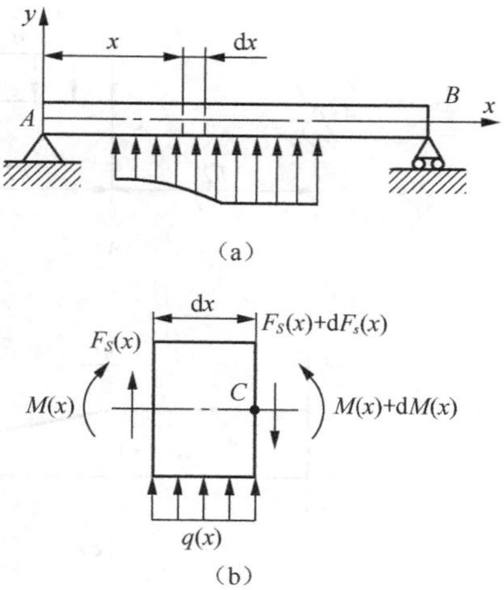

图 5－19

式(5－4)、式(5－5)和式(5－6)就是荷载集度、剪力和弯矩间的微分关系。由此可知 $q(x)$ 和 $F_S(x)$ 分别是剪力图和弯矩图的斜率。

根据上述各关系式及其几何意义，可得出画内力图的一些规律如下。

(1) $q=0$：剪力图为一水平直线，弯矩图为一斜直线。

(2) $q=$常数：剪力图为一斜直线，弯矩图为一抛物线。

(3) 集中力 F 作用处：剪力图在 F 作用处有突变，突变值等于 F。弯矩图为一折线，F 作用处有转折。

(4) 集中力偶作用处：剪力图在力偶作用处无变化。弯矩图在力偶作用处有突变，突变值等于集中力偶。

掌握上述载荷与内力图之间的规律，将有助于绘制和校核梁的剪力图和弯矩图。将这些规律如表 5－1 所示。

表 5－1　　各种载荷下剪力图与弯矩图的特征

某一段梁上的外力情况	剪力图的特征	弯矩图的特征
无载荷 	水平直线	斜直线 
集中力 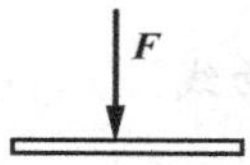	突变 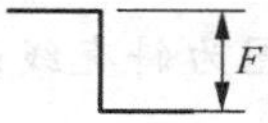	转折 
集中力偶 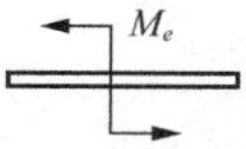	无变化	突变 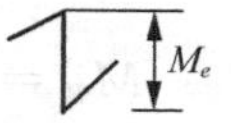
均布载荷 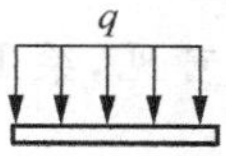	斜直线 	抛物线 
	零点 	极值 

利用上述规律，首先根据作用于梁上的已知载荷，应用有关平衡方程求出支座反力，然后将梁分段，并由各段内载荷的情况初步确定剪力图和弯矩图的形状，最后由式(5－3)求出特殊截面上的内力值，便可画出全梁的剪力图和弯矩图。这种绘图方法称为**简捷法**。下面举例说明。

【例 5－9】梁如图 5－20(a)所示，试利用剪力、弯矩与载荷集度的关系画剪力图与弯矩图。

解：(1) 求梁的支座反力

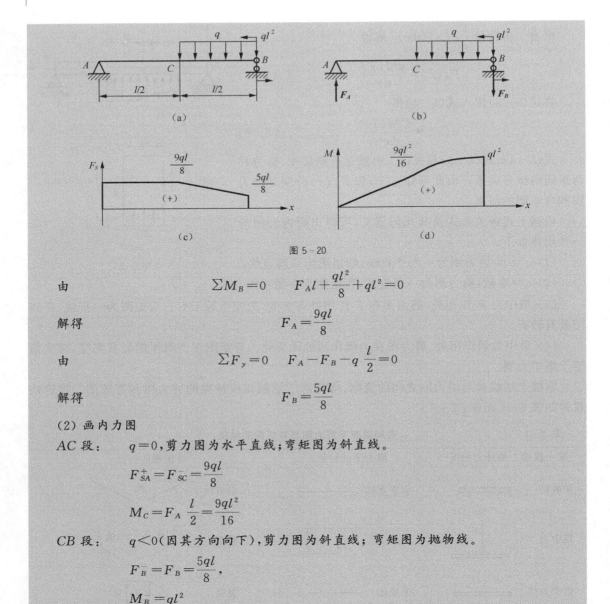

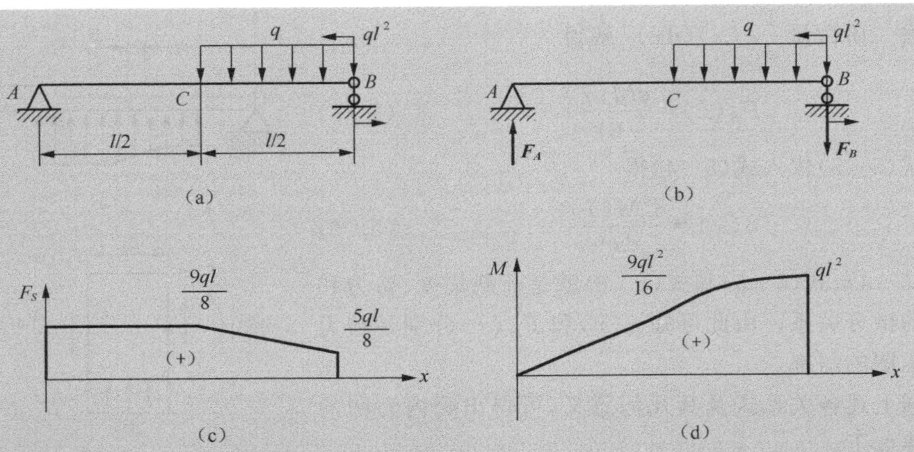

图 5-20

由 $\sum M_B=0 \quad F_A l+\frac{ql^2}{8}+ql^2=0$

解得 $F_A=\frac{9ql}{8}$

由 $\sum F_y=0 \quad F_A-F_B-q\frac{l}{2}=0$

解得 $F_B=\frac{5ql}{8}$

(2) 画内力图

AC 段： $q=0$，剪力图为水平直线；弯矩图为斜直线。

$$F_{SA}^{+}=F_{SC}^{-}=\frac{9ql}{8}$$

$$M_C=F_A\frac{l}{2}=\frac{9ql^2}{16}$$

CB 段： $q<0$(因其方向向下)，剪力图为斜直线；弯矩图为抛物线。

$$F_B^{-}=F_B=\frac{5ql}{8},$$

$$M_B^{-}=ql^2$$

根据 F_{SA}^{+}、F_B^{-} 的对应值便可做出图 5-20(c)所示的剪力图。由图可见，在 AC 段剪力最大。

根据 M_C、M_B^{-} 的对应值便可做出图 5-20(d)所示的弯矩图。由图可见，梁上点 B 左侧相邻的横截面上弯矩最大。

思 考 题

5-1 设两根材料不同，截面面积也不同的拉杆，承受相同的轴向拉力，其内力是否相同。

5-2 外力偶矩与扭矩的区别与联系是什么。

5-3 列 $F_S(x)$ 及 $M(x)$ 方程时，在何处需要分段。

5-4 集中力及集中力偶作用的构件横截面上的轴力、扭矩、剪力、弯矩如何变化。

5－5　为什么要绘制剪力图和弯矩图，怎样利用规律绘图。

习　题　五

5－1　试求图示各杆的轴力，并指出轴力的最大值。

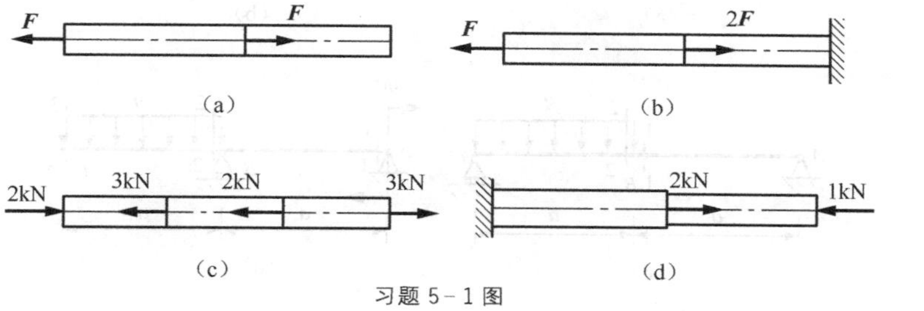

习题 5－1 图

5－2　试求图示各杆件 1－1、2－2 和 3－3 截面上的轴力，并做轴力图。

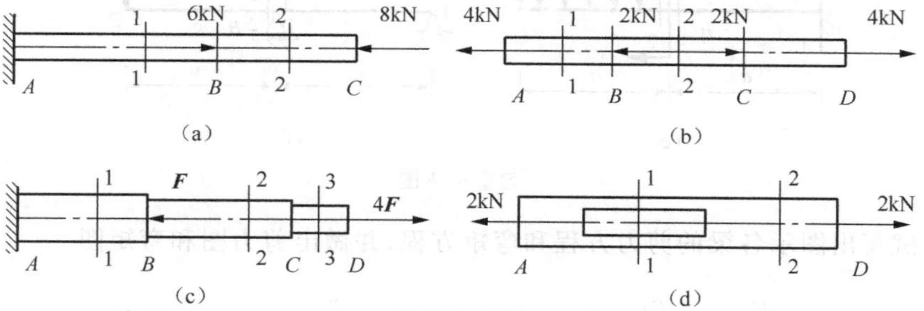

习题 5－2 图

5－3　求图示各轴 1－1、2－2 截面上的扭矩，并做各轴的扭矩图。

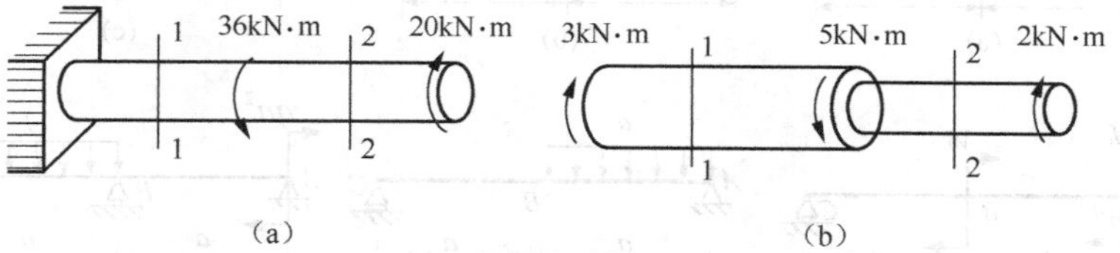

习题 5－3 图

5－4　图示等截面圆轴上安装有 4 个皮带轮，其中 D 轮为主动轮，由此输入功率100 kW。轴的转速为 $n=300$ r/min。轮 A、B 及 C 均为从动轮，其输出功率分别为 25 kW、35 kW、40 kW。试讨论：

(1)图示截面 1－1、2－2 处的扭矩大小，做出该轴的扭矩图；

(2)试问各轮间的这种位置关系是否合理，若各轮位置可调，应当怎样布置。(提示：应当使得轴内最大扭矩最小)

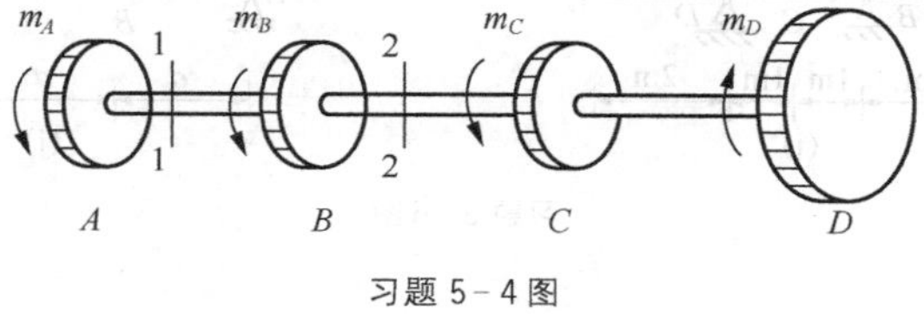

习题 5－4 图

5－5 试求图示各梁中指定控制面上的剪力、弯矩值。

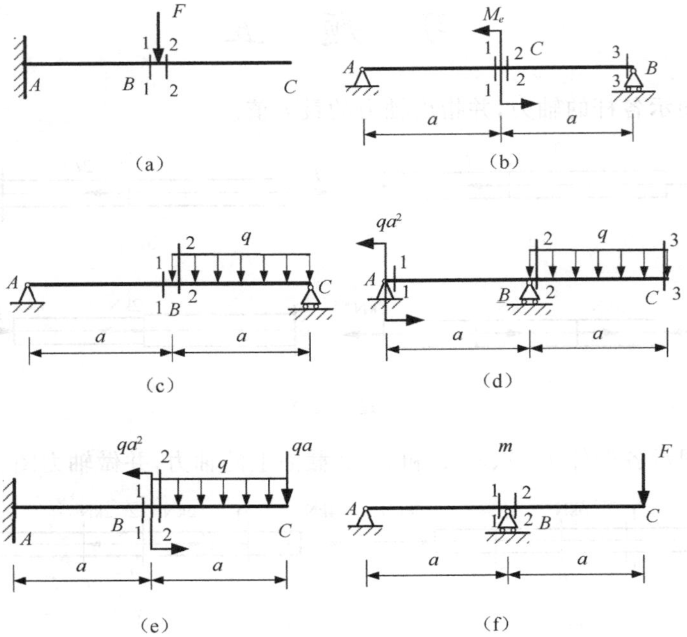

习题 5－5 图

5－6 试写出图示各梁的剪力方程和弯矩方程，并做出剪力图和弯矩图。

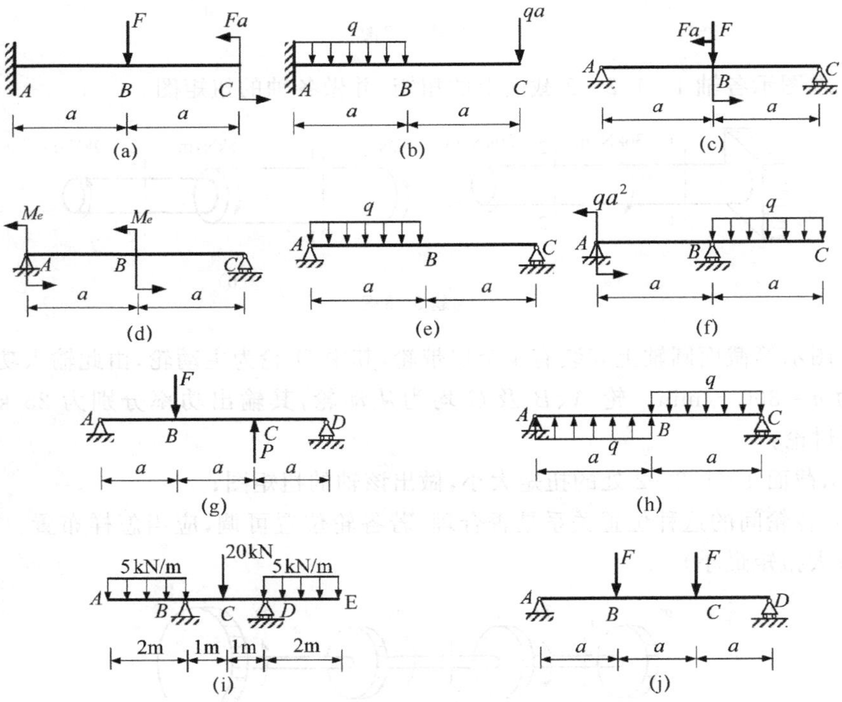

习题 5－6 图

5-7　图示各梁，试利用剪力、弯矩与载荷集度的关系画剪力与弯矩图。

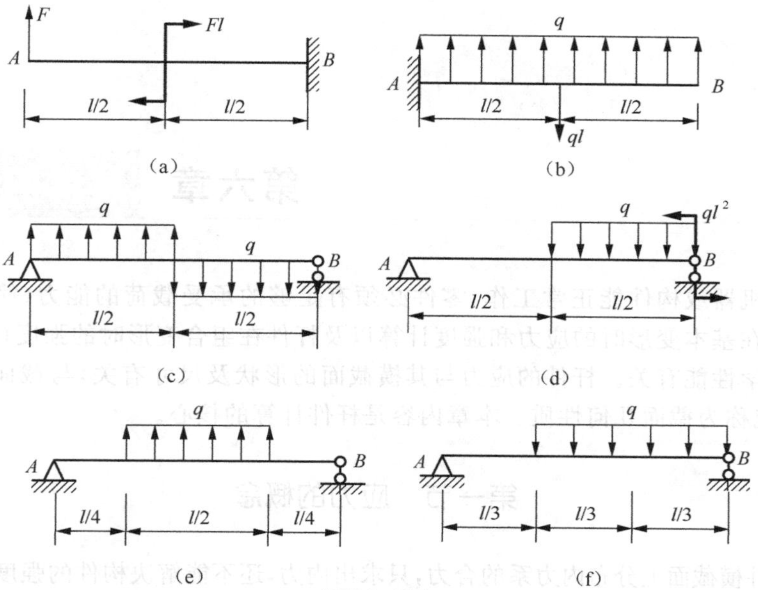

习题 5-7 图

第六章 杆件的强度计算

为了保证机器或构件能正常工作，零件必须有足够的承受载荷的能力（简称承载能力）。本章介绍杆件在基本变形时的应力和强度计算以及杆件在组合变形时的强度计算。强度计算还与材料的力学性能有关。杆件的应力与其横截面的形状及尺寸有关，与截面形状及尺寸有关的几何量，统称为截面几何性质。本章内容是杆件计算的核心。

第一节 应力的概念

内力是构件横截面上分布内力系的合力，只求出内力，还不能解决构件的强度问题。例如，两根材料相同、粗细不同的直杆，在相同的拉力作用下，随着拉力的增加，细杆首先被拉断，这说明杆件的强度不仅与内力有关，而且与截面的尺寸有关。为了研究构件的强度问题，必须研究内力在截面上的分布的规律。为此引入应力的概念。**内力在截面上的某点处分布集度，称为该点的应力。**

设在某一受力构件的 $m-m$ 截面上，围绕 K 点取面积 ΔA［如图 6－1(a)］所示，ΔA 上的内力的合力为 $\Delta \boldsymbol{F}$，这样，在 ΔA 上内力的平均集度定义为：

$$\boldsymbol{p}_{平均}=\frac{\Delta \boldsymbol{F}}{\Delta A}$$

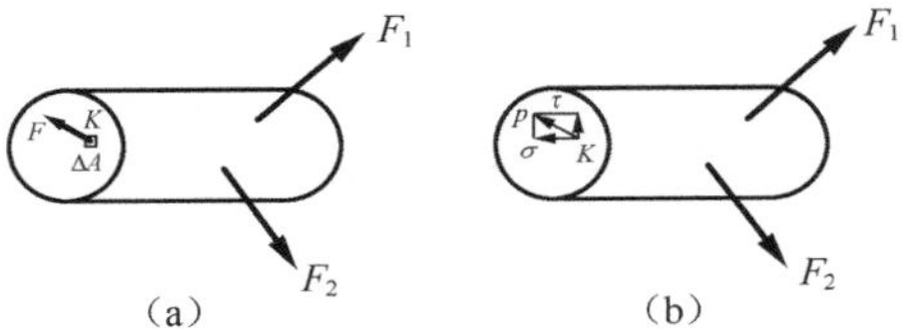

图 6－1

一般情况下，$m-m$ 截面上的内力并不是均匀分布的，因此平均应力 $\boldsymbol{p}_{平均}$ 随所取 ΔA 的大小而不同，当 $\Delta A \rightarrow 0$ 时，上式的极限值

$$\boldsymbol{p}=\lim_{\Delta A \rightarrow 0}\frac{\Delta \boldsymbol{F}}{\Delta A}=\frac{\mathrm{d}\boldsymbol{F}}{\mathrm{d}A} \qquad (6-1)$$

即为 K 点的分布内力集度，称为 K 点处的总应力。p 是一矢量，通常把应力 p 分解成垂直于截面的分量 σ 和相切于截面的分量 τ。由图中的关系可知

$$\sigma=p\sin\alpha \qquad \tau=p\cos\alpha$$

σ 称为**正应力**，τ 称为**剪应力**。在国际单位制中，应力的单位是帕斯卡，以 Pa（帕）表示，1 Pa＝1 $\mathrm{N/m^2}$。由于帕斯卡这一单位甚小，工程常用 kPa（千帕）、MPa（兆帕）、GPa（吉帕）。1 kPa＝10^3 Pa，1 MPa＝10^6 Pa，1 GPa＝10^9 Pa。

第二节 轴向拉（压）杆及梁弯曲的正应力

一、杆件拉（压）时的正应力

1. 横截面上的正应力

为观察杆的拉伸变形现象，在杆表面上作出图 6－2(a)所示的纵、横线。当杆端加上

一对轴向拉力后，由图 6－2(a)可见：杆上所有纵向线伸长相等，横线与纵线保持垂直且仍为直线。由此作出变形的平面假设：**杆件的横截面，变形后仍为垂直于杆轴的平面。**于是杆件任意两个横截面间的所有纤维，变形后的伸长相等。又因材料为连续均匀的，所以杆件横截面上内力均布，且其方向垂直于横截面[如图 6－2(b)所示]，即横截面上只有正应力 σ。于是横截面上的正应力为：

$$\sigma = F_N/A \tag{6-2}$$

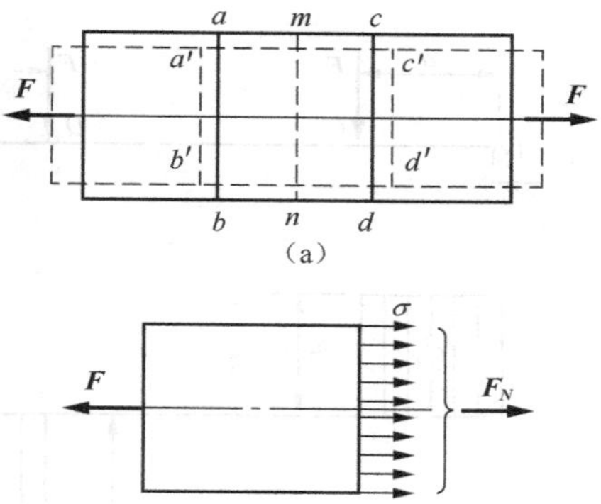

图 6－2

式中 A 为横截面面积，σ 的符号规定与轴力的符号一致，即拉应力 σ_t 为正，压应力 σ_c 为负。

注意：由于加力点附近区域的应力分布比较复杂，式(6－2)不再适用，其影响的长度不大于杆的横向尺寸。

2. 斜截面上的正应力

图 6－3(a)所示为一轴向拉杆，取左段[如图 6－3(b)所示]，斜截面上的应力 p_α 也是均布的，由平衡条件知斜截面上内力的合力 $F_{N\alpha}=F=F_N$。设与横截面成 α 角的斜截面的面积为 A_α，横截面面积为 A，则 $A_\alpha = A\sec\alpha$，于是

$$p_\alpha = F_{N\alpha}/A_\alpha = F_N/(A\sec\alpha)$$

令 $\boldsymbol{p}_\alpha = \boldsymbol{\tau}_\alpha + \boldsymbol{\sigma}_\alpha$[如图 6－3(c)所示]。于是

$$\sigma_\alpha = p_\alpha \cos\alpha = \sigma\cos^2\alpha,\ \tau_\alpha = p_\alpha \sin\alpha = \sigma\sin 2\alpha/2 \tag{6-3}$$

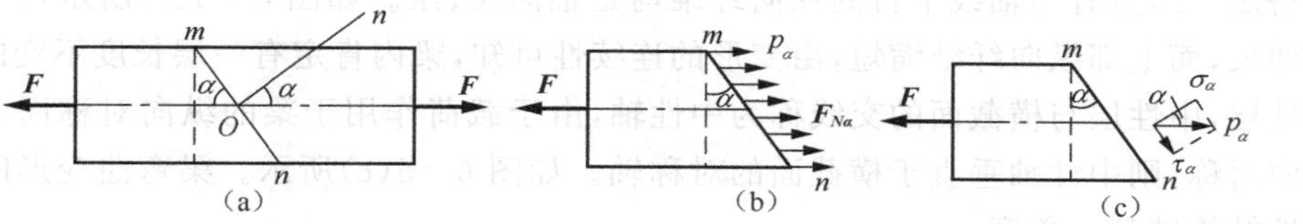

图 6－3

其中角 α 及剪应力 τ_α 符号规定：**自轴 x 转向斜截面外法线 n 为逆时针方向时 α 角为正，反之为负。剪应力 τ_α 对所取杆段上任一点的矩顺时针转向时，剪应力为正，反之为负。**σ_α 的符号与前面规定相同。

由式(6－3)可知，σ_α 及 τ_α 均是 α 角的函数，当 $\alpha=0$ 时，即为横截面，$\sigma_{\max}=\sigma$，$\tau_\alpha=0$；当 $\alpha=45°$时，$\sigma_\alpha=\sigma/2$，$\tau_{\max}=\sigma/2$；当 $\alpha=90°$时，即在平行于杆轴的纵向截面上无任何应力。

二、梁弯曲时的正应力

在一般情况下，梁的横截面上既有弯矩，又有剪力，图 6－4(a)所示梁的 AC 及 DB 段。此二段梁不仅有弯曲变形，而且还有剪切变形，这种平面弯曲称为横力弯曲或剪切弯曲。为使问题简化，先研究梁内仅有弯矩而无剪力的情况。图 6－4(a)所示梁的 CD 段，这种弯曲称为纯弯曲。

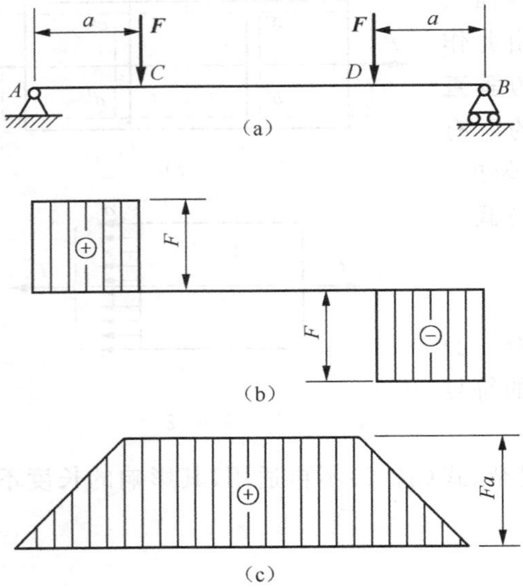

图 6-4

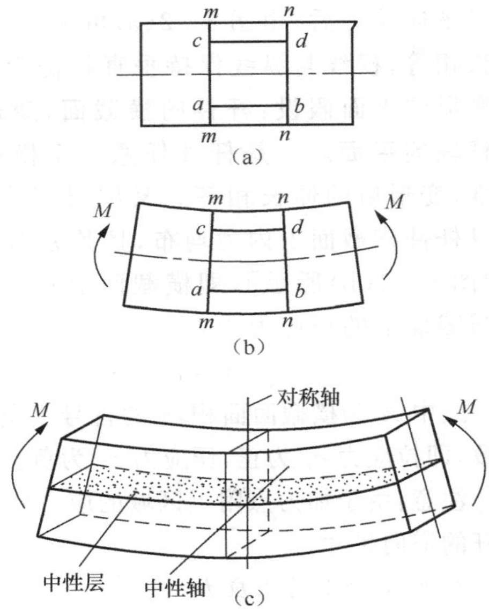

图 6-5

1. 纯弯曲变形现象与假设

为观察纯弯曲梁变形现象，在梁表面上作出图 6-5(a)所示的纵、横线，当梁端上加一力偶 M 后，由图 6-5(b)可见：横向线转过了一个角度但仍为直线；位于凸边的纵向线伸长了，位于凹边的纵向线缩短了；纵向线变弯后仍与横向线垂直。由此作出纯弯曲变形的平面假设：**梁变形后其横截面仍保持为平面，且仍与变形后的梁轴线垂直。同时还假设梁的各纵向纤维之间无挤压。**即所有与轴线平行的纵向纤维均是轴向拉、压。如图 6-5(c)所示，梁的下部纵向纤维伸长，而上部纵向纤维缩短，由变形的连续性可知，梁内肯定有一层长度不变的纤维层，称为中性层，中性层与横截面的交线称为中性轴，由于载荷作用于梁的纵向对称面内，梁的变形沿纵向对称，则中性轴垂直于横截面的对称轴。如图 6-5(c)所示。梁弯曲变形时，其横截面绕中性轴旋转某一角度。

2. 变形的几何关系

图 6-6(a)所示为从图 6-5(a)所示梁中取出的长为 dx 的微段，变形后其两端相对转了 $d\varphi$ 角。距中性层为 y 处的各纵向纤维变形，由图得

$$\widehat{ab}=(\rho+y)d\varphi$$

式中 ρ 为中性层上的纤维$\widehat{O_1O_2}$的曲率半径。而$\widehat{O_1O_2}=\rho d\varphi=dx$，则纤维$\widehat{ab}$的应变为

$$\varepsilon=\frac{\widehat{ab}-dx}{dx}=\frac{(\rho+y)d\varphi-\rho d\varphi}{\rho d\varphi}=\frac{y}{\rho} \qquad (a)$$

由式(a)可知，梁内任一层纵向纤维的线应变 ε 与其 y 的坐标成正比。

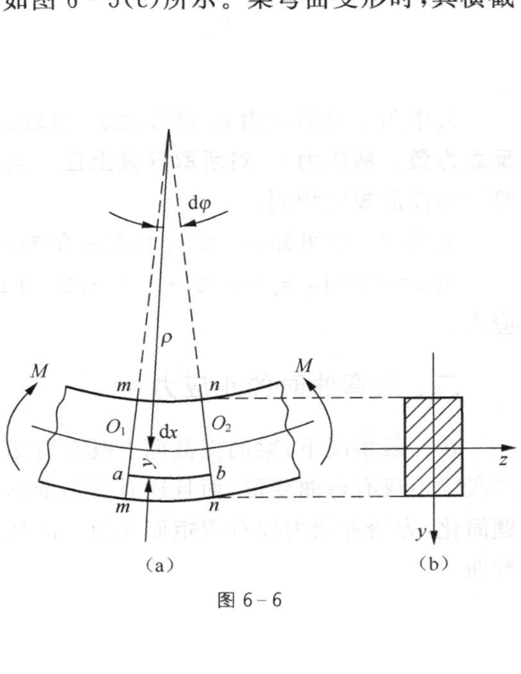

图 6-6

3. 物理关系

由于将纵向纤维假设为轴向拉压，当 $\sigma\leqslant\sigma_P$ 时，则有

$$\sigma = E\varepsilon = E\,\frac{y}{\rho} \qquad \text{(b)} \qquad (6-4)$$

由式(b)可知，横截面上任一点的正应力与该纤维层的 y 坐标成正比，其分布规律如图 6-7 所示。

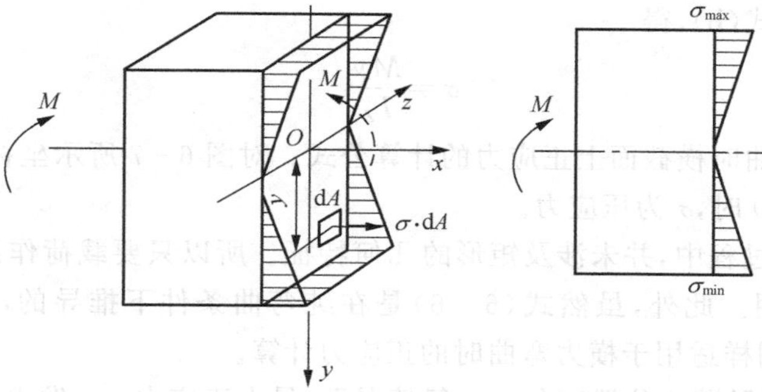

图 6-7

4. *静力学关系*

如图 6-7 所示，取截面的纵向对称轴为 y 轴，z 轴为中性轴，过轴 y、z 的交点沿纵向线取为 x 轴。横截面上坐标为(y,z)的微面积上的内力为 $\sigma\mathrm{d}A$。于是整个截面上所有内力组成一空间平行力系，由 $\Sigma F_x=0$，有

$$\int \sigma\mathrm{d}A = 0 \qquad \text{(c)}$$

将式(b)代入式(c)得

$$\int_A E\,\frac{y}{\rho}\mathrm{d}A = \frac{E}{\rho}\int_A y\mathrm{d}A = 0$$

式中 $\int_A y\mathrm{d}A = S_Z$ 为横截面对中性轴的静矩，而 $\frac{E}{\rho}\neq 0$，则 $S_Z=0$。由 $S_Z=A\cdot y_C$ 可知，中性轴 z 必过截面形心。

由 $\Sigma M_y=O$，有

$$\int \sigma\cdot\mathrm{d}A\cdot Z = O \qquad \text{(d)}$$

将式(b)代入式(d)得

$$\frac{E}{\rho}\int_A yZ\mathrm{d}A = 0$$

式中 $\int_A yZ\mathrm{d}A = I_{yz}$ 为横截面对轴 y、z 的惯性积，因 y 轴为对称轴，且 z 轴又过形心，则轴 y，z 为横截面的形心主惯性轴，$I_{yZ}=0$ 成立。

由 $\Sigma M_z=M$，有

$$\int \sigma\cdot\mathrm{d}A\cdot y = M \qquad \text{(e)}$$

将式(b)代入式(e)，得

$$M = \frac{E}{\rho}\int_A y^2\mathrm{d}A$$

式中 $\int_A y^2\mathrm{d}A = I_Z$ 为横截面对中性轴的惯性矩，则上式可写为

$$\frac{1}{\rho}=\frac{M}{EI_Z} \tag{6-5}$$

其中 $1/\rho$ 是梁轴线变形后的曲率。上式表明，当弯矩不变时，EI_Z 越大，曲率 $1/\rho$ 越小，故 EI_Z 称为梁的抗弯刚度。

将式(6-5)代入式(b)，得

$$\sigma=\frac{My}{I_Z} \tag{6-6}$$

式(6-6)为纯弯曲时横截面上正应力的计算公式。对图 6-7 所示坐标系，当 $M>0$，$y>0$ 时，σ 为拉应力；$y<0$ 时，σ 为压应力。

在上述公式推导过程中，并未涉及矩形的几何特征。所以只要载荷作用于梁的纵向对称面内，式(6-6)就适用。此外，虽然式(6-6)是在纯弯曲条件下推导的，但是，当梁较细长($l/h>5$)时，该公式同样适用于横力弯曲时的正应力计算。

横力弯曲时，弯矩随截面位置变化。一般情况下，最大正应力 $\sigma_{\max}$ 发生于弯矩最大的横截面上矩中性轴最远处。于是由式(6-6)得

$$\sigma_{\max}=\frac{M_{\max}y_{\max}}{I_Z}$$

令 $I_Z/y_{\max}=W_Z$，则上式可写为

$$\sigma_{\max}=\frac{M_{\max}}{W_Z} \tag{6-7}$$

式中 W_Z 仅与截面的几何形状及尺寸有关，称为截面对中性轴的抗弯截面模量。若截面是高为 h，宽为 b 的矩形，则

$$W_Z=\frac{I_Z}{h/2}=\frac{bh^3/12}{h/2}=\frac{bh^2}{6}$$

若截面是直径为 d 的圆形，则

$$W_Z=\frac{I_Z}{d/2}=\frac{\pi d^4/64}{d/2}=\frac{\pi d^3}{32}$$

若截面是外径为 D、内径为 d 的空心圆形，则

$$W_Z=\frac{I_Z}{D/2}=\frac{\pi(D^4-d^4)/64}{D/2}=\frac{\pi D^3}{32}\left[1-\left(\frac{d}{D}\right)^4\right]$$

【例 6-1】 如图 6-8(a)所示 T 形截面铸铁悬臂梁，尺寸及载荷如图所示。截面对形心轴 z_C 的惯性矩 $I_Z=10181\ \text{cm}^4$，$h_1=9.64\ \text{cm}$，$F=44\ \text{kN}$，求梁内的最大拉应力和最大压应力。

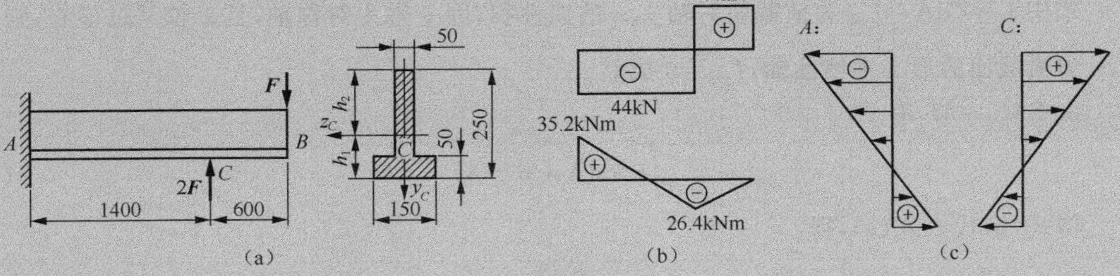

图 6-8

解 内力图如图 6-8(b)所示，A 截面和 C 截面为危险截面，其应力分布如图 6-8(c)所示。

A 截面：

$$\sigma_A^+=\frac{M_A h_1}{I_Z}=\frac{35.2\times10^3\times9.6\times10^{-2}}{10181\times10^{-8}}=33.3\ \text{MPa}$$

$$\sigma_A^-=\frac{M_A h_2}{I_Z}=\frac{35.2\times10^3\times15.36\times10^{-2}}{10181\times10^{-8}}=53.1\ \text{MPa}$$

C 截面：

$$\sigma_C^+=\frac{M_C h_2}{I_Z}=\frac{26.4\times10^3\times15.36\times10^{-2}}{10181\times10^{-8}}=39.83\ \text{MPa}$$

$$\sigma_C^-=\frac{M_C h_1}{I_Z}=\frac{26.4\times10^3\times9.64\times10^{-2}}{10181\times10^{-8}}=25.0\ \text{MPa}$$

所以，最大拉应力：$\sigma_{max}^+=39.83$ MPa

最大压应力：$\sigma_{max}^-=53.1$ MPa

第三节　杆件横截面上的切应力

一、薄壁圆筒扭转

1. *薄壁圆筒扭转时的应力*

为了观察薄壁圆筒的扭转变形现象，先在圆筒表面上作出图 6－9(a)所示的纵向线及圆周线，当圆筒两端加上一对力偶 m 后，由图 6－9(b)可见：各纵向线仍近似为直线，且其均倾斜了同一微小角度 γ，各圆周线的形状、大小不变仅圆周线绕轴线转了不同角度。由此说明，圆筒横截面及含轴线的纵向截面上均没有正应力，则横截面上只有切于截面的切应力 τ。因为薄壁的厚度 δ 很小，所以可以认为切应力沿壁厚方向均匀分布，如图 6－9(e)所示。

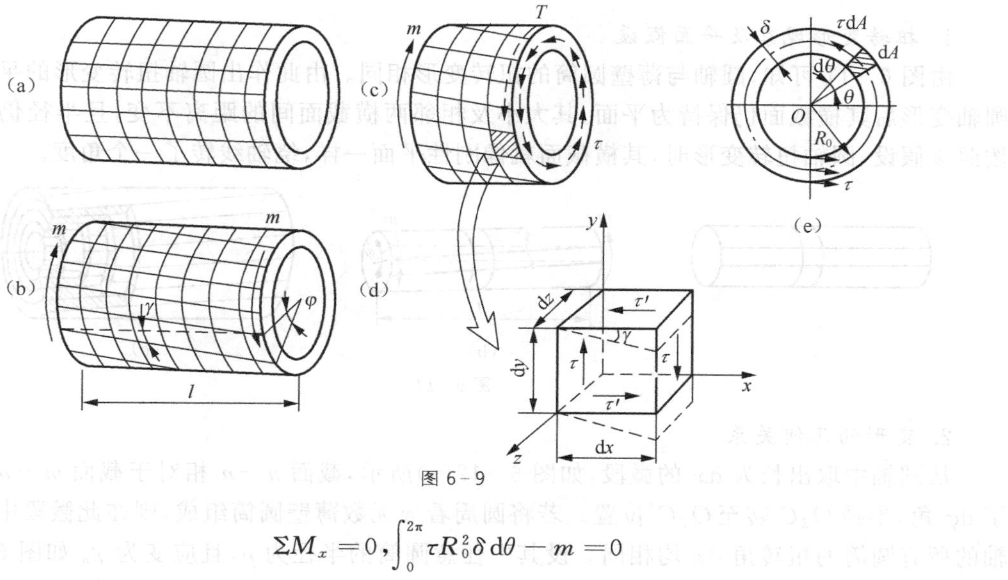

图 6－9

由　　$\Sigma M_x=0,\ \int_0^{2\pi}\tau R_0^2\delta\,d\theta-m=0$

解得

$$\tau=\frac{m}{2\pi R_0^2\delta}\qquad(6-8)$$

式中 R_0 为圆筒的平均半径。

扭转角 φ 与切应变 γ 的关系，由图 6－9(b)有

$$R\varphi \approx l\gamma$$

即
$$\gamma = R\frac{\varphi}{l} \tag{6－9}$$

2. 切应力互等定理

用相邻的两个横截面、两个径向截面及两个圆柱面，从圆筒中取出边长分别为 dx、dy、dz 的单元体，如图 6－9(d)所示，单元体左、右两侧面是横截面的一部分，则其上作用有等值、反向的切应力 τ，其组成一个力偶矩为 $(\tau dz dy)dx$ 的力偶。则单元体上、下面上的切应力 τ' 必组成一等值、反向的力偶与其平衡。

由
$$\Sigma M = 0,\ (\tau' dz dx)dy - (\tau dz dy)dx = 0$$

解得
$$\tau = \tau'$$

上式表明：**在互相垂直的两个平面上，切应力总是成对存在，且数值相等；两者均垂直两个平面交线，方向则同时指向或同时背离这一交线。**如图 6－9(d)所示的单元体的 4 个侧面上，只有切应力而没有正应力作用，这种情况称为纯剪切。

3. 剪切虎克定律

通过薄壁圆筒扭转试验可得逐渐增加的外力偶矩 m 与扭转角 φ 的对应关系，然后由式(6－8)和(6－9)得一系列的 τ 与 γ 的对应值，便可作出图 6－10 所示的 $\tau-\gamma$ 曲线(由低碳钢材料得出的)，其与图 6－19 所示的 $\sigma-\varepsilon$ 曲线相似。在 $\tau-\gamma$ 曲线中 OA 为一直线，表明 $\tau \leqslant \tau_P$ 时，$\tau \propto \gamma$ 这就是剪切虎克定律，即

$$\tau = G\gamma \tag{6－10}$$

式中 G 为比例系数，称为剪切弹性模量。

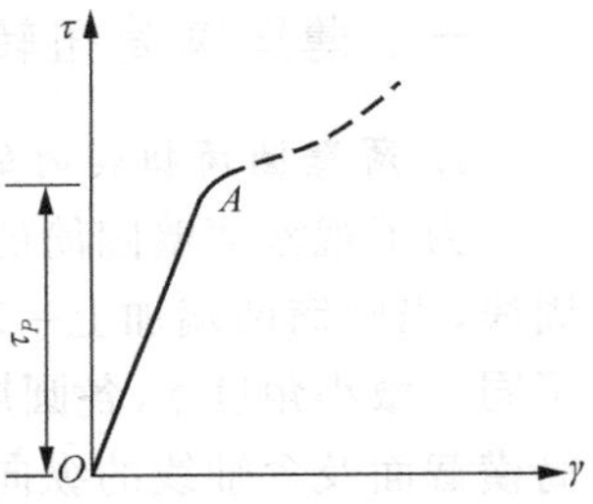

图 6－10

二、圆轴扭转时的应力

1. 扭转变形现象及平面假设

由图 6－11 可知，圆轴与薄壁圆筒的扭转变形相同。由此作出圆轴扭转变形的**平面假设：**圆轴变形后其横截面仍保持为平面，其大小及相邻两横截面间的距离不变，且半径仍为直线。按照该假设，圆轴扭转变形时，其横截面就像刚性平面一样，绕轴线转了一个角度。

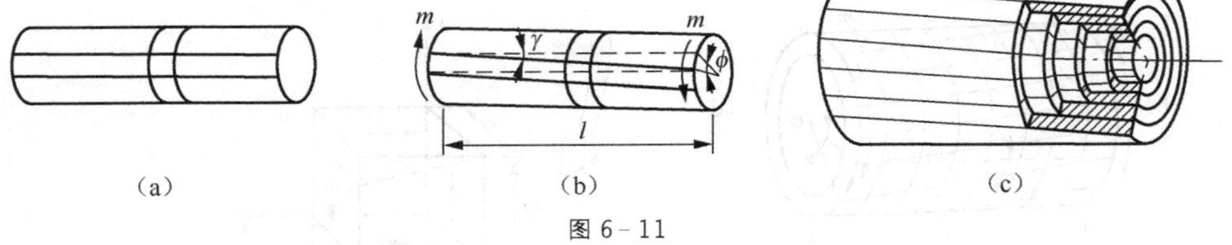

图 6－11

2. 变形的几何关系

从圆轴中取出长为 dx 的微段，如图 6－12(a)所示，截面 $n-n$ 相对于截面 $m-m$ 绕轴转了 $d\varphi$ 角，半径 O_2C 转至 O_2C' 位置。若将圆周看成无数薄壁圆筒组成，则在此微段中，组成圆轴的所有圆筒的扭转角 $d\varphi$ 均相同。设其中任意圆筒的半径为 ρ，且应变为 γ_ρ 如图 6－12(b)所示，由式(6－9)有

$$\gamma_\rho = \rho\frac{d\varphi}{dx} = \rho\theta \tag{a}$$

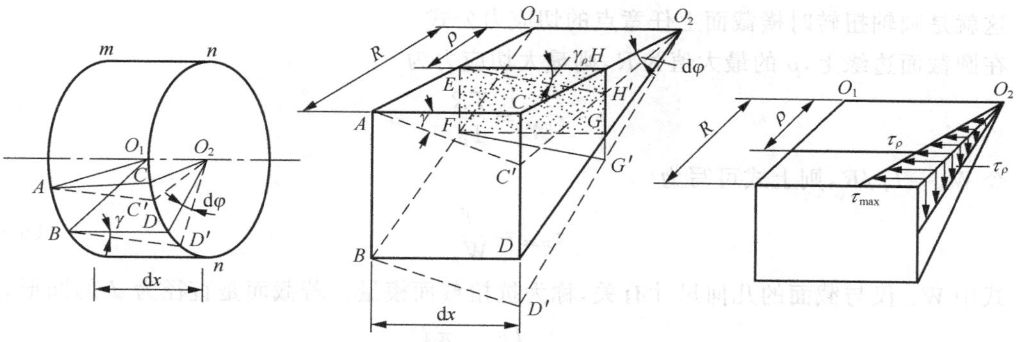

(a)　(b)　(c)

图 6-12

式中 θ 为沿轴线方向单位长度的扭转角。对一个给定的截面 θ 为常数。显然 γ_ρ 发生在垂直于 O_2H 半径的平面内。

3. 物理关系

以 τ_ρ 表示横截面上距圆心为 ρ 处的切应力，由式(6-10)，有

$$\tau_\rho = G\gamma_\rho$$

将式(a)代入上式，得

$$\tau_\rho = G\rho\frac{d\varphi}{dx} = G\rho\theta \qquad \text{(b)}$$

上式表明，横截面上任意点的切应力 τ_ρ 与该点到圆心的距离 ρ 成正比，如图 6-13(a)。因为 γ_ρ 发生在垂直于半径的平面内，所以 τ_ρ 也与半径垂直，切应力在纵、横截面上沿半径分布如图 6-12(c)所示。

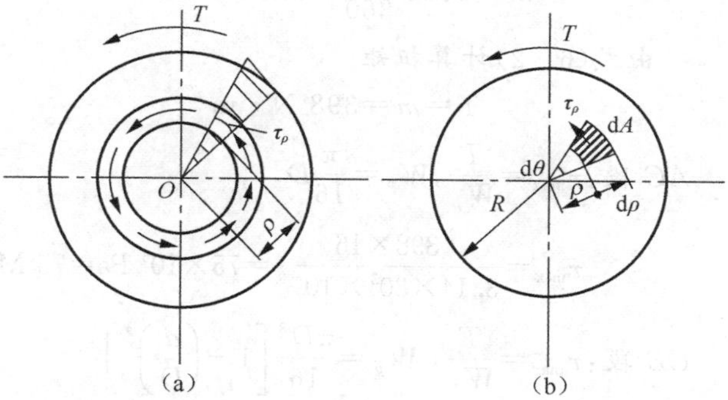

(a)　(b)

图 6-13

4. 静力学关系

在横截面上距圆心为 ρ 处取一微面积 dA，如图 6-13(b)所示，其上内力 $\tau_\rho dA$ 对 x 轴之矩为 $\tau_\rho dA\rho$，所有内力矩的总和即为截面上的扭矩

$$T = \int_A \rho\tau_\rho dA \qquad \text{(c)}$$

将式(b)代入上式，得

$$T = G\theta\int_A \rho^2 dA = G\theta I_P \qquad \text{(d)}$$

I_P 为横截面对点 O 的极惯性矩。

由式(d)可得单位长度扭转角为

$$\theta = \frac{T}{GI_P} \qquad (6-11)$$

将式(6-11)代入上式(b)，得

$$\tau_\rho = \frac{T\rho}{I_P} \qquad (6-12)$$

这就是圆轴扭转时横截面上任意点的切应力公式。

在圆截面边缘上，ρ 的最大值为 R，则最大切应力为

$$\tau_{max}=\frac{TR}{I_P}$$

令 $W_p=I_P/R$，则上式可写为

$$\tau_{max}=\frac{T}{W_p} \tag{6-13}$$

式中 W_p 仅与截面的几何尺寸有关，称为抗扭截面模量。若截面是直径为 d 的圆形，则

$$W_p=\frac{I_P}{d/2}=\frac{\pi d^3}{16}$$

若截面是外径为 D，内径为 d 的空心圆形，则

$$W_p=\frac{I_P}{D/2}=\frac{\pi D^3}{16}\left[1-\left(\frac{d}{D}\right)^4\right]$$

【例 6-2】 如图 6-14 所示，传动轴的转速 $n=360$ r/min，其传递的功率 $P=15$ kW。已知 $D=30$ mm，$d=20$ mm。试计算 AC 段横截面上的最大切应力；CB 段横截面上的最大和最小切应力。

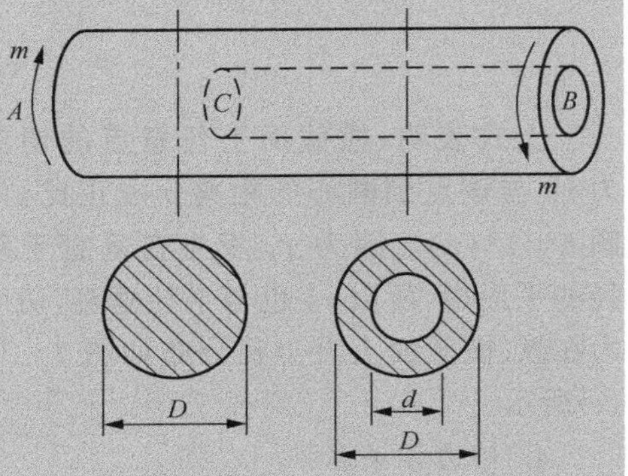

图 6-14

解 由 $m=9550\frac{P}{n}$ 计算外力偶矩

$$m=9550\,\frac{15}{360}=398\ \text{N}\cdot\text{m}$$

由式(6-2)计算扭矩

$$T=m=398\ \text{N}\cdot\text{m}$$

AC 段：$\tau_{max}=\frac{T}{W_p}$，$W_p=\frac{\pi}{16}D^3$

$$\tau_{max}=\frac{398\times16}{3.14\times30^3\times10^{-9}}=75\times10^6\ \text{Pa}=75\ \text{MPa}$$

CB 段：$\tau_{max}=\frac{T}{W_p}$，$W_p=\frac{\pi D^3}{16}\left[1-\left(\frac{d}{D}\right)^4\right]$

$$\tau_{max}=\frac{398\times16}{3.14\times30^3\times10^{-9}\left[1-\left(\frac{2}{3}\right)^4\right]}=93.6\times10^6\ \text{Pa}=93.6\ \text{MPa}$$

$$\tau_{min}=\frac{T\rho}{I_P},\ \rho=\frac{d}{2},\ I_P=\frac{\pi D^4}{32}\left[1-\left(\frac{d}{D}\right)^4\right]$$

$$\tau_{min}=\frac{398\times10\times10^{-3}\times32}{3.14\times30^4\times10^{-12}\left[1-\left(\frac{2}{3}\right)^4\right]}=62.4\times10^6\ \text{Pa}=62.4\ \text{MPa}$$

三、梁横截面上的切应力

在工程中的梁，大多数并非发生纯弯曲，而是剪切弯曲。但由于其绝大多数为细长梁，并且在一般情况下，细长梁的强度取决于其正应力强度，而无须考虑其切应力强度。但在遇到梁的跨度较小或在支座附近作用有较大载荷；铆接或焊接的组合截面钢梁（如工字形截面的腹板厚度与高度之比较一般型钢截面的对应比值小）；木梁等特殊情况，则必须考虑切应力强度。

为此，将常见梁截面的切应力分布规律及其计算公式简介如下。

1. 矩形截面梁

如图 6－15(a)所示。若 $h>b$，假设横截面上任意点处的切应力均与剪力同向；且距中性轴等远的各点处的切应力大小相等。则横截面上任意点处的切应力按下述公式计算。

$$\tau=\frac{F_S S_z^*}{I_z b} \tag{6-14}$$

式中：F_S 为横截面上的剪力；S_z^* 为矩中性轴为 y 的横线以外的部分横截面的面积(图 6－15(a)中的阴影线面积)对中性轴的静矩；I_z 为横截面对中性轴的惯性矩；b 为矩形截面的宽度。

$$S_z^*=b\left(\frac{h}{2}-y\right)\left[y+\frac{1}{2}\left(\frac{h}{2}-y\right)\right]=\frac{b}{2}\left(\frac{h^2}{4}-y^2\right)$$

如图 6－15(a)所示，计算 S_z^*。

将 S_z^* 代入式(6－14)得

$$\tau=\frac{F_S}{2I_z}\left(\frac{h^2}{4}-y^2\right)$$

由上式可知，矩形截面梁横截面上的切应力大小沿截面高度方向按二次抛物线规律变化[图 6－15(b)]，且在横截面的上、下边缘处($y=\pm\frac{h}{2}$)的切应力为零，在中性轴上($y=0$)的切应力值最大，即

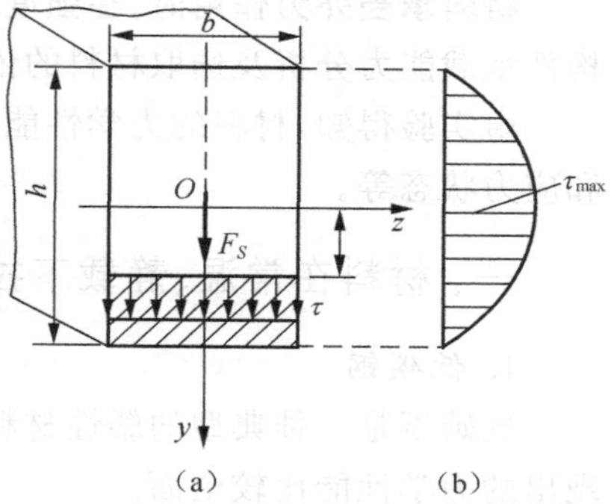

图 6－15

$$\tau_{max}=\frac{F_S h^2}{8I_z}=\frac{F_S h^2}{8\times bh^3/12}=\frac{3F_S}{2bh}=\frac{3}{2}\frac{F_S}{A} \tag{6-15}$$

式中 $A=bh$ 为矩形截面的面积。

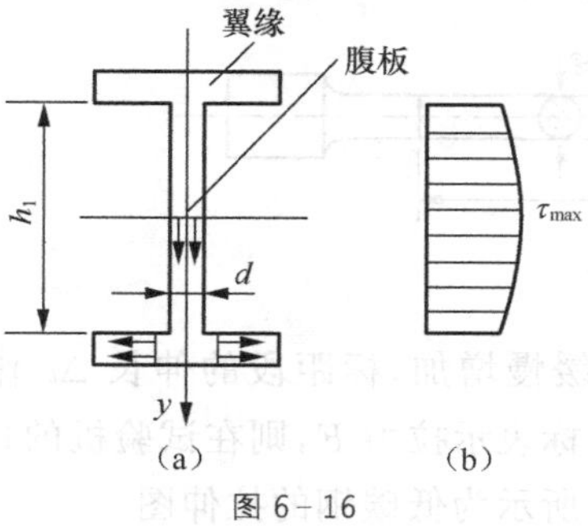

图 6－16

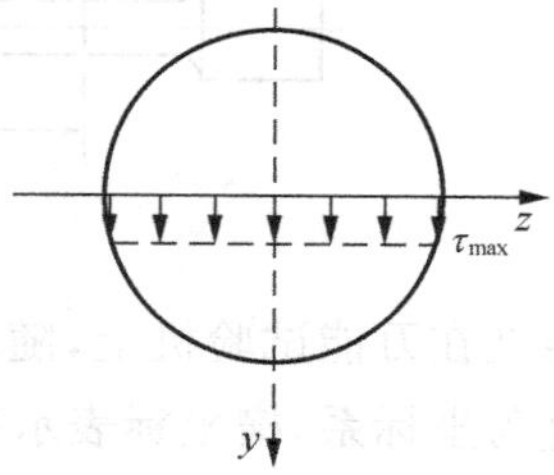

图 6－17

2. 工字形截面梁

如图 6－16(a) 所示，工字形截面梁由腹板和翼缘组成。横截面上的切应力主要分布于腹板上(如 18 号工字钢腹板上切应力的合力约为 0.945 F_S)；翼缘部分的切应力分布比较复杂，数值很小，可以忽略。由于腹板是狭长矩形，则腹板上任一点的切应力可由式(6－14)计算。其切应力沿腹板高度方向的变化规律仍为二次抛物线[图 6－16(b)]。中性轴上切应力值最大，其值为

$$\tau_{max}=\frac{F_S S_{zmax}^*}{I_z d} \tag{6-16}$$

式中：d 为腹板的厚度；S_{zmax}^* 为中性轴一侧的截面面积对中性轴的静矩；比值 I_z/S_{zmax}^* 可

直接由型钢表查出。

3. 圆形截面梁的最大切应力

如图 6-17 所示，圆形截面上切应力分布比较复杂，截面上切应力向下且沿竖向方向成抛物线分布，最大切应力出现在中性轴上。

$$\tau_{max}=\frac{4F_S}{3A} \tag{6-17}$$

式中 $A=\frac{\pi}{4}d^2$ 为圆形截面的面积。

第四节　材料在拉伸和压缩时的力学性能

材料承受外力作用时，在强度和变形方面表现出的性能称为材料的力学性能，这些性能是构件承载能力分析及选取材料的依据。

由实验得知，材料的力学性能不仅取决于其本身的成分，而且还取决于载荷的性质、温度和应力状态等。

一、材料在常温、静载下拉伸的力学性能

1. 低碳钢

低碳钢是一种典型的塑性材料，它不仅在工程实际中广泛使用，而且其在拉伸试验中所表现出的力学性能比较全面。

为便于比较不同材料的试验结果，首先按国家标准《金属拉力试验法》(GB228-87)中规定的形状和尺寸，将材料做成标准试件，如图 6-18 所示。在试件等直部分的中段划取一段 l_0 作为标距长度。标距长度有两种，分别为 $l_0=10d_0$；$l_0=5d_0$。d_0 为试件的直径。

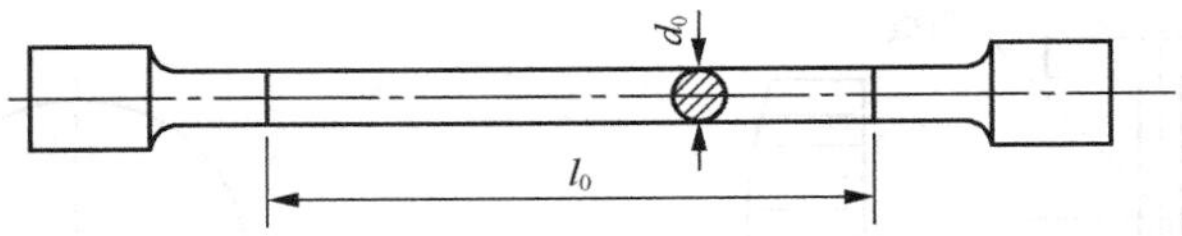

图 6-18

将试件装夹在万能试验机上，随着拉力 F 的缓慢增加，标距段的伸长 Δl 作有规律的变化。若取一直角坐标系，横坐标表示变形 Δl，纵坐标表示拉力 F，则在试验机的自动绘图仪上便可绘出 $F-\Delta l$ 曲线，称为拉伸图。图 6-19(a)所示为低碳钢的拉伸图。

由于 $F-\Delta l$ 曲线受试件的几何尺寸影响，所以其还不能直接反映材料的力学性能。为此，用应力 $\sigma=F/A_0$（A_0 为试件标距段原横截面面积）来反映试件的受力情况；用 $\varepsilon=\Delta l/l_0$ 来反映标距段的变形情况。于是便得图 6-19(b)所示的 $\sigma-\varepsilon$ 曲线，称为应力应变图。

根据低碳钢的 $\sigma-\varepsilon$ 曲线的特点，对照其在实验过程中的变形特征，将其整个拉伸过程依次分为弹性、屈服、强化和颈缩 4 个阶段。

(1) 弹性阶段：曲线上 Oa 段，此段内材料只产生弹性变形，若缓慢卸去载荷，变形完全消失。点 a 对应的应力值 σ_e 称为材料的弹性极限。虽然 $a'a$ 微段是弹性阶段的一部分，但其不是直线段。Oa' 是斜直线，$\sigma\propto\varepsilon$，而 $\tan\alpha=\sigma/\varepsilon$，令 $E=\tan\alpha$，则有 $\sigma=E\varepsilon$（拉、压虎克定律的数学

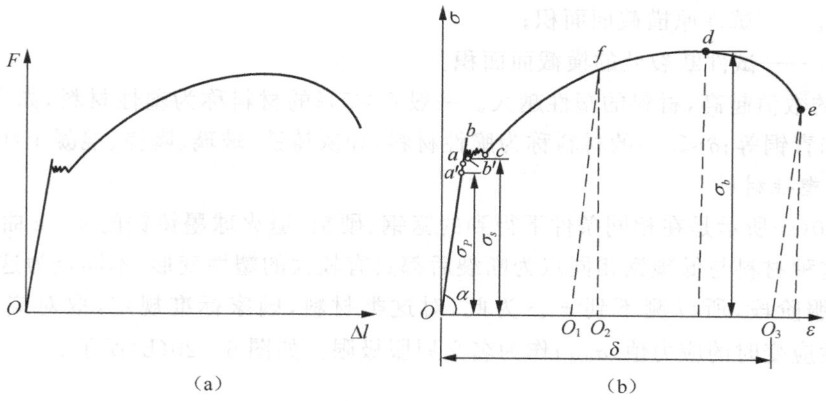

图 6-19

表达式)式中 E 称为材料的弹性模量。点 a'对应的应力值 σ_P 称为材料的比例极限。Q_{235} 钢的 $\sigma_P \approx 200$ MPa,由于大部分材料的 $\sigma_P \approx \sigma_e$,所以将 σ_P 和 σ_e 统称为弹性极限。

(2) 屈服阶段:曲线上 bc 段为近于水平的锯齿形状线。这种**应力变化很小,应变显著增大的现象称为材料的屈服或流动**。bc 段最低点 b'对应的应力值 σ_s 称为材料的屈服极限,是衡量材料强度的重要指标。若试件表面抛光,此时可观察到试件表面有许多与其轴线约成 45°角的条纹,称为滑移线(金属晶粒沿最大切应力面发生滑移而产生的)。屈服阶段不仅变形大,而且主要是塑性变形。

(3) 强化阶段:由曲线上的 cd 段可见,**经过屈服阶段以后,应力又随应变增大而增加,这种现象称为材料的强化**。曲线最高点 d 对应的应力值 σ_b 是材料所能承受的最大应力,称为强度极限。Q_{235} 钢的 $\sigma_b = 380 \sim 470$ MPa 是衡量材料强度的又一重要指标。

若在 cd 段内任一点 f 停止加载,并缓慢卸载,应力与应变关系将沿着与 oa 近乎平行的直线 fO_1 回到点 O_1[图 6-19(b)],O_1O_2为卸载后消失的应变,即弹性应变;OO_1为卸载后未消失的应变,即塑性应变。若卸载后立即加载,应力与应变关系基本上是沿着 O_1f 上升至点 f 后,再沿 fde 曲线变化。可见在重新加载时,点 f 以前材料的变形是弹性的,过点 f 后才开始出现塑性变形。这种**在常温下,将材料预拉到强化阶段后卸载,然后立即再加载时,材料的比例极限提高而塑性降低的现象,称为冷作硬化**。

冷作硬化提高了材料在弹性阶段内的承载能力,但同时降低了材料的塑性。例如冷轧钢板或冷拔钢丝,由于冷作硬化,提高其强度的同时降低了材料的塑性,使继续轧制和拉拔困难,若要恢复其塑性,则要进行退火处理。

(4) 颈缩阶段　过点 d 后,在试件的某一局部区域,其横截面急剧缩小,这种现象称为颈缩现象。由于颈缩部分横截面面积急剧减小,使试件继续伸长所需的拉力也随之迅速下降,直至试件被拉断。

工程上用于衡量材料塑性的指标有延伸率(δ)和断面伸缩率(ψ)。

① 延伸率
$$\delta = \frac{l_1 - l_0}{l_0} \times 100\%$$

式中:l_1——试件拉断后标距的长度;

l_0——原标距长度。

② 断面收缩率
$$\psi = \frac{A_0 - A_1}{A_0} \times 100\%$$

式中：A_0——试件原横截面面积；

A_1——试件断裂处的横截面面积。

δ 和 ψ 的数值越高，材料的塑性越大。一般 $\delta>5\%$ 的材料称为塑性材料，如合金钢、铝合金、碳素钢和青铜等；$\delta<5\%$ 的材料称为脆性材料，如灰铸铁、玻璃、陶瓷、混凝土和石料等。

2. 其他塑性材料

图 6-20(a)所示是在相同条件下得到的锰钢、硬铝、退火球墨铸铁的 $\sigma-\varepsilon$ 曲线。由这种曲线可知，这种材料与低碳钢相同点为断裂后都具有较大的塑性变形；不同点为这些材料都没有明显的屈服阶段，所以测不到 σ_s。为此，对这类材料，国家标准规定，取对应于试件产生 0.2% 的塑性应变时的应力值($\sigma_{0.2}$)作为名义屈服极限。如图 6-20(b)所示。

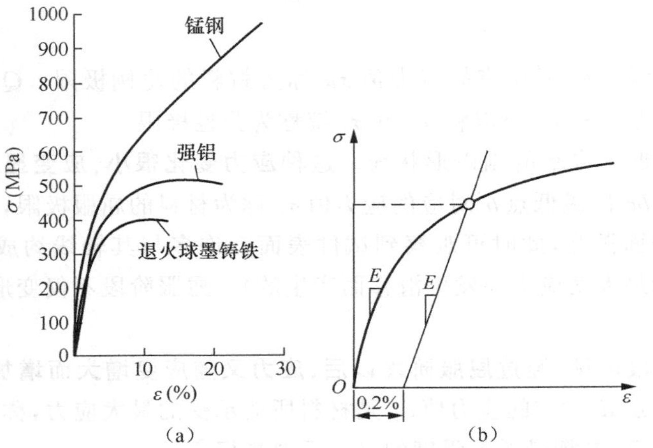

图 6-20

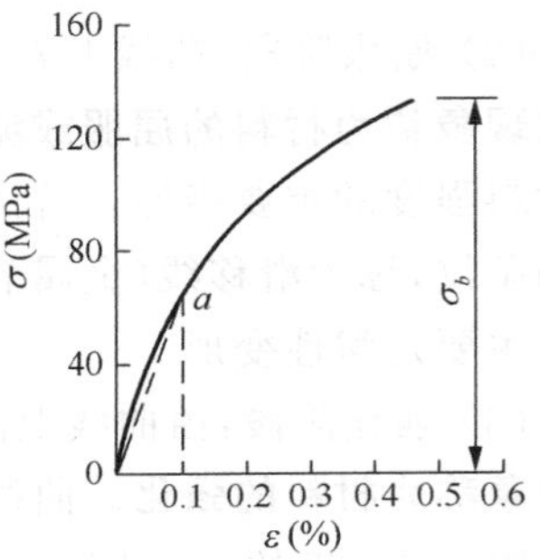

图 6-21

3. 铸铁

铸铁是一种典型的脆性材料，它受拉时从开始到断裂，变形都不显著，没有屈服阶段和颈缩现象，图 6-21 所示是铸铁拉伸时的 $\sigma-\varepsilon$ 曲线。在曲线上没有明显的直线部分，这说明铸铁不符合虎克定律。但由于铸铁构件总是在较小应力范围内工作，因此可以用割线 Oa 来代替曲线 Oa，即认为在较小应力时是符合虎克定律的，也有不变的弹性模量 E。由 $\sigma-\varepsilon$ 曲线可以看出，脆性材料只有一个强度指标，即拉断时的最大应力——强度极限 σ_b。

在土木建筑工程中，常用的混凝土和砖石等材料也是脆性材料，它们的 $\sigma-\varepsilon$ 曲线与铸铁相似，但是各具有不同的强度极限 σ_b 值。

二、常温静载下压缩时的力学性能

1. 低碳钢

图 6-22 所示中的虚线和实线分别为低碳钢拉伸和压缩时的 $\sigma-\varepsilon$ 曲线，由图可知，在屈服阶段以前，此二曲线基本重合，所以低碳钢拉伸和压缩时的 E 值和 σ_s 值基本相同。过屈服阶段后，若继续增大荷载，试件将越压越扁，测不出其抗压强度。

2. 铸铁

图 6-23 所示为铸铁压缩时的 $\sigma-\varepsilon$ 曲线，没有屈服现象，试件在较小变形下突然沿与试件轴线成 35°～39°的斜面上发生剪断破坏。铸铁的抗压强度极限 σ_c 比其抗拉强度极限 σ_b 高 4～5 倍。混凝土、石料等脆性材料的抗压强度也远远高于其抗拉强度。

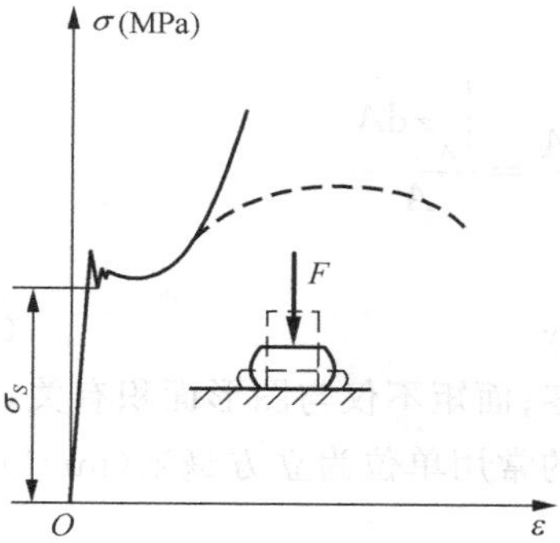

图 6－22

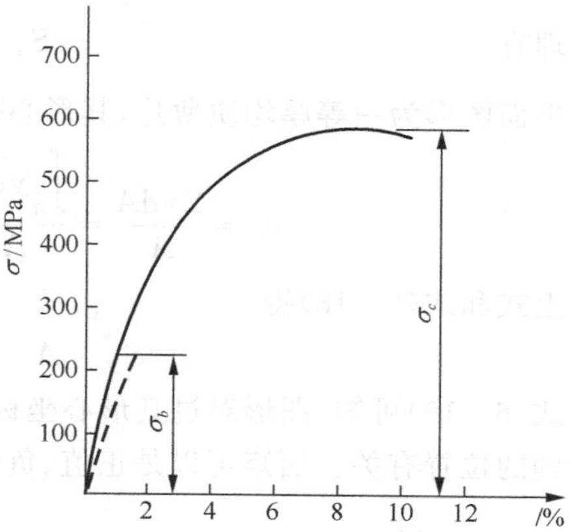

图 6－23

三、许用应力与安全系数

材料丧失其正常工作能力时的应力值，称为危险应力或极限应力 σ_u。而当构件的应力达到其屈服极限 σ_s 或强度极限 σ_b 时，将产生较大的塑性变形或发生断裂，便丧失了其正常工作能力。所以塑性材料的极限应力为 σ_s 或 $\sigma_{0.2}$，脆性材料的极限应力为 σ_b 或 σ_c。

保证构件安全工作的最大应力值，称为许用应力$[\sigma]$，所以其低于极限应力。常将材料的极限应力 σ_u 除以大于 1 的安全系数 n 作为其许用应力$[\sigma]$。

塑性材料
$$[\sigma]=\frac{\sigma_s}{n_s}$$

脆性材料
$$[\sigma]=\frac{\sigma_b}{n_b}$$

式中 n_s 和 n_b 分别为塑性材料和脆性材料的安全系数。

安全系数是反映构件具有安全储备大小的一个系数。正确的选择安全系数是一个比较复杂但又相当重要的问题，关系着构件的安全与经济两者间矛盾能否解决。

确定安全系数应考虑以下几方面因素。

1. 构件材料是塑性还是脆性及其均匀性。
2. 构件所受载荷及其估计的准确性。
3. 实际构件的简化过程及其计算方法的精确性。
4. 构件的工作条件及其重要性。

一般在静载下，对塑性材料 n_s 可取 1.5～2.5，对脆性材料 n_b 可取 2.0～5.0.

第五节　截面的几何性质

一、面矩

平面图形（如图 6－24 所示），其面积为 A，在坐标(y,z)处，取微面积 dA，zdA 称为微面积 dA 对 y 轴的面积矩，简称面矩（或静矩）。则将 zdA 遍及整个图形面积 A 的积分，称为图形对 y 轴的**面矩**。用 S_y 表示，即

$$S_y=\int_A z\,dA$$

同理有
$$S_z=\int_A y\,dA \tag{6-18}$$

若平面图形为一等厚均质薄片，其形心坐标为

$$y_c=\frac{\Sigma y\,dA}{A}=\frac{\int_A y\,dA}{A},\ z_c=\frac{\Sigma z\,dA}{A}=\frac{\int_A z\,dA}{A}$$

由上式和式(6-18)得

$$S_y=A\cdot z_c,\ S_z=A\cdot y_c \tag{6-19}$$

由式(6-19)可知，图形对过其形心坐标轴的面矩为零；面矩不仅与图形面积有关，而且还与参考轴的位置有关。面矩可以是正值、负值或零，面矩的常用单位为立方毫米(mm^3)。

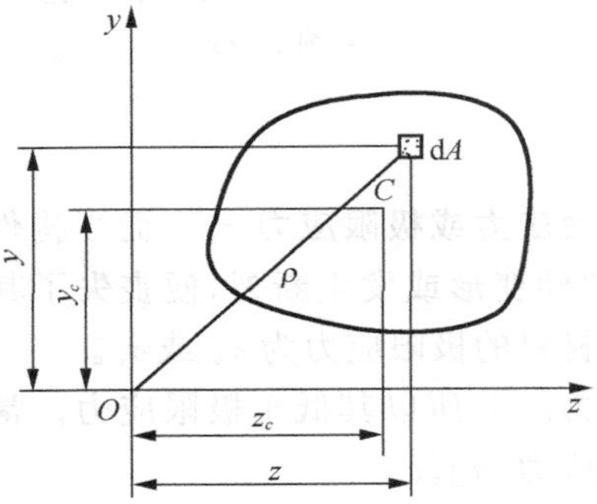

图 6-24

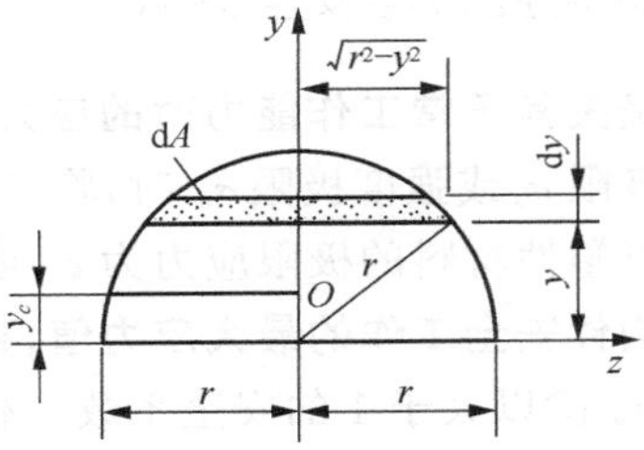

图 6-25

【例 6-3】 求半径为 r 的半圆形对过其直径的轴 z 的面矩及其形心坐标 y_c(图 6-25)

解 过圆心 O 作与 z 轴垂直的 y 轴，并在任意 y 坐标取宽为 dy 的微面积 dA，其面积为

$$dA=2\sqrt{r^2-y^2}\cdot dy$$

由式(6-18)有 $S_z=\int_A y\,dA=\int_0^r 2y\sqrt{r^2-y^2}\,dy=\frac{2}{3}r^3$

将 $S_z=\frac{2}{3}r^3$ 代入式(6-19)，得

$$y_c=\frac{S_z}{A}=\frac{4r}{3\pi}$$

二、惯性矩与极惯性矩

如图 6-24 所示，z^2dA 称为微面积 dA 对 y 轴的惯性矩。则将 z^2dA 遍及整个图形面积 A 的积分，称为图形对 y 轴的惯性矩。用 I_y 表示，即

同理有
$$\left.\begin{aligned}I_y&=\int_A z^2\,dA\\ I_z&=\int_A y^2\,dA\end{aligned}\right\} \tag{6-20}$$

如图 6-24 所示，当采用极坐标系时，其面积为 A，在坐标(y,z)处，取微面积 dA，$z\,dA$ 称为微面积 dA 对 y 轴的面积矩，ρ^2dA 称为微面积 dA 对坐标原点 O 的极惯性矩，则将 ρ^2dA 遍及整个图形面积 A 的积分，称为图形对坐标原点 O 的**极惯性矩**，用 I_P 表示，即

$$I_P=\int_A \rho^2\,dA \tag{6-21}$$

将 $\rho^2=z^2+y^2$ 代入上式，得

$$I_P=\int_A\rho^2\mathrm{d}A=\int_A(z^2+y^2)\mathrm{d}A=\int_A z^2\mathrm{d}A+\int_A y^2\mathrm{d}A$$

$$I_P=I_y+I_z \tag{6-22}$$

由式(6－22)可知，图形对其所在平面内任一点的极惯性矩 I_P，等于其对过此点的任一对正交轴 y、z 的惯性矩 I_y、I_z 之和。

由式(6－20)和(6－21)可知，惯性矩和极惯性矩总是正值。其常用单位为 mm^4。

【例 6－4】 试计算图 6－26 所示的矩形对其对称轴 y、z 的惯性矩。

解　先求对轴 y 的惯性矩。取平行于轴 y 的狭长矩形作为微面积 $\mathrm{d}A$，则

$$\mathrm{d}A=b\mathrm{d}z$$

$$I_y=\int_A z^2\mathrm{d}A=\int_{-\frac{h}{2}}^{\frac{h}{2}}bz^2\mathrm{d}z=\frac{bh^3}{12}$$

用同样的方法可求得

$$I_z=\frac{hb^3}{12}$$

【例 6－5】 试计算图 6－27 所示的圆形对过形心轴的惯性矩及对形心的极惯性矩。

解　取图中狭长矩形作为微面积 $\mathrm{d}A$，则

$$\mathrm{d}A=2y\mathrm{d}z=2\sqrt{R^2-z^2}\,\mathrm{d}z$$

$$I_y=\int_A z^2\mathrm{d}A=2\int_{-R}^{R}z^2\sqrt{R^2-z^2}\,\mathrm{d}z=\frac{\pi R^4}{4}=\frac{\pi D^4}{64}$$

由对称性有

$$I_z=I_y=\frac{\pi D^4}{64}$$

由式(6－22)有

$$I_P=I_y+I_z=\frac{\pi D^4}{32}$$

【例 6－6】 试计算图 6－28 所示的空心圆形对过圆心的轴 y、z 的惯性矩及对圆心 O 的极惯性矩。

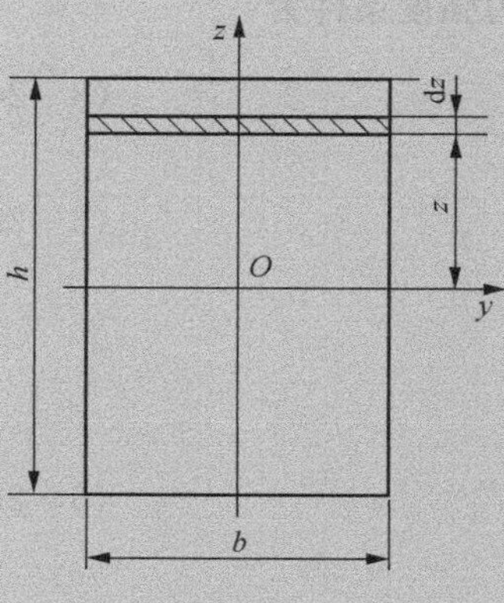

图 6－26

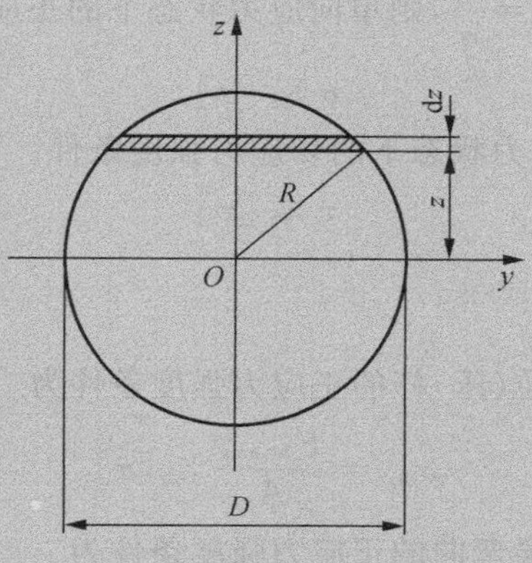

图 6－27

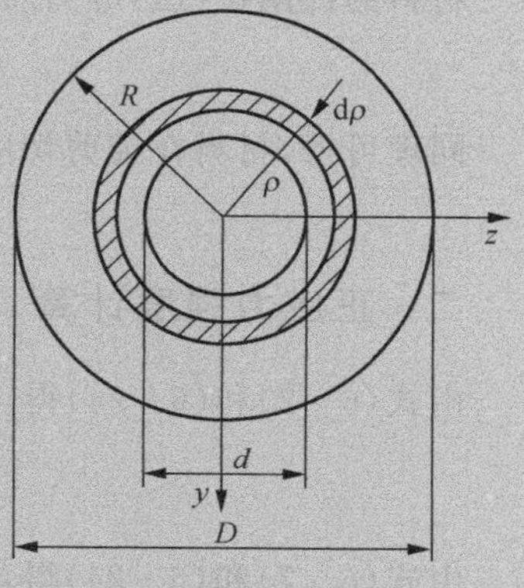

图 6－28

解　首先求对圆心 O 的极惯性矩 I_P。取图中所示的环形微面积 $\mathrm{d}A$，则

$$\mathrm{d}A=2\pi\rho\mathrm{d}\rho$$

$$I_P=\int_A\rho^2\mathrm{d}A=2\pi\int_{\frac{d}{2}}^{\frac{D}{2}}\rho^3\mathrm{d}\rho=\frac{\pi}{32}(D^4-d^4)$$

因 $I_P=I_y+I_z$，且 $I_y=I_z$，则有

$$I_y=\frac{1}{2}I_P=\frac{\pi}{64}(D^4-d^4)$$

三、惯性积与形心主惯性矩

如图 6－24 所示，$zy\mathrm{d}A$ 称为微面积 $\mathrm{d}A$ 对轴 y、z 的惯性积。则将 $zy\mathrm{d}A$ 遍及整个图形面积 A 的积分，称为图形对轴 y、z 的**惯性积**。用 I_{zy} 表示，即

$$I_{yz}=\int_A zy\mathrm{d}A \tag{6-23}$$

由式(6－23)可知，惯性积可以是正值、负值或零；且轴惯性积中只要有一个为图形的对称轴，则图形对轴 y、z 的惯性积必等于零。

若**图形对某对正交轴的惯性积等于零，则该对坐标轴就称为主惯性轴**，简称主轴。图形对主轴的惯性矩称为主惯性矩。过图形形心的主轴称为形心主惯性轴；**图形对形心主惯性轴的惯性矩称为形心主惯性矩。**

第六节　杆件的强度计算

由内力图可直观地判断出**等直杆内力最大值所发生的截面，称为危险截面，危险截面上应力值最大的点称为危险点**。为了保证构件有足够的强度，其危险点的有关应力需要满足对应的强度条件。

一、正应力与切应力强度条件

轴向拉(压)杆中的任一点均处于单向应力状态。塑性及脆性材料的极限应力 σ_u 分别为屈服极限 σ_s(或 $\sigma_{0.2}$)和强度极限 σ_b，则材料在单向应力状态下的破坏条件为

$$\sigma=\sigma_u$$

材料的许用拉(压)应力 $[\sigma]=\frac{\sigma_u}{n}$，则单向应力状态下的正应力强度条件为

$$\sigma\leqslant[\sigma] \tag{6-24}$$

同理可得，材料在纯剪切应力状态下的切应力强度条件

$$\tau\leqslant[\tau] \tag{6-25}$$

二、正应力强度计算

由式(6－2)和(6－24)得，拉(压)杆的正应力强度条件为

$$\sigma_{\max}=\frac{F_{N,\max}}{A}\leqslant[\sigma] \tag{6-26}$$

由式(6－7)和(6－24)得，梁弯曲的正应力强度条件为

$$\sigma_{\max}=\frac{M_{\max}}{W_z}\leqslant[\sigma] \tag{6-27}$$

应用强度条件可进行强度校核、设计截面、确定许可载荷等三方面的强度计算。

【例 6-7】图 6-29(a)所示桁架，杆 1 为圆截面钢杆，杆 2 为方截面木杆，在节点 A 处承受铅直方向的载荷 F 作用，试确定钢杆的直径 d 与木杆截面的边宽 b。已知载荷 $F=50$ kN，钢的许用应力$[\sigma_S]=160$ MPa，木的许用应力$[\sigma_W]=10$ MPa。

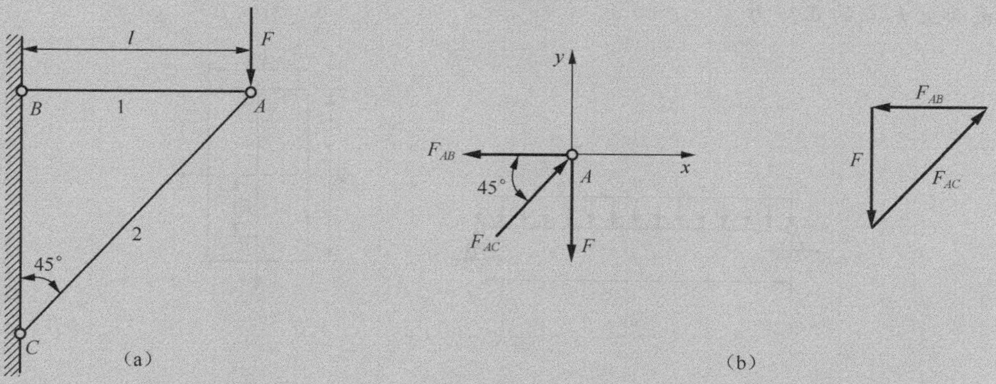

图 6-29

解　(1) 对节点 A 受力分析[图 6-29(b)]所示，求出 AB 和 AC 两杆所受的力。

$$F_{AC}=\sqrt{2}F=70.7\ \text{kN}\qquad F_{AB}=F=50\ \text{kN}$$

(2) 运用强度条件，分别对两杆进行强度计算。

$$\sigma_{AB}=\frac{F_{AB}}{A_1}=\frac{50\times10^3}{\dfrac{1}{4}\pi d^2}\leqslant[\sigma_S]=160\ \text{MPa}\qquad d\geqslant20.0\ \text{mm}$$

$$\sigma_{AC}=\frac{F_{AC}}{A_2}=\frac{70.7\times10^3}{b^2}\leqslant[\sigma_W]=10\ \text{MPa}\qquad b\geqslant84.1\ \text{mm}$$

所以可以确定钢杆的直径为 20 mm，木杆的边宽为 84 mm。

【例 6-8】某悬臂吊车，如图 6-30(a)所示。最大起重荷载 $G=20$ kN，杆 BC 为 Q235A 圆钢，许用应力$[\sigma]=120$ MPa。试按图示位置设计 BC 杆的直径 d。

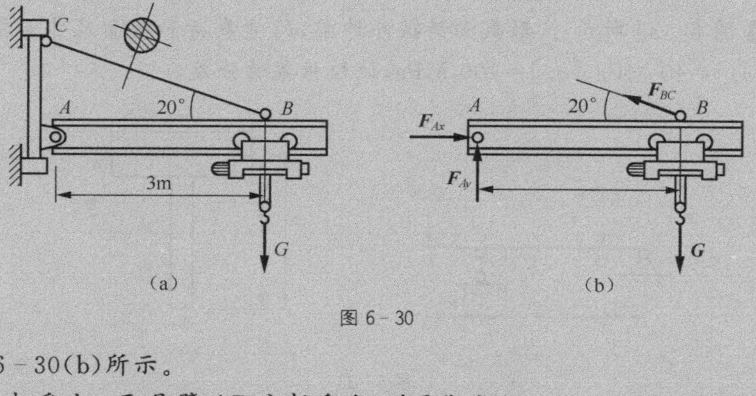

图 6-30

解　如图 6-30(b)所示。

(1) 求 BC 杆受力。取悬臂 AB 分析受力，列平衡方程：

$$\sum M_A(F)=0,F_{BC}\times3\times\sin20°-G\times3=0$$

将 $G=20$ kN 代入方程解得：$F_{BC}=58.48$ kN

(2) 设计 BC 杆的直径 d。

$$\sigma=\frac{F_{BC}}{A}=\frac{58.48\times10^3\ \text{N}}{\pi d^2/4}\leqslant[\sigma]=120\ \text{MPa}$$

$$d \geqslant 25 \text{ mm 取 } d = 25 \text{ mm}$$

【例 6-9】 图 6-31(a)所示为一简支梁，梁上作用有均布载荷 $q=2$ kN/m，梁的跨度 $l=4$ m，横截面为矩形，尺寸如图 6-31(b)所示，试计算梁内弯矩最大截面上的最大正应力和弯矩最大截面上 k 点的正应力。

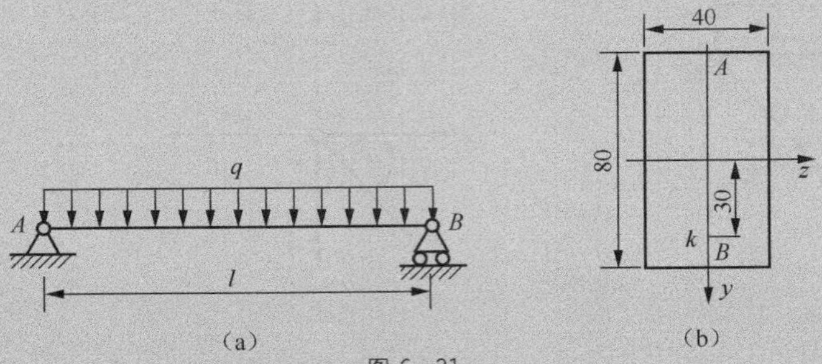

图 6-31

解 因结构和载荷均对称，所以很容易应用静力学平衡条件确定支座反力

$$F_A = F_B = 4 \text{ kN}$$

其弯矩图如图 6-32 所示，梁内最大弯矩

$$M_{\max} = \frac{ql^2}{8} = 4 \text{ KN} \cdot \text{m}$$

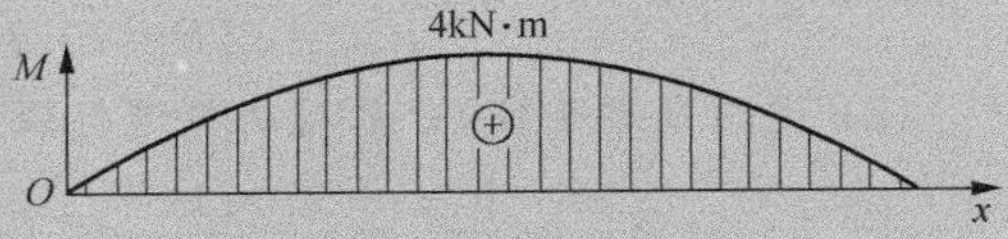

图 6-32

梁内弯矩最大截面上的最大正应力在梁正中横截面的最上端和最下端，即 A 点和 B 点处

$$\sigma_{\max} = \frac{M_{\max}}{W_Z} = \frac{4000 \text{ N} \cdot \text{m}}{\frac{bh^2}{6}} = 93.7 \text{ MPa}$$

弯矩最大截面上 k 点的正应力 $\sigma_k = \dfrac{M_{\max} y_k}{I_Z} = \dfrac{4000 \times 0.03}{\frac{bh^3}{12}} = 70.3 \text{ MPa}$

【例 6-10】 图 6-33 所示 T 形截面铸铁外伸梁，所受载荷和截面尺寸如图所示，已知铸铁的许可应力 $[\sigma_t]=40$ MPa，$[\sigma_c]=100$ MPa，试校核梁的强度。

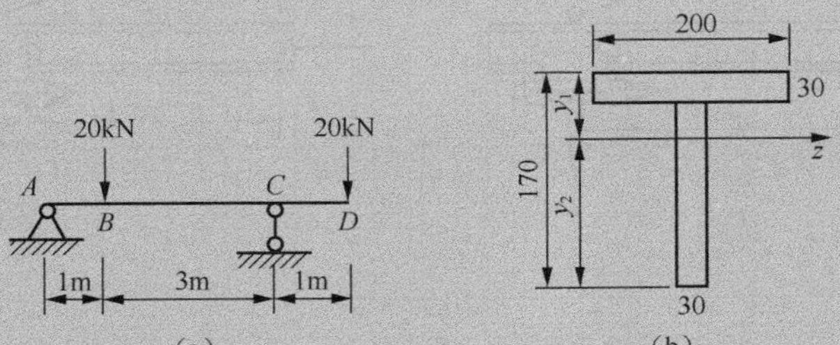

图 6-33

解 截面的几何性质

$$y_2 = \frac{14 \times 3 \times 7 + 20 \times 3 \times 15.5}{14 \times 3 + 20 \times 3} \text{cm} = 12 \text{ cm}$$

$$I_Z = \left[\frac{1}{12} \times 3 \times 14^3 + 3 \times 14 \times 2^2 + \frac{1}{12} \times 3^3 \times 20 + 3 \times 20 \times 3.5^2\right] \text{cm}^4 = 6901.5 \text{ cm}^4$$

作梁的弯矩图如图 6－34 所示。

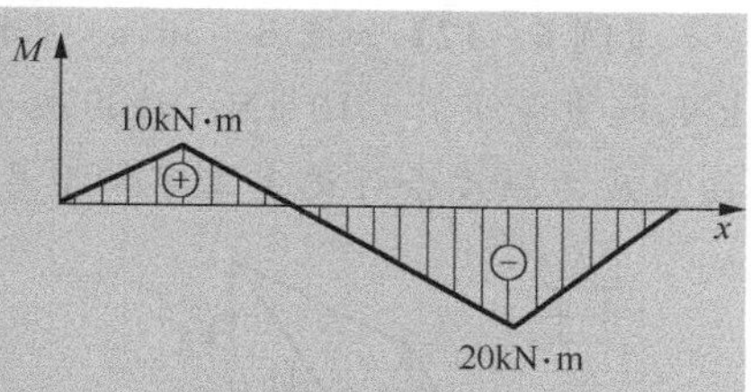

图 6－34

在 B 截面有

$$\sigma_{\max}^{+}=\frac{10\times10^{3}\times12\times10^{-2}}{6901.5\times10^{-8}}\ \text{Pa}=17.39\ \text{MPa}<[\sigma_t]=40\ \text{MPa}$$

$$\sigma_{\max}^{-}=\frac{10\times10^{3}\times5\times10^{-2}}{6901.5\times10^{-8}}\ \text{Pa}=7.24\ \text{MPa}<[\sigma_c]=100\ \text{MPa}$$

在 C 截面有

$$\sigma_{\max}^{+}=\frac{20\times10^{3}\times5\times10^{-2}}{6901.5\times10^{-8}}\ \text{Pa}=14.49\ \text{MPa}<[\sigma_t]=40\ \text{MPa}$$

$$\sigma_{\max}^{-}=\frac{20\times10^{3}\times12\times10^{-2}}{6901.5\times10^{-8}}\ \text{Pa}=34.78\ \text{MPa}<[\sigma_c]=100\ \text{MPa}$$

由此可知，最大应力小于许用应力，安全。

三、切应力强度计算

1．圆轴扭转

由式(6－13)和(6－25)得，圆轴扭转时切应力强度条件为

$$\tau_{\max}=\frac{T}{W_p}\leqslant[\tau] \tag{6-28}$$

【例 6－11】 图 6－35(a)所示为阶梯形圆轴，AB 段的直径 $d_1=40$ mm，BD 段的直径 $d_2=70$ mm，外力偶矩分别为 $m_A=0.7$ kN·m，$m_C=1.1$ kN·m，$m_D=1.8$ kN·m。许用切应力 $[\tau]=60$ MPa。试校核该轴的强度。

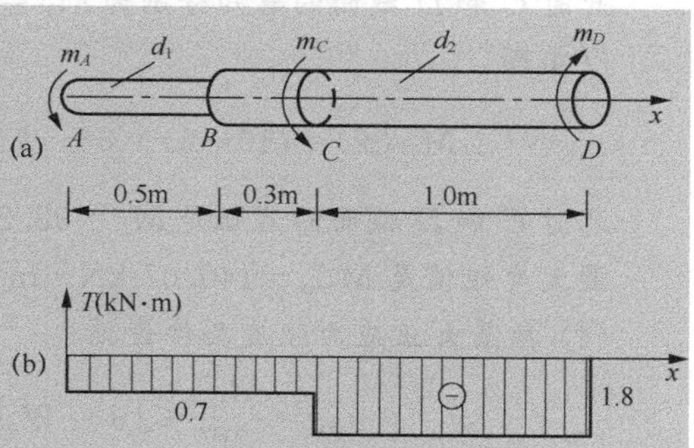

图 6－35

解　AC、CD 段的扭矩分别为 $T_1=-0.7$ kN·m，$T_2=-1.8$ kN·m。扭矩图如图 6－35(b)所示。

虽然 CD 段的扭矩大于 AB 段的扭矩，但 CD 段的直径也大于 AB 段直径，所以对这两段轴均应进行强度校核。

AB 段　$$\tau_{\max}=\frac{T_1}{W_{P1}}=55.7\ \text{MPa}<60\ \text{MPa}=[\tau]$$

CD 段　$$\tau_{\max}=\frac{T_2}{W_{P2}}=26.7\ \text{MPa}<60\ \text{MPa}=[\tau]$$

故该轴满足强度条件。

2．梁弯曲

由式 6－25 得，梁弯曲时切应力强度条件为

$$\tau_{\max}=\frac{Q_{\max}S_{z\max}^{*}}{I_z b}\leqslant[\tau] \tag{6-29}$$

【例 6-12】 如图 6-36(a)所示，起重机下的梁由两根工字钢组成，起重机自重 $F_Q=50$ kN，起重量 $F_P=10$ kN。许用应力$[\sigma]=160$ MPa，$[\tau]=100$ MPa。若暂不考虑梁的自重，试按正应力强度条件选定工字钢型号，然后再按切应力强度条件进行校核。

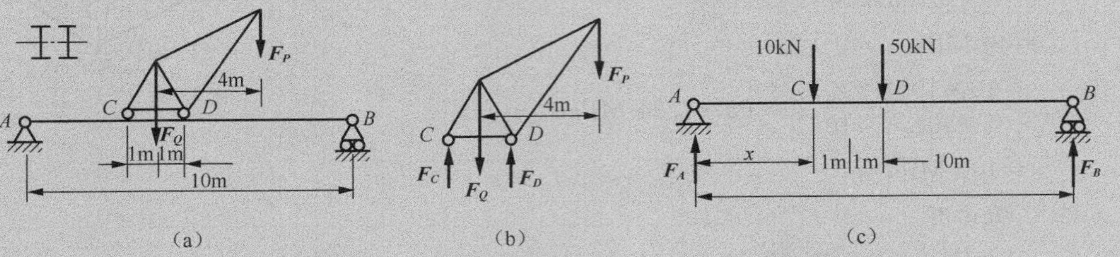

图 6-36

解 (1)分析起重机的受力

如图 6-36(b)所示，由平衡方程求得 C 和 D 的约束反力分别为 $F_C=10$ kN，$F_D=50$ kN。

(2) 分析梁的受力

如图 6-36(c)所示，由平衡方程求得 A 和 B 的约束反力分别为 $F_A=50-6x$，$F_B=10+6x$。

(3) 确定梁内发生最大弯矩时，起重机的位置及最大弯矩值

C 截面：

$$M_C(x)=(50-6x)x,\ \frac{dM_C(x)}{dx}=50-12x=0,\ x=4.17\ \text{m}$$

此时 C 和 D 截面的弯矩分别为 $M_C=104.25$ kN·m，$M_D=134.05$ kN·m。

D 截面：

$$M_D(x)=(10+6x)(8-x),\ \frac{dM_D(x)}{dx}=38-12x=0,\ x=3.17\text{m}$$

此时 C 和 D 截面的弯矩是 $M_C=98.27$ kN·m，$M_D=140.07$ kN·m。

最大弯矩值是 $M_{max}=140.07$ kN·m

(4) 按最大正应力强度条件设计

$$\sigma_{max}=\frac{M_{max}}{2W}\leqslant[\sigma],\ W\geqslant\frac{M_{max}}{2[\sigma]}=\frac{140.07\times10^3}{2\times160\times10^6}=438\ \text{cm}^3$$

查表取 25b 工字钢($W_z=423\ \text{cm}^3$)，并查得 $b=10$ mm，$\frac{I_z}{S_{zmax}^*}=21.3$ cm。

(5) 按切应力强度校核

当起重机行进到最右边时($x=8$ m)，梁内剪应力最大；最大剪力值为 $F_{Smax}=58$ kN。所以

$$\tau_{max}=\frac{F_{Smax}S_{zmax}^*}{2bI_z}=\frac{58\times10^3}{2\times0.01\times0.213}=13.6\ \text{MPa}<[\tau]$$

剪应力强度足够。

四、组合变形构件的强度计算

在工程实际中，有许多杆件在外力作用下会产生两种或两种以上的基本变形，这种情况称为组合变形。

1. 弯曲与拉伸(或压缩)组合

图 6－37(a)所示矩形截面杆,作用于自由端的集中力 F 位于杆的纵向对称面 Oxy 内,并与杆的轴线 y 成一夹角 φ。

令 $\boldsymbol{F}=\boldsymbol{F}_x+\boldsymbol{F}_y$,则有

$$F_x=F\sin\varphi, F_y=F\cos\varphi$$

在轴向分力 F_x 单独作用下,杆将产生轴向拉伸,杆横截面上各点的拉应力均布[图 6－37(b)],其值为

$$\sigma'=\frac{F_N}{A}=\frac{F_x}{A}$$

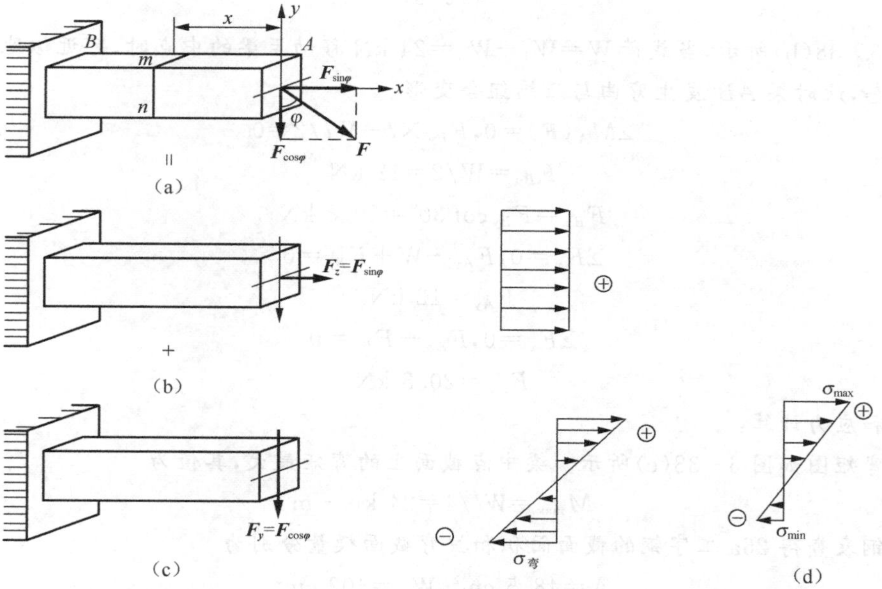

图 6－37

在横向分力 F_y 单独作用下,杆将在 Oxy 内发生平面弯曲,其弯矩方程为

$$M=F_y(l-x)=F(l-x)\cos\varphi \qquad (0<x\leqslant l)$$

横截面上任一点的应力沿其高度方向的变化规律,如图 6－37(c)所示,其值为

$$\sigma''=\frac{My}{I_z}$$

由叠加原理便得横截面上任一点的应力沿其高度方向的变化规律,如图 6－37(d)所示,其值为

$$\sigma=\sigma'+\sigma''=\frac{F_N}{A}+\frac{My}{I_z}$$

固定端右侧相邻横截面为危险截面,危险点位于其上边缘或下边缘处。上边缘或下边缘各点分别产生最大拉应力和最大压应力,其值分别为

$$\left.\begin{matrix}\sigma_{t\max}\\ \sigma_{c\max}\end{matrix}\right\}=\frac{F_N}{A}\pm\frac{M_{\max}}{W_z} \qquad (6-30)$$

【例 6－13】图 6－38(a)所示为悬臂梁吊车的横梁用 25a 工字钢制成,已知:$l=4$ m,$\alpha=30°$,$[\sigma]=100$ MPa,电葫芦重 $W_1=4$ kN,起重量 $W_2=20$ kN。试校核横梁的强度。

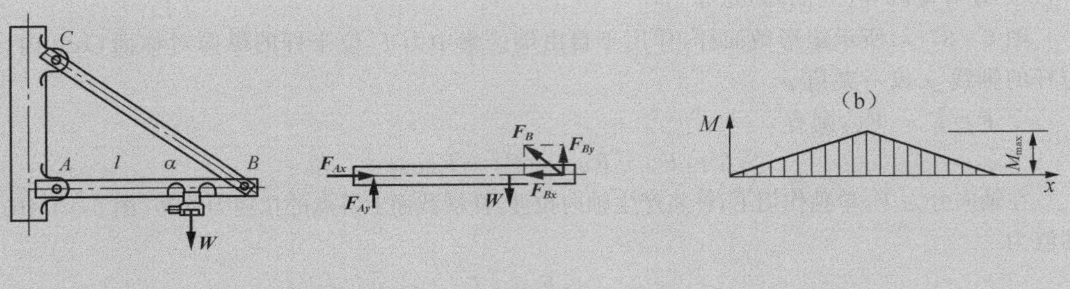

(a)　　(b)　　(c)

图 6-38

解　如图 6-38(b)所示，当载荷 $W=W_1+W_2=24$ kN 移动至梁的中点时，可近似地认为梁处于危险状态，此时梁 AB 发生弯曲与压缩组合变形。

由
$$\Sigma M_A(\boldsymbol{F})=0, F_{By}\times l-Wl/2=0$$
解得
$$F_{By}=W/2=12\ \text{kN}$$
而
$$F_{Bx}=F_{By}\cot 30°=20.8\ \text{kN}$$
由
$$\Sigma F_y=0, F_{Ay}-W+F_{By}=0$$
解得
$$F_{Ay}=12\ \text{kN}$$
由
$$\Sigma F_x=0, F_{Ax}-F_{Bx}=0$$
解得
$$F_{Ax}=20.8\ \text{kN}$$

内力和应力计算：

梁的弯矩图如图 6-38(c)所示。梁中点截面上的弯矩最大，其值为
$$M_{\max}=Wl/4=24\ \text{kN}\cdot\text{m}$$

由型钢表查得 25a 工字钢的截面面积和抗弯截面模量分别为
$$A=48.5\ \text{cm}^2, W_z=402\ \text{cm}^3$$

最大弯曲应力为
$$\sigma_{\max}=\frac{M_{\max}}{W_z}=\frac{24\times10^3}{402\times10^{-6}}\approx59.7\times10^6\ \text{Pa}=59.7\ \text{MPa}$$

梁 AB 所受的轴向压力为
$$F_N=-F_{Bx}=-20.8\ \text{kN}$$

其轴向压应力为
$$\sigma_c=-\frac{F_N}{A}=-4.29\ \text{MPa}$$

梁中点横截面上、下边缘处的总正应力分别为
$$\sigma_{c\max}=-\frac{F_N}{A}-\frac{M_{\max}}{W_z}=-64\ \text{MPa}$$
$$\sigma_{t\max}=-\frac{F_N}{A}+\frac{M_{\max}}{W_z}=55.4\ \text{MPa}$$

强度校核：

因为工字钢的抗拉、抗压能力相同，则 $|\sigma_{c\max}|=64\ \text{MPa}<100\ \text{MPa}=[\sigma]$

此悬臂吊车的横梁安全。

【例 6-14】图 6-39(a)所示为钻床铸铁立柱，已知钻孔力为 $F=15$ kN，力 F 跟立柱中心线的距离 $e=300$ mm。许用拉应力 $[\sigma_t]=32$ MPa，试设计立柱直径 d。

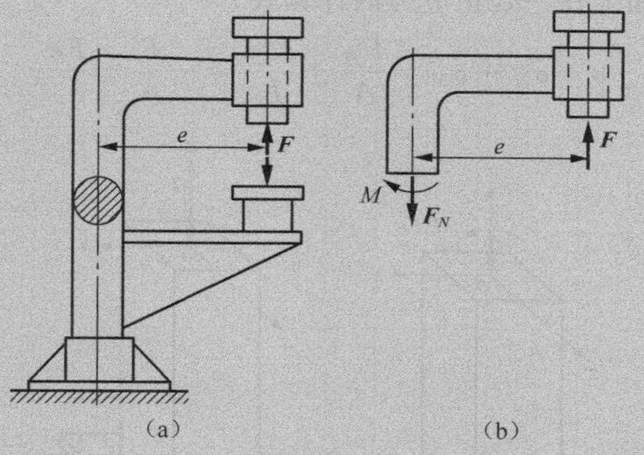

图 6-39

解　图 6-39(b)所示为钻床立柱发生拉伸和弯曲的组合变形。最大拉应力强度条件为

$$\sigma_{t\max}=\frac{4F}{\pi d^2}+\frac{32Fe}{\pi d^3}\leqslant[\sigma_t] \tag{a}$$

得

$$\frac{4\times15\times10^3}{\pi d^2}+\frac{32\times15\times10^3\times300}{\pi d^3}\leqslant32$$

解此三次方程便可求得立柱的直径 d 值，但求解麻烦费时。若 e(偏心距)值较大，首先按弯曲正应力强度条件求出直径 d 的近似值，然后取略大于此值为直径 d，再代入偏心拉伸的强度条件公式中进行校核，逐步增大直径 d 值至满足此强度条件。由 $\frac{M}{W_z}\leqslant[\sigma]$ 有

$$\frac{32\times15\times10^3\times300}{\pi d^3}\leqslant32$$

解得 $d\geqslant112.7$ mm，取 $d=116$ mm，再代入式(a)得

$$\frac{4\times15\times10^3}{\pi\,116^2}+\frac{32\times15\times10^3\times300}{\pi\,116^3}=30.78\leqslant32\ \text{MPa}=[\sigma_t]$$

满足强度条件，最后选用立柱直径 $d=116$ mm。

2. 偏心压缩(拉伸)

根据偏心力作用点位置不同，常见偏心压缩分为单向偏心压缩和双向偏心压缩两种情况，下面分别讨论其强度计算。

(1)单向偏心压缩

当偏心压力 F 作用在截面上的某一对称轴(例如 y 轴)上的 K 点时，杆件产生的偏心压缩称为单向偏心压缩[图 6-40(a)]，这种情况在工程实际中最常见。

① 外力分析

将偏心压力 F 向截面形心简化，得到一个轴向压力 F 和一个力偶矩 $M=Fe$ 的力偶[图 6-40(b)]。

② 内力分析

用截面法可求得任一横截面 $m-m$ 上的内力为

$$F_N=-F\qquad M_z=Fe$$

由外力简化和内力计算结果可知，偏心压缩为轴向压缩和纯弯曲的变形组合。

③ 应力分析

根据叠加原理，将轴力 F_N 对应的正应力 σ_N 与弯矩 M 对应的正应力 σ_M 迭加起来，即得单向偏心压缩时任意横截面上任一处正应力的计算式

$$\sigma=\sigma_N+\sigma_M=\frac{F_N}{A}\pm\frac{My}{I_z}=-\frac{F}{A}\pm\frac{Fe}{I_z}y \tag{6-31}$$

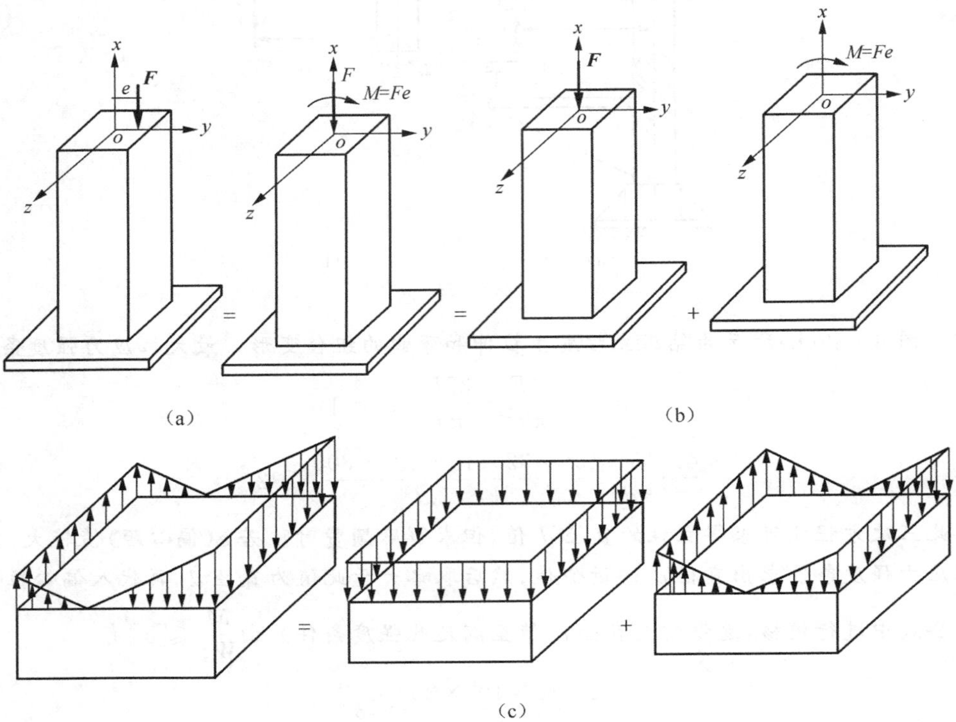

图 6-40

应用式(6-31)计算应力时，式中各量均以绝对值代入，公式中第二项前的正负号通过观察弯曲变形确定，该点在受拉区为正，在受压区为负。

④ 最大应力

若不计柱自重，则各截面内力相同。由应力分布图[图 6-40(c)]可知偏心压缩时的中性轴不再通过截面形心，最大正应力和最小正应力分别发生在横截面上距中性轴最远的左、右两边缘上，其计算公式为

$$\sigma_{\min}^{\max}=-\frac{F}{A}\pm\frac{Fe}{W_z} \tag{6-32}$$

(2) 双向偏心压缩

当外力 F 不作用在对称轴上，而是作用在横截面上任一位置 K 点处时[图 6-41(a)]，产生的偏心压缩称为双向偏心压缩。这是偏心压缩的一般情况，其计算方法和步骤与单向偏心压缩相同。

若用 e_y 和 e_z 分别表示偏心压力 F 作用点到 z、y 轴的距离，将外力向截面形心 O 简化得一轴向压力 F 和对 y 轴的力偶矩 $M_y=Fe_z$，对 z 轴的力偶矩 $M_z=Fe_y$[图 6-41(b)]。

由截面法可求得杆件任一截面上的内力有轴力 $F_N=-F$、弯矩 $M_y=Fe_z$ 和 $M_z=Fe_y$。由此可见，双向偏心压缩实质上是压缩与两个方向纯弯曲的组合，或压缩与斜弯曲的组合变形。

根据叠加原理，可得杆件横截面上任意一点 $C(y,z)$ 处正应力计算式为

$$\sigma=\sigma_N+\sigma_{My}+\sigma_{Mz}=\frac{F_N}{A}\pm\frac{M_z y}{I_z}\pm\frac{M_y z}{I_y}=-\frac{F}{A}\pm\frac{Fe_y}{I_z}y\pm\frac{Fe_z}{I_y}z \tag{6-33}$$

最大和最小正应力发生在截面距中性轴 $N-N$ 最远的角点 E、F 处［图 6-41(c)］。

$$\left.\begin{matrix}\sigma_{\max}^{F}\\ \sigma_{\min}^{E}\end{matrix}\right\}=-\frac{F}{A}\pm\frac{M_z}{W_z}\pm\frac{M_y}{W_y} \tag{6-34}$$

上述各公式同样适用于偏心拉伸，但须将公式中第一项前改为正号。

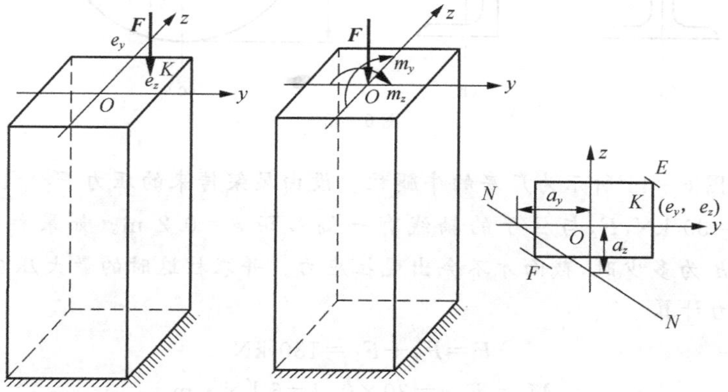

图 6-41

(3) 截面核心

水利等土木建筑工程中常用的砖、石、混凝土等脆性材料，它们的抗拉强度远远小于抗压强度，所以在设计由这类材料制成的偏心受压构件时，要求横截面上不出现拉应力。由式(6-32)、式(6-34)可知，当偏心压力 F 和截面形状、尺寸确定后，应力的分布只与偏心距有关。偏心距愈小，横截面上拉应力的数值也就愈小。因此，总可以找到包含截面形心在内的一个特定区域，当偏心压力作用在该区域内时，截面上就不会出现拉应力，这个区域称为截面核心。如图 6-42 所示的矩形截面杆，在单向偏心压缩时，要使横截面上不出现拉应力，就应使

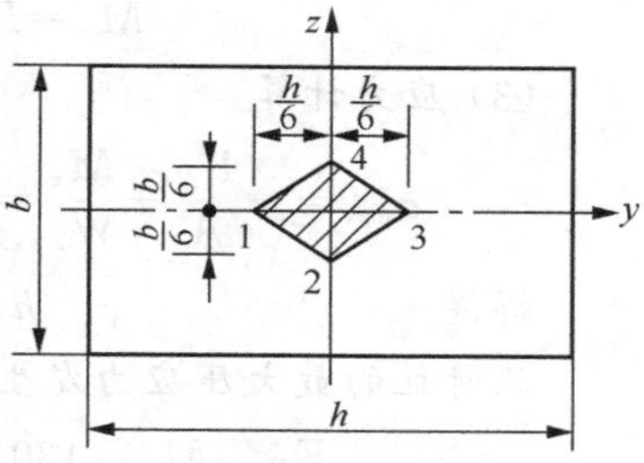

图 6-42

$$\sigma_{\max}^{+}=-\frac{F}{A}\pm\frac{Fe}{W_z}\leqslant 0$$

将 $A=bh$、$W_z=\dfrac{bh^2}{6}$ 代入上式可得

$$1-\frac{6e}{h}\geqslant 0$$

从而得 $e\leqslant\dfrac{h}{6}$，这说明当偏心压力作用在 y 轴上 $\pm\dfrac{h}{6}$ 范围以内时，截面上不会出现拉应力。同理，当偏心压力作用在 z 轴上 $\pm\dfrac{b}{6}$ 范围以内时，截面上不会出现拉应力。当偏心压力不作用在对称轴上时，可以证明将图中 1、2、3、4 点顺次用直线连接所得的菱形，即为矩形截面

核心。常见截面的截面核心如图 6-43 所示。

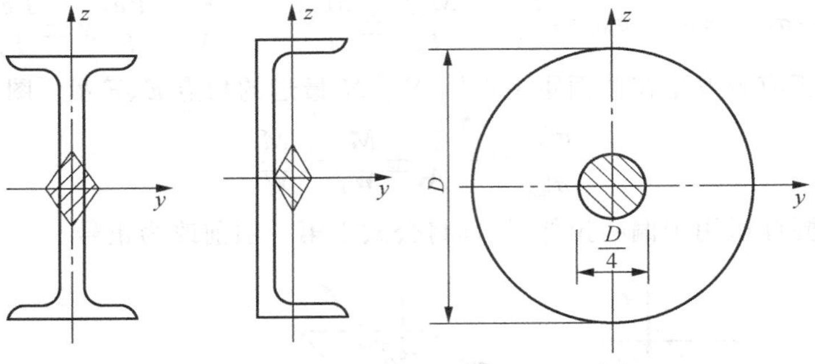

(a) (b) (c)

图 6-43

【例 6-15】图 6-44 所示为厂房的牛腿柱。设由屋架传来的压力 $F_1=100$ kN，由吊车梁传来的压力 $F_2=30$ kN，F_2 与柱子的轴线有一偏心距 $e=0.2$ m。如果柱横截面宽度 $b=180$ mm，试求当 h 为多少时，截面才不会出现拉应力。并求柱这时的最大压应力。

解 (1) 外力计算

$$F=F_1+F_2=130\ \text{kN}$$

$$M_z=F_2e=30\times0.2=6\ \text{kN}\cdot\text{m}$$

(2) 内力计算

用截面法可求得横截面上的内力为

$$F_N=-F=-130\ \text{kN}$$

$$M_z=F_2e=6\ \text{kN}\cdot\text{m}$$

(3) 应力计算

$$\sigma^+_{\max}=-\frac{F_N}{A}+\frac{M_z}{W_z}=-\frac{130\times10^3}{0.18h}+\frac{6\times10^3}{0.18h^2/6}=0$$

解得 $h=0.28$ m

此时柱的最大压应力发生在截面的右边缘各点处，其值为

$$\sigma^-_{\max}=\frac{F_N}{A}+\frac{M_z}{W_z}=\frac{130\times10^3}{0.18h}+\frac{6\times10^3}{0.18h^2/6}=5.13\ \text{MPa}$$

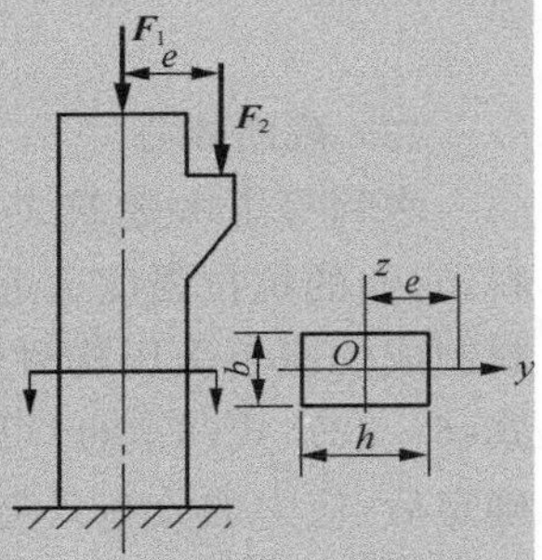

图 6-44

第七节 剪切、挤压的实用计算

一、剪切的实用计算

图 6-45(a)所示为联接螺栓，用截面法求 $m-m$ 截面上的内力，取下段，由 $\Sigma F_x=0$，有

$$Q-F=0$$

解得

$$Q=F$$

力 Q 切于剪切面 $m-m$，称为剪力。实用计算中，假设在剪切面上切应力是均匀分布的如图 6-45(b)所示，若以 A 表示剪切面面积，则构件剪切面上的平均切应力为

$$\tau = \frac{Q}{A} \tag{6-35}$$

剪切强度条件为

$$\tau = \frac{Q}{A} \leqslant [\tau] \tag{6-36}$$

剪切许用应力$[\tau]$，可从有关设计手册中查得。

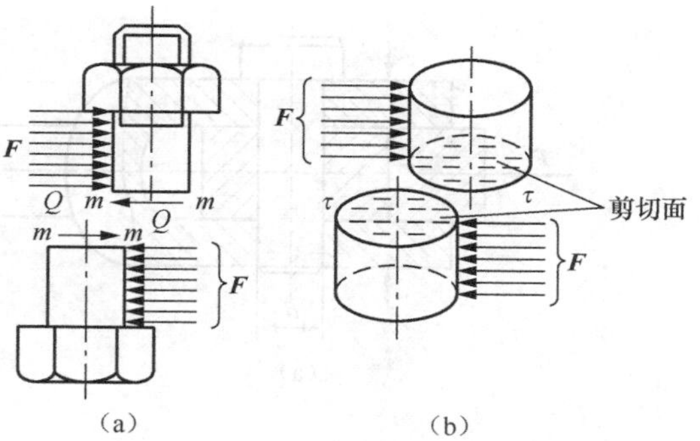

图 6-45

二、挤压的实用计算

机械中的联接件，承受剪切作用的同时，在传力的接触面间互相挤压而产生局部变形的现象，称为挤压。图 6-46(a)所示就是螺栓孔被压成长圆孔的情况，当然，螺栓也可能被挤压成扁圆柱。

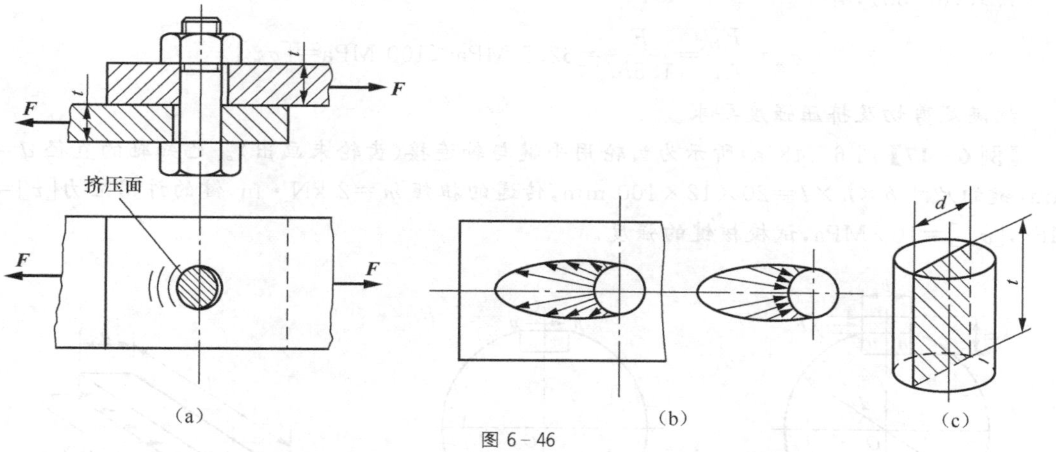

图 6-46

作用于接触面上的压力，称为挤压力，以 F_{bs} 表示。挤压面上的压强，称为挤压应力，以 σ_{bs} 表示。挤压应力分布一般比较复杂[图 6-46(b)]。实用计算中，假设在挤压面上挤压应力是均匀分布的。则构件挤压面上的平均挤压应力为

$$\sigma_{bs} = \frac{F_{bs}}{A_{bs}} \tag{6-37}$$

挤压强度条件为

$$\sigma_{bs} = \frac{F_{bs}}{A_{bs}} \leqslant [\sigma_{bs}] \tag{6-38}$$

式中$[\sigma_{bs}]$为材料的许用挤压应力；A_{bs}为挤压面积，当接触面为平面时，A_{bs}就是接触面面积；当接触面为圆柱面时，以圆柱面的正投影作为A_{bs}。如图 6-46(c)所示，$A_{bs}=dt$。

【例 6-16】 电平车挂钩由插销联接[图 6-47(a)]。插销材料为 20 号钢，$[\tau]=30$ MPa，$[\sigma_{bs}]=100$ MPa，直径 $d=20$ mm。挂钩及被联接的板件的厚度分别为 $t=8$ mm 和 $1.5t=12$ mm。牵引力 $F=15$ kN。试校核插销的剪切和挤压强度。

解　插销受力如图 6-47 (b)所示。插销中段相对于上、下两段，沿 $m-m$ 和 $n-n$ 两个面向左错动。所以有两个剪切面，称为双剪切。

由　　$\Sigma F_x=0,\quad 2Q-F=0$

解得　　$Q=F/2$

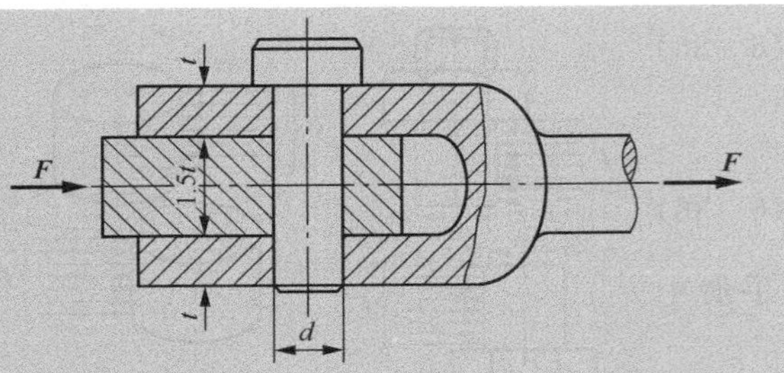

(a)

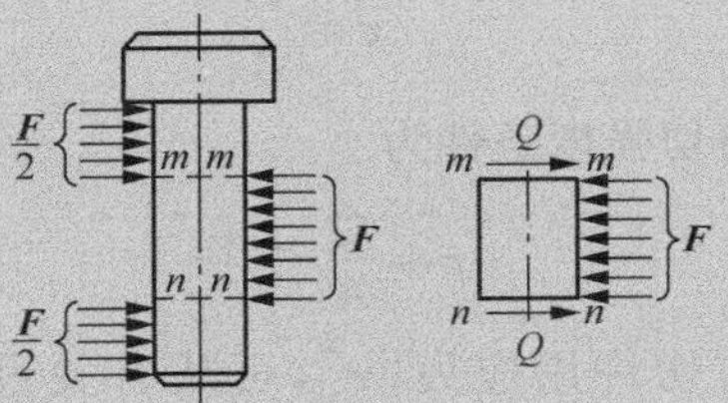

(b)

图 6-47

由式(6-36),有

$$\tau=\frac{Q}{A}=\frac{2F}{\pi d^{2}}=23.9\ \text{MPa}<30\ \text{MPa}=[\tau]$$

由式(6-38),有

$$\sigma_{bs}=\frac{F_{bs}}{A_{bs}}=\frac{F}{1.5td}=62.5\ \text{MPa}<100\ \text{MPa}=[\sigma_{bs}]$$

故满足剪切及挤压强度要求。

【例 6-17】图 6-48(a)所示为齿轮用平键与轴连接(齿轮未画出)。已知轴的直径 $d=70$ mm,键的尺寸 $b\times h\times l=20\times12\times100$ mm,传递的扭矩 $m=2$ kN·m,键的许用应力$[\tau]=60$ MPa,$[\sigma_{bs}]=100$ MPa,试校核键的强度。

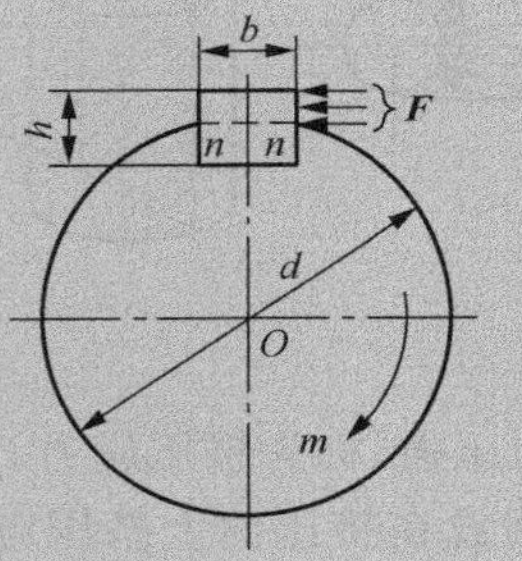

(a)

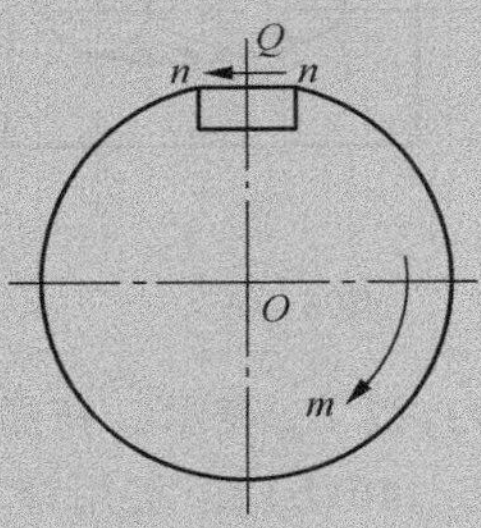

(b)

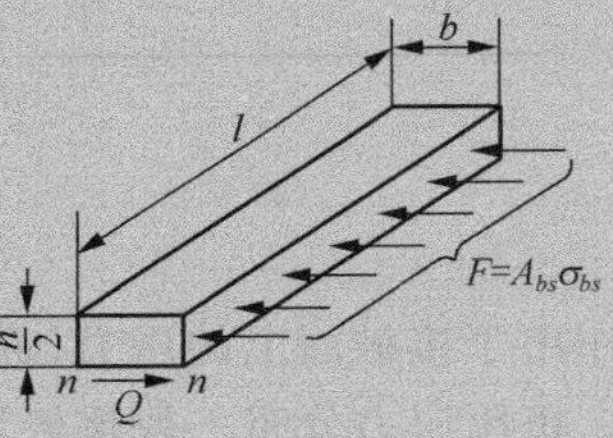

(c)

图 6-48

解 如图 6-48(b) 所示,$n-n$ 剪切面上的剪力 Q 为

$$Q=A\tau=bl\tau$$

由 $$\Sigma M_0=0,\quad Qd/2-m=0$$

解得 $$\tau=\frac{2m}{bld}=\frac{2\times200}{20\times100\times70\times10^{-9}}=28.6\ \text{MPa}<60\ \text{MPa}=[\tau]$$

此键满足剪切强度条件

如图 6-48(c) 所示,右侧面上的挤压力为

$$F=A_{bs}\sigma_{bs}=\frac{h}{2}l\sigma_{bs}$$

由 $$\Sigma F_x=0,\quad Q-F=0$$

解得 $$\sigma_{bs}=\frac{2b\tau}{h}=\frac{2\times20\times28.6}{12}=95.3\ \text{MPa}<100\ \text{MPa}=[\sigma_{bs}]$$

此键满足挤压强度条件。

思　考　题

6-1　拉压杆斜截面上的应力公式是如何建立的，最大正应力与最大切应力各位于何截面，其值为何，正应力、切应力与方位角的正负号是如何规定的。

6-2　从强度方面考虑，空心圆截面轴何以比实心圆截面轴合理。

6-3　矩形截面梁弯曲时，横截面上的弯曲切应力是如何分布的，如何计算最大弯曲切应力。

6-4　如何判断构件的危险截面，其危险点如何确定。

6-5　什么是材料的屈服极限和名义屈服极限。

6-6　什么是极限应力和许用应力，安全系数的选择与哪些因素有关。

6-7　什么是形心主惯性矩。

6-8　数值$\frac{\pi D^3}{16}$、$\frac{\pi D^3}{32}$、$\frac{\pi(D^4-d^4)}{16}$、$\frac{bh^2}{6}$分别是什么截面图形的什么几何参数。

6-9　对两种组合变形构件总述其计算危险点应力的解题一般步骤。

6-10　什么叫截面核心，为什么工程中将偏心压力控制在受压杆件的截面核心范围内。

6-11　挤压面和计算挤压面是否相同，举例说明。

6-12　什么是挤压，挤压和压缩有什么区别。

习　题　六

6-1　图示阶梯形圆截面杆AC，承受轴向载荷$F_1=200$ kN与$F_2=100$ kN，AB段的直径$d_1=40$ mm。如欲使BC与AB段的正应力相同，试求BC段的直径。

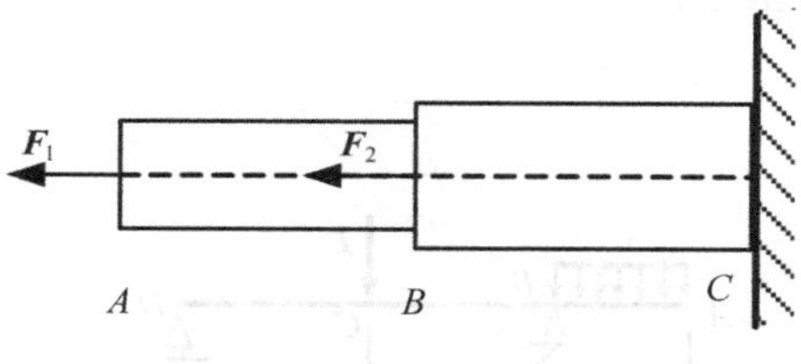

习题6-1图

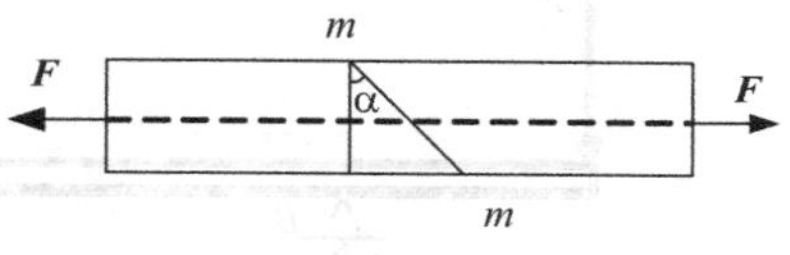

习题6-2图

6-2　图示轴向受拉等截面杆，横截面面积$A=500$ mm²，载荷$F=50$ kN。试求图示斜截面($\alpha=30°$)$m-m$上的正应力与切应力，以及杆内的最大正应力与最大切应力。

6-3　图示结构中AC为钢杆，横截面面积$A_1=200$ mm²，许用应力$[\sigma]_1=160$ MPa；BC为铜杆，横截面面积$A_2=300$ mm²，许用应力$[\sigma]_2=100$ MPa。试求许可用载荷$[F]$。

6-4　空心圆截面轴，外径$D=40$ mm，内径$d=20$ mm，扭矩$T=1$ kN·m，试计算距轴心15 mm处的扭转切应力，以及横截面上的最大与最小扭转切应力。

6-5　图示横截面为75 mm×75 mm的正方形木柱，承受轴向压缩，欲使木柱任意横截面上的正应力不超过2.4 MPa，切应力不超过0.77 MPa，试求其最大载荷$F=$？

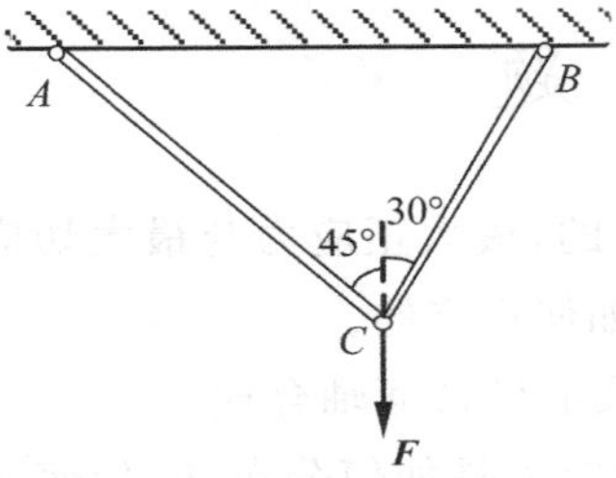

习题 6-3 图

习题 6-5 图

6-6　一阶梯轴其计算简图如图 6-6 所示，已知许用切应力$[\tau]$=60 MPa，D_1=22 mm，D_2=18 mm，求许可的最大外力偶矩 M_e。

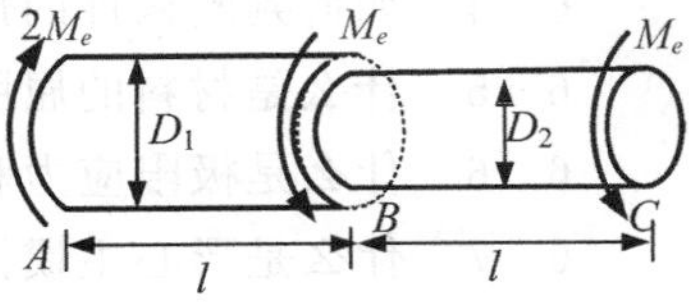

习题 6-6 图

6-7　截面为空心和实心的两根受扭圆轴，材料、长度和受力情况均相同，空心轴外径为 D，内径为 d，且 $d/D=0.8$。试求当两轴具有相同强度（$[\tau]_{实\max}=[\tau]_{空\max}$）时的重量比。

6-8　一传动轴，主动轮 A 输入功率为 $P_A=36.8$ kW，从动轮 B、C、D 的输出功率分别为 $P_B=P_C=11.0$ kW，$P_D=14.8$ kW，轴的转速为 $n=300$ r/min。轴的许用切应力$[\tau]$=40 MPa，试按照强度条件设计轴的直径。

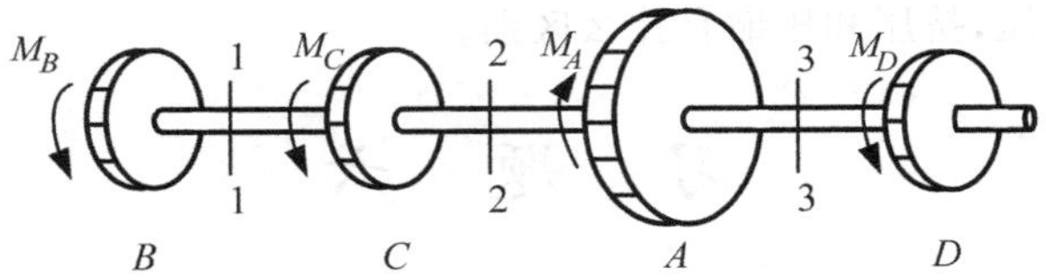

习题 6-8 图

6-9　如图所示外伸梁上面作用一已知载荷 20 kN，梁的尺寸如图所示，梁的横截面采用工字钢，许用应力$[\sigma]$=60 MPa。试选择工字钢的型号。

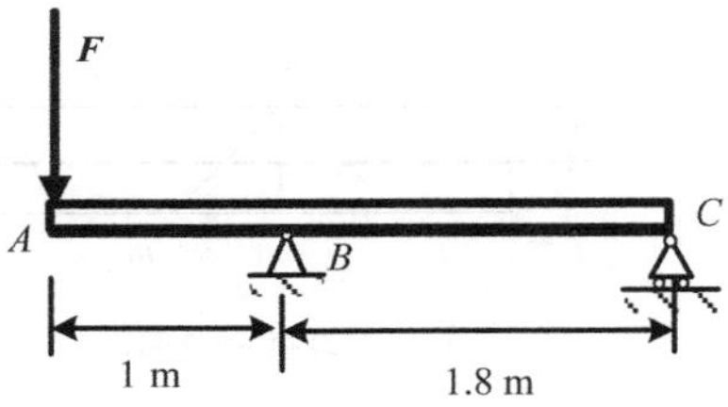

习题 6-9 图

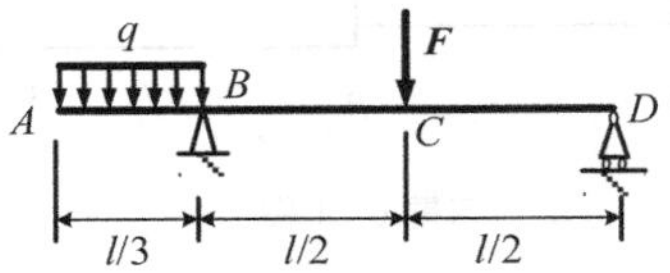

习题 6-10 图

6-10　如图所示为一外伸工字型钢梁，工字型钢的型号为 22a，梁上载荷如图所示，已知 $l=6$ m，$F=30$ kN，$q=6$ kN/m，材料的许用应力为$[\sigma]$=170 MPa，$[\tau]$=100 MPa。试校核梁的强度。

6-11　铸铁制成的槽型截面梁，C 为截面形心，$I_z=40\times10^6$ mm^4，$y_1=140$ mm，$y_2=60$ mm，$l=4$ m，$q=20$ kN/m，$M_e=20$ kN·m，$[\sigma_t]$=40 MPa，$[\sigma_c]$=150 MPa。(1)作出最大正弯矩和最大负弯矩所在截面的应力分布图，并标明应力数值；(2)校核梁的强度。

6-12　矩形截面木拉杆的接头如图所示。已知轴向拉力 $F=50$ kN，截面宽度 $b=250$

mm，木材的顺纹许用挤压应力$[\sigma_{bs}]=10$ MPa，顺纹许用切应力$[\tau]=1$ MPa。试求接头处所需的尺寸 l 和 a。

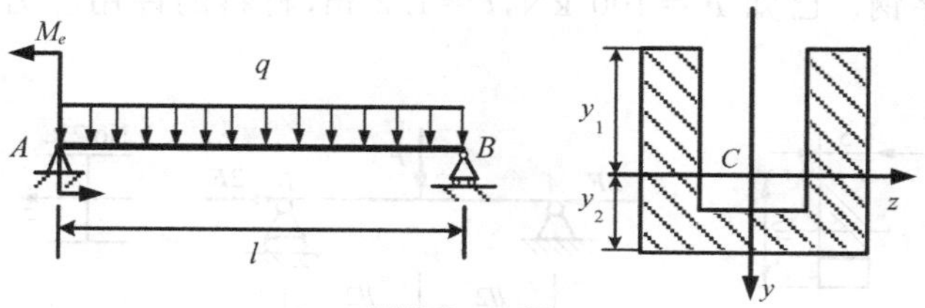

习题 6-11 图

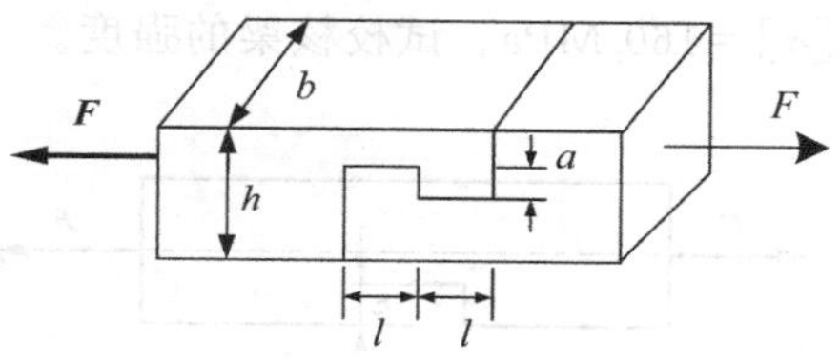

习题 6-12 图

6-13　图示螺栓联接，已知外力 $F=200$ kN，板厚度 $t=20$ mm，板与螺栓的材料相同，其许用切应力$[\tau]=80$ MPa，许用挤压应力$[\sigma_{bs}]=200$ MPa，试设计螺栓的直径。

6-14　图示一销钉受拉力 F 作用，销钉头的直径 $D=32$ mm，$h=12$ mm，销钉杆的直径 $d=20$ mm，许用切应力$[\tau]=120$ MPa，许用挤压应力$[\sigma_{bs}]=300$ MPa，$[\sigma]=160$ MPa。试求销钉可承受的最大拉力 F_{max}。

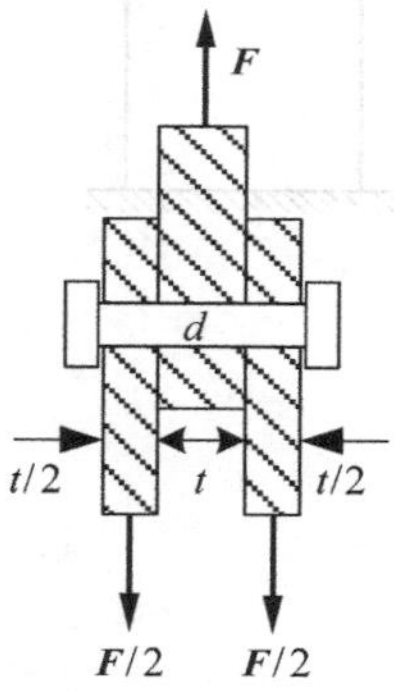

习题 6-13 图

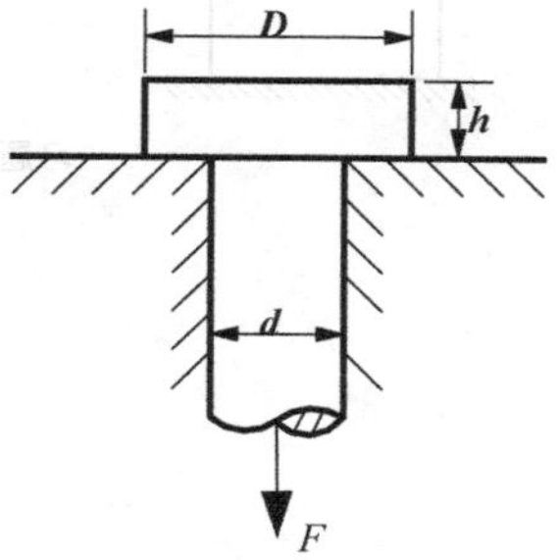

习题 6-14 图

6-15　图示冲床的冲头，在 F 力的作用下，冲剪钢板，设板厚 $t=10$ mm，板材料的剪切强度极限 $\tau_b=360$ MPa，当需冲剪一个直径 $d=20$ mm 的圆孔，试计算所需的冲力 F 等于多少。

6-16　试求图示平面图形的形心位置，并计算平面图形对 z 轴的静矩。（单位：m）

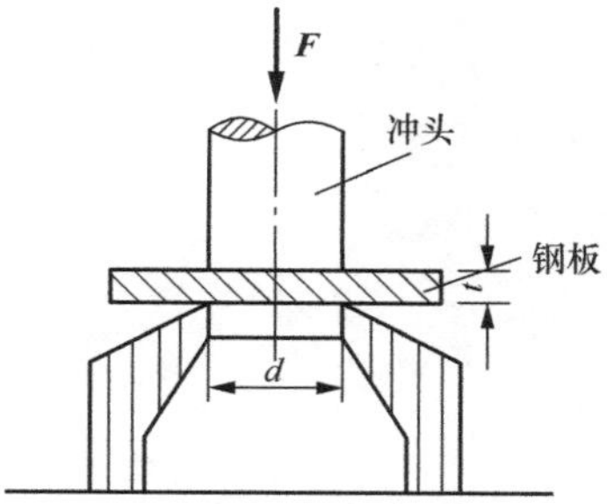

习题 6-15 图

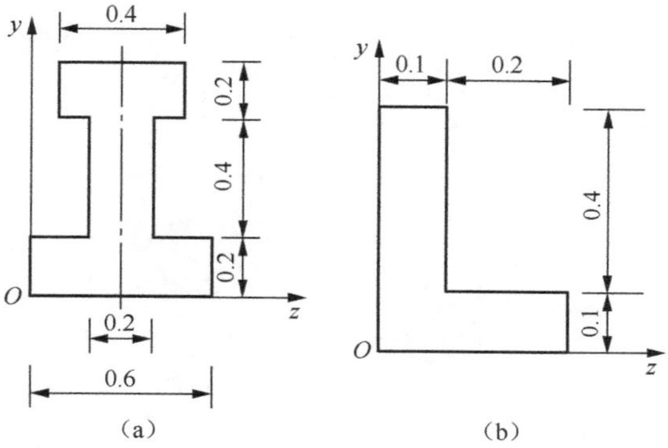

习题 6-16 图

6－17　图示杆件轴向拉力 $F=12$ kN，材料的许用应力$[\sigma]=100$ MPa。试求切口的允许深度。

6－18　图示简支梁为 No.22a 工字钢。已知 $F=100$ kN，$l=1.2$ m，材料的许用应力$[\sigma]=160$ MPa。试校核梁的强度。

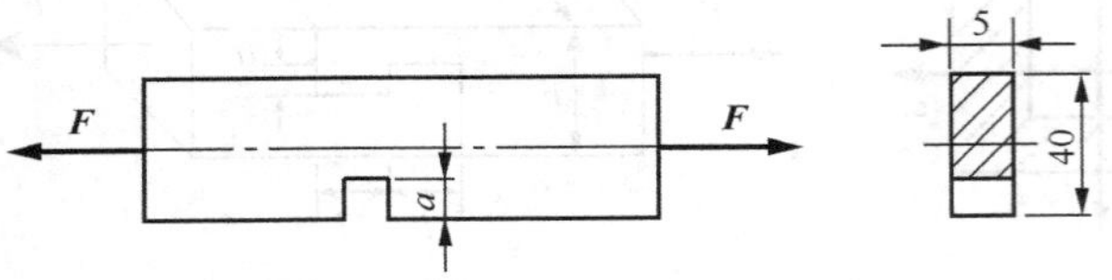

习题 6－17 图

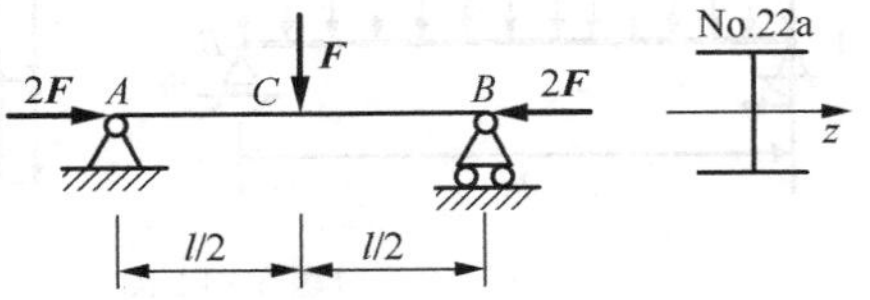

习题 6－18 图

6－19　求图示的杆件去掉其中一个力 F 前后横截面的最大压应力之比。

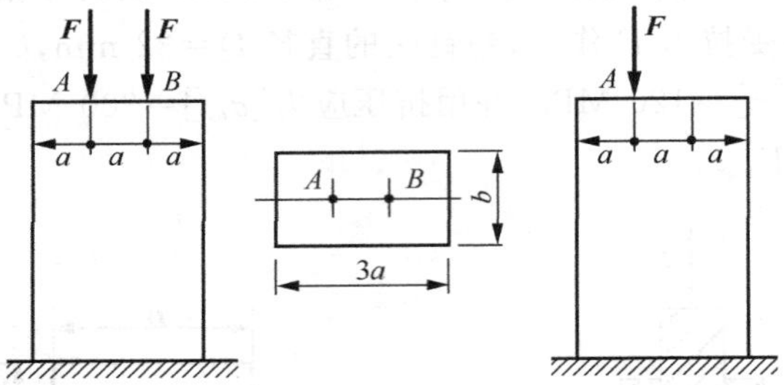

习题 6－19 图

第七章 杆件的刚度计算

在某些情况下，虽然承受外力的杆件不发生破坏，但若其弹性变形超过允许限度，也将导致其不能正常工作。例如电机的转子和定子之间的间隙（如图 7－1 所示）一般很小，若转轴变形过大，运转时转子与定子可能碰撞；而且还将导致轴承的不均匀磨损。所以，对有些杆件，其具有足够强度的同时，应有足够的刚度。

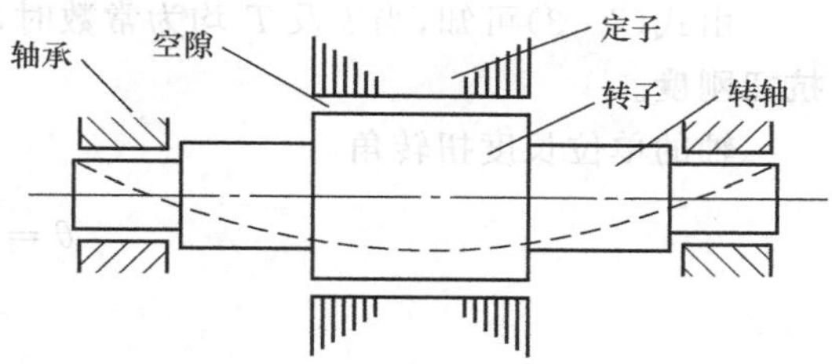

图 7－1

第一节　直杆的轴向变形和扭转角

一、直杆的轴向变形

图 7－2 所示为一圆杆。其原长为 l，直径为 d，截面面积 A，在拉力 F 作用下，杆长由 l 变为 l_1，则

$$\Delta l = l_1 - l \tag{a}$$

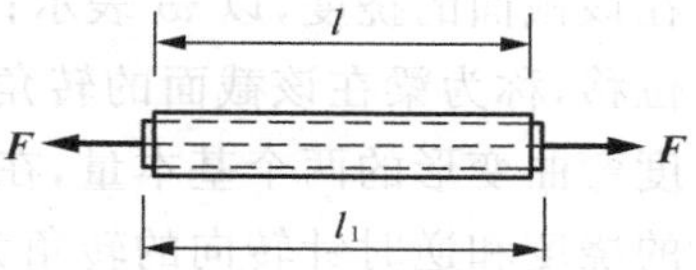

图 7－2

Δl 称为杆件的轴向绝对变形。由于轴向拉伸时，杆的轴向变形沿轴线均匀分布，故其轴向线应变为

$$\varepsilon = \Delta l / l \tag{b}$$

杆横截面上的应力为

$$\sigma = F/A \tag{c}$$

$$\sigma = E\varepsilon \tag{d}$$

上述关系式称为**虎克定律**。比例系数 E 称为材料的弹性模量，其值随材料而异，并由试验测定。弹性模量的常用单位为 GPa（吉帕），1GPa＝10^9 Pa

将式(b)、(d)代入式(c)，得

$$\Delta l = \frac{Fl}{EA} \tag{7-1}$$

式(7－1)表明：**在弹性范围内，杆的轴向绝对变形 Δl 与所加的拉力 F 及杆长 l 成正比，而与杆横截面面积 A 成反比**。这是虎克定律的另一表达形式。上述结果同样适用于轴向压缩情况。

由式(7－1)可知，当 l 及 F 均为常数时，EA 越大则变形 Δl 越小，所以 EA 称为杆件的**抗拉(压)刚度**。

二、圆轴的扭转角

将 $\theta=\dfrac{d\varphi}{dx}$ 代入式(6－11)并积分，便得相距为 l 的两个截面间的扭转角 φ 为

$$\varphi=\int_l d\varphi=\int_l \frac{T}{GI_p}dx \tag{7－2}$$

若相距为 l 的两个截面间的 T、G、I_p 均不变，则此二截面间扭转角为

$$\varphi=\frac{Tl}{GI_p} \tag{7－3}$$

由式(7－3)可知，当 l 及 T 均为常数时，GI_P 越大则扭转角 φ 越小，所以 GI_P 称为圆轴的**抗扭刚度**。

轴的单位长度扭转角

$$\theta=\frac{\varphi}{l}=\frac{T}{GI_P} \tag{7－4}$$

第二节　直杆的横向变形和转角

一、挠度和转角

直梁在平面弯曲时，杆件的轴线将变为其纵向对称平面内的一条平面曲线（如图 7－3 所示），该曲线称为梁的挠曲线，它是 x 的函数 $y=w(x)$。任一横截面的形心沿 y 轴方向的线位移（横向变形），称为梁在该截面的挠度，以 w 表示；任一横截面相对其原方位的角位移，称为梁在该截面的转角，以 θ 表示。挠度和转角是量度弯曲变形的两个基本量，在图 7－3 所示的坐标系中，向上的挠度和逆时针转向的转角为正，反之为负。因为横截面变形前、后均垂直于轴线，在小变形的情况下，则有

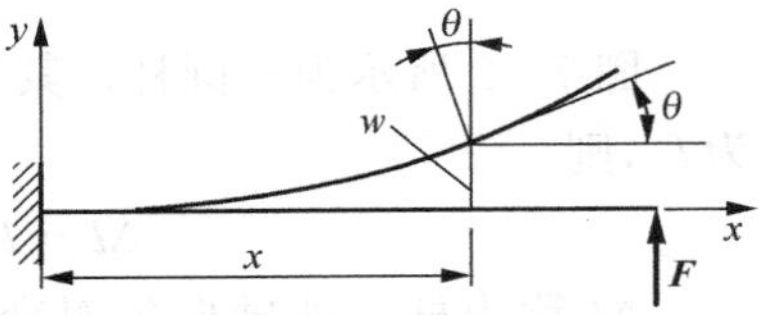

图 7－3

$$\theta\approx\tan\theta=\frac{dy}{dx}=w'(x) \tag{7－5}$$

由上式可知，若求出梁的挠曲线 $y=w(x)$，便可求得任一点的挠度 w 和任一截面的转角 θ。

二、挠曲线的近似微分方程

式(6－5)为挠曲线的曲率与弯矩的关系式，即

$$\frac{1}{\rho}=\frac{M(x)}{EI_z} \tag{a}$$

对于剪切弯曲变形，若 $l/h\geqslant5$ 时，剪力 F_s 对弯曲变形的影响很小，可略去不计，式(a)仍然适用，而且此时的 M 与 ρ 均为 x 的函数。

平面曲线的曲率为

$$\frac{1}{\rho}=\pm\frac{y''}{[1+(y')^2]^{3/2}} \tag{b}$$

如图 7－4 所示，弯矩的正负号与挠曲线曲率的正负号相同，将式(a)代入式(b)，得

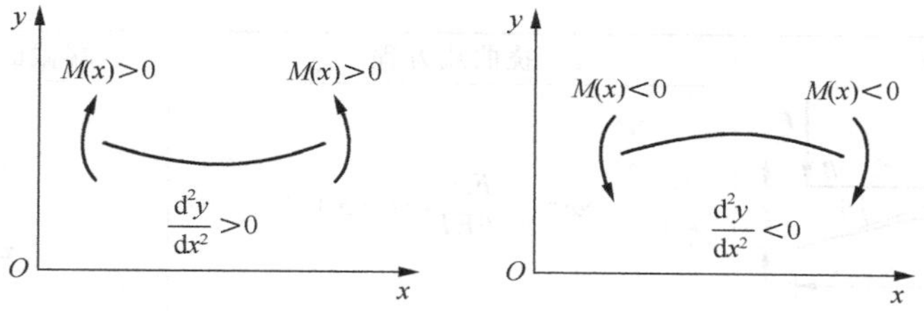

图 7-4

$$\frac{y''}{[1+(y')^2]^{3/2}}=\frac{M(x)}{EI_z} \tag{7-6}$$

上式为梁弯曲的挠曲线微分方程。因为 $y'\approx\theta$ 很小，$(y')^2$ 就更小，其与 1 相比可略去，便可得挠曲线的近似微分方程为

$$y''=\frac{M(x)}{EI_z} \tag{7-7}$$

将式(7-7)连续积分，分别得

$$\left.\begin{aligned}\theta=y'&=\int\frac{M(x)}{EI}\mathrm{d}x+C\\ w=y&=\iint\frac{M(x)}{EI}\mathrm{d}x\mathrm{d}x+Cx+D\end{aligned}\right\} \tag{7-8}$$

对于等截面直梁，EI 为常数，则上式可改写为

$$\left.\begin{aligned}EI\theta&=\int M(x)\mathrm{d}x+C\\ EIw&=\iint M(x)\mathrm{d}x\mathrm{d}x+Cx+D\end{aligned}\right\} \tag{7-9}$$

应用式(7-8)或(7-9)时应注意，若弯矩方程需要分段建立时，则应分段积分；式中积分常数 C、D，可由挠曲线上任一点处(弯矩方程的分界处、支座处或变截面处等)，其左右截面的转角和挠度分别相等且唯一的连续条件来确定。

尽管积分法是求梁的变形的基本方法，但其运算烦杂。而实际工程中常求某些特定截面的转角和挠度，为方便起见，用叠加法计算梁上特定截面的转角和挠度。

三、用叠加法计算梁的变形

在小变形、线弹性的前提下，梁的挠度和转角与载荷之间为线性关系。为此，梁在 M、q、F 等载荷同时作用下的变形等于各载荷单独作用时引起变形的代数和。

首先将复杂荷载分解为若干简单载荷，然后从表 7-1 中查得每一种载荷单独作用时引起的变形，并将其进行叠加，便可方便地求出梁的变形。

表 7-1　梁在简单载荷作用下的变形

梁的简图	挠曲线方程	端截面转角和最大挠度
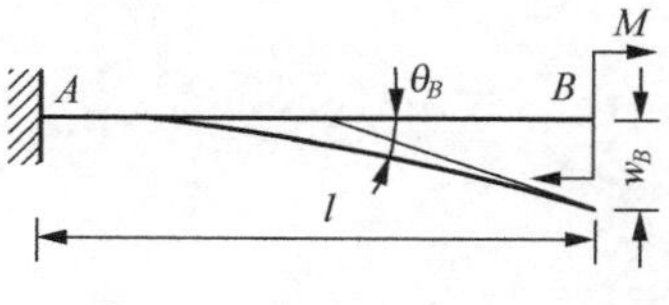	$w=-\frac{Mx^2}{2EI}$	$\theta_B=-\frac{Ml}{EI}$ $w_B=-\frac{Ml^2}{2EI}$

续表

梁的简图	挠曲线方程	端截面转角和最大挠度
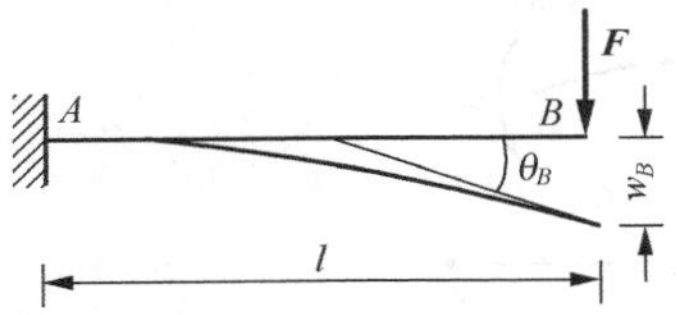	$w=-\frac{Fx^2}{6EI}(3l-x)$	$\theta_B=-\frac{Fl^2}{2EI}$ $w_B=-\frac{Ml^2}{3EI}$
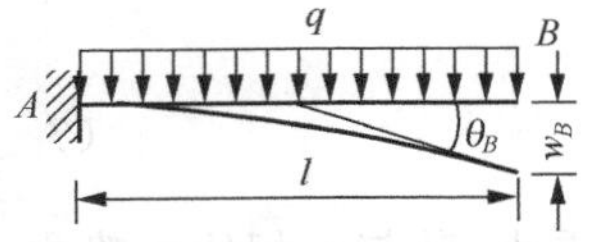	$w=-\frac{qx^2}{24EI}(x^2-4lx+6l^2)$	$\theta_B=-\frac{ql^3}{6EI}$ $w_B=-\frac{ql^4}{8EI}$
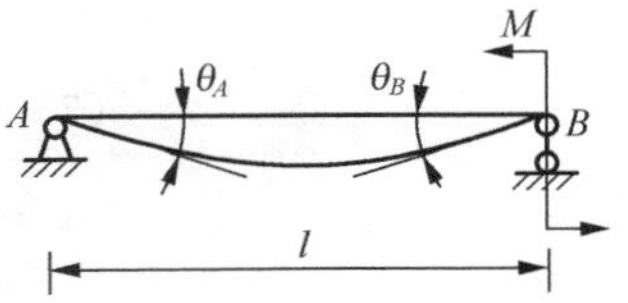	$w=-\frac{Mx}{6EIl}(l^2-x^2)$	$\theta_B=-\frac{Ml}{6EI}$, $\theta_B=\frac{Ml}{3EI}$ $w_{max}=-\frac{Ml^2}{9\sqrt{3}EI}\left(x=\frac{\sqrt{3}}{3}l\right)$ $w_{l/2}=-\frac{Ml^2}{16EI}$
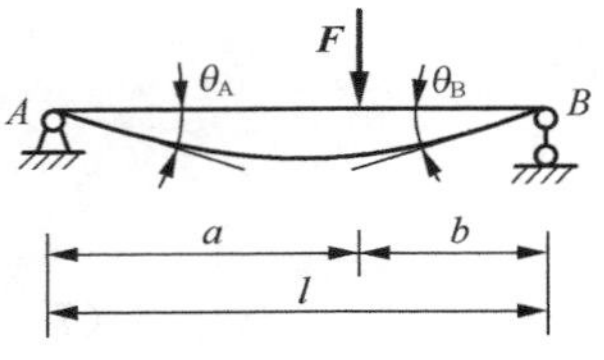	$w=-\frac{Fbx}{6EIl}(l^2-x^2-b^2)$ $(0\leqslant x\leqslant a)$ $w=-\frac{Fb}{6EIl}\left[\frac{l}{b}(x-a)^3+(l^2-b^2)x-x^3\right]$ $(a\leqslant x\leqslant l)$	$\theta_A=-\frac{Fab(l+b)}{6EIl}$ $\theta_B=\frac{Fab(l+a)}{6EIl}$ $w_{l/2}=-\frac{Fb(3l^2-4b^2)}{48EI}$ $(a>b)$
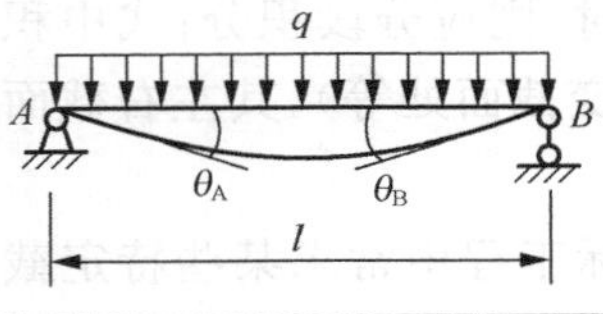	$w=-\frac{qx}{24EI}(l^3-2lx^2+x^3)$	$\theta_A=-\theta_B=-\frac{ql^3}{24EI}$ $w_{max}=-\frac{5ql^4}{384EI}\left(x=\frac{l}{2}\right)$

【例 7-1】 图 7-5(a)所示为悬臂梁 AB,在自由端 B 受集中力 F 和力偶 M 作用。已知 EI 为常数,试用叠加法求自由端的转角和挠度。

(a) (b)

图 7-5

解 如图 7-5 所示,梁的变形等于(b)和(a)两种情况的代数和。

在力 F 作用下,由表 7-1 得

$$\theta_{BF}=-\frac{Fl^2}{2EI},\ w_{BF}=-\frac{Fl^3}{3EI}$$

在力偶 M 作用下,由表 7-1 得

$$\theta_{BM}=\frac{Ml}{EI}, \ w_{BM}=\frac{Ml^2}{2EI}$$

叠加得

$$\theta_B=\theta_{BF}+\theta_{BM}=-\frac{Fl^2}{2EI}+\frac{Ml}{EI}$$

$$w_B=w_{BF}+w_{BM}=-\frac{Fl^3}{3EI}+\frac{Ml^2}{2EI}$$

第三节　杆件的刚度计算

在工程实际中，对于轴向拉(压)杆，除极特殊情况外，一般不会因其变形过大而影响正常使用，因此一般不考虑其变形。而对于扭转轴和平面弯曲梁及发生组合变形的构件则需要考虑刚度问题。

一、轴的刚度条件

扭转轴在满足强度条件的同时，要求其最大单位长度扭转角 θ_{max} 不应大于许用单位长度扭转角$[\theta]$，则轴的刚度条件为

$$\theta_{max}=\frac{T}{GI_P}\leqslant[\theta] \tag{7-10}$$

式中$[\theta]$的单位是 rad/m；若以°/m 为单位，则轴的刚度条件为

$$\theta_{max}=\frac{T}{GI_P}\times\frac{180}{\pi}\leqslant[\theta] \tag{7-11}$$

【例 7-2】 有一闸门启闭机的传动轴。已知：材料为 45 号钢，剪切弹性模量 $G=79$ GPa，许用切应力$[\tau]=88.2$ MPa，许用单位长度扭转角$[\theta]=0.5°/m$，使原轴转动的电动机功率为 16 kW，转速为 3.86 r/min，试根据强度条件和刚度条件选择圆轴的直径。

解　(1)计算传动轴传递的扭矩

$$T=m=9550\frac{P}{n}=9550\frac{16}{3.86}=39.59\ \text{kN}\cdot\text{m}$$

(2) 由强度条件确定圆轴的直径

由式(6-28)有

$$W_P\geqslant\frac{T}{[\tau]}=0.4488\times10^{-3}\ \text{m}^3$$

而 $W_P=\frac{\pi d^3}{16}$，则

$$d\geqslant\sqrt[3]{\frac{16W_P}{\pi}}=131\ \text{mm}$$

(3) 由刚度条件确定圆轴的直径

由式(7-11)有

$$I_P\geqslant\frac{T}{G[\theta]}\times\frac{180}{\pi}$$

而 $I_P=\frac{\pi d^4}{32}$，则

$$d \geqslant \sqrt[4]{\frac{32T}{\pi G[\theta]} \times \frac{180}{\pi}} = 155 \text{ mm}$$

选择圆轴的直径 $d=160$ mm。既满足强度条件又满足刚度条件。

【例 7-3】 一电机的传动轴传递的功率为 30 kW，转速为 1400 r/min，直径为 40 mm，轴材料的许用切应力 $[\tau]=40$ MPa，剪切弹性模量 $G=80$ GPa，许用单位长度扭转角 $[\theta]=1°/\text{m}$，试校核该轴的强度和刚度。

解 (1)计算扭矩

$$T=m=9550\frac{P}{n}=9550\frac{30}{1400}=204.6 \text{ N}\cdot\text{m}$$

(2) 强度校核

由式(6-28)有

$$\tau_{\max}=\frac{T}{W_P}=\frac{16\times 204.6}{\pi\times(40\times 10^{-3})^3}=16.3 \text{ MPa}<40 \text{ MPa}=[\tau]$$

(3) 刚度校核

由式(7-11)有

$$\theta=\frac{T}{GI_P}\times\frac{180}{\pi}=\frac{32\times 204.6}{80\times 10^9\times\pi\times(40\times 10^{-3})^4}\times\frac{180}{\pi}=0.58°/\text{m}<1°/\text{m}=[\theta]$$

该传动轴既满足强度条件又满足刚度条件。

二、梁的刚度条件

在工程实际中，梁在载荷作用下，要求其最大挠度和转角不得超过某一规定数值，则梁的刚度条件为

$$\left.\begin{array}{l}|w|_{\max}\leqslant[w]\\|\theta|_{\max}\leqslant[\theta]\end{array}\right\} \qquad (7-12)$$

式中 $[w]$ 和 $[\theta]$ 分别为规定的许用挠度和许用转角，可从有关的设计规范中查得。

【例 7-4】 图 7-6 所示为单梁吊车简图，由 45b 号工字钢制成，其跨度 $l=10$ m。已知：起重量为 50 kN，材料的弹性模量 $E=210$ GPa，梁的许用挠度 $[w]=l/500$。试校核该梁的刚度。

解 梁的自重为均布载荷；当外力作用在梁跨中点时，梁所产生的挠度最大。

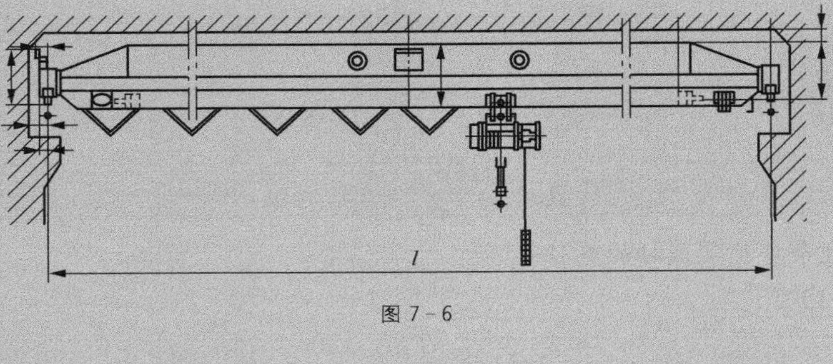

图 7-6

(1) 计算变形

由型钢表查得，梁的自重及惯性矩分别为 $q=874$ N/m，$I=33760\times 10^{-8}$ m^4

因 F 和 q 而引起的最大挠度均位于梁跨中点 C，由表 7-1 查得

$$w_{CF}=\frac{Fl^3}{48EI}=\frac{50\times10^3\times10^3\times10^3}{48\times210\times10^9\times33760\times10^{-8}}=14.69\ \text{mm}$$

$$w_{cq}=\frac{5ql^4}{384EI}=\frac{5\times874\times10^4\times10^3}{384\times210\times10^9\times33760\times10^{-8}}=1.605\ \text{mm}$$

由叠加法得梁的最大挠度为

$$|w_c|_{\max}=|w_{cF}+w_{cq}|=16.3\ \text{mm}$$

(2) 校核刚度

$$[w]=l/500=10/500=0.02\ \text{m}=20\ \text{mm}$$

因为 $|w_c|_{\max}=16.3\ \text{mm}<20\ \text{mm}=[w]$

所以此梁满足刚度条件。

【例 7-5】图 7-7(a)所示为一矩形截面悬臂梁，$q=10\ \text{kN/m}$，$l=3\ \text{m}$，梁的许用挠度$[w/l]=1/250$，材料的许用应力$[\sigma]=12\ \text{MPa}$，材料的弹性模量 $E=2\times10^4\ \text{MPa}$，截面尺寸比 $h/b=2:1$. 试确定截面尺寸 b、h。

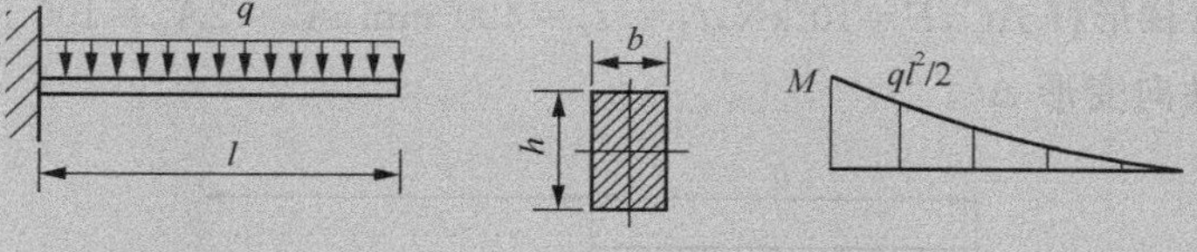

(a)　　(b)　　(c)

图 7-7

解　该梁既要满足强度条件，又要满足刚度条件，这时可分别按强度条件和刚度条件来设计截面尺寸，取其较大者。

(1) 按强度条件 $\sigma_{\max}=\dfrac{M_{\max}}{W_z}\leqslant[\sigma]$设计截面尺寸。弯矩图如图 7-7(c)所示。最大弯矩、抗弯截面系数分别为：

$$M_{\max}=\frac{q}{2}l^2=45\ \text{kN}\cdot\text{m}\qquad W_z=\frac{b}{6}h^2=\frac{2}{3}b^3$$

把 $M_{\max}$及 W_z代入强度条件，得

$$b\geqslant\sqrt[3]{\frac{3M_{\max}}{2[\sigma]}}=\sqrt[3]{\frac{3\times45\times10^6}{2\times12}}=178\ \text{mm}\qquad h=2b=356\ \text{mm}$$

(2) 按刚度条件$\dfrac{w_{\max}}{l}\leqslant\left[\dfrac{w}{l}\right]$设计截面尺寸。查表 7-1 得：

$$w_{\max}=\frac{ql^4}{8EI_z}$$

又

$$I_z=\frac{b}{12}h^3=\frac{2}{3}b^4$$

把 $w_{\max}$及 I_z代入刚度条件，得

$$b\geqslant\sqrt[4]{\frac{3ql^3}{16\left[\dfrac{w}{l}\right]E}}=\sqrt[4]{\frac{3\times10\times3000^3\times250}{16\times2\times10^4}}=159\ \text{mm}\qquad h=2b=318\ \text{mm}$$

(3) 所要求的截面尺寸按大者选取，即 $h=356\ \text{mm}$，$b=178\ \text{mm}$。另外，工程上截面尺寸应符合整数要求，取整数即 $h=360\ \text{mm}$，$b=180\ \text{mm}$。

思 考 题

7－1 试写出如下 3 个杆件的截面刚度：抗拉（压）刚度、抗扭刚度和抗弯刚度。

7－2 对比实心圆截面和空心圆截面，为什么说空心圆截面是扭转轴的合理截面。

7－3 对比矩形截面和工字钢截面，为什么说工字形截面是平面弯曲梁的合理截面。

7－4 若矩形截面的高度或宽度增大一倍，截面的抗弯能力各增大几倍。

7－5 对于抗拉、压性能不同的铸铁梁，工字形截面是合理截面吗？

7－6 减小梁的跨度，对该段梁的抗弯刚度有何影响。

7－7 更换优质钢材是否是提高构件刚度的有效途径。

习 题 七

7－1 图示阶梯形杆 AC，$F=10$ kN，$l_1=l_2=400$ mm，$A_1=2A_2=100$ mm^2，$E=200$ GPa，试计算杆 AC 的轴向变形 Δl。

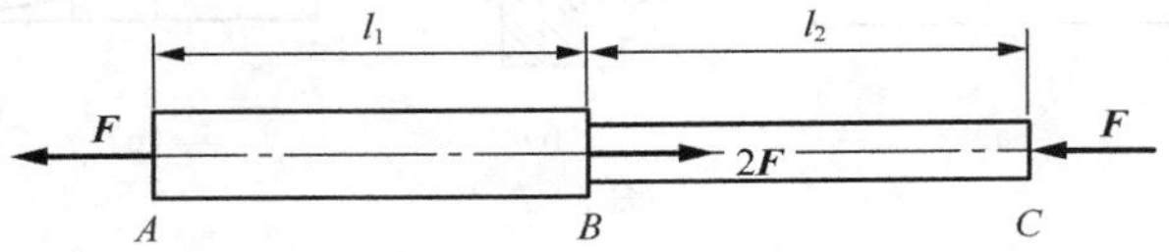

习题 7－1 图

7－2 由铜和钢两种材料组成的等直杆如图所示。铜和钢的弹性模量分别为 $E_1=100$ GPa 和 $E_2=210$ GPa。若杆的总伸长为 $\Delta l=0.126$ mm，试求杆横截面上的应力和载荷 F。

7－3 一阶梯状钢杆如图所示。材料的弹性模量 $E=200$ GPa。试求杆横截面上的最大正应力和杆的总伸长。

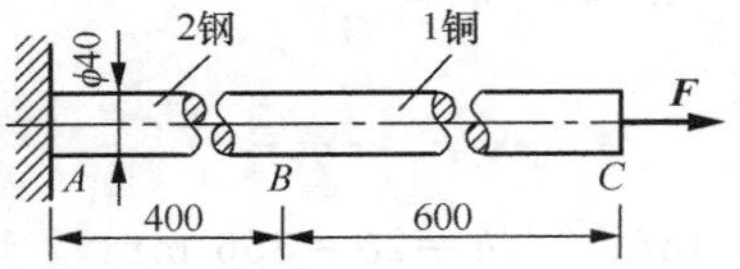

习题 7－2 图

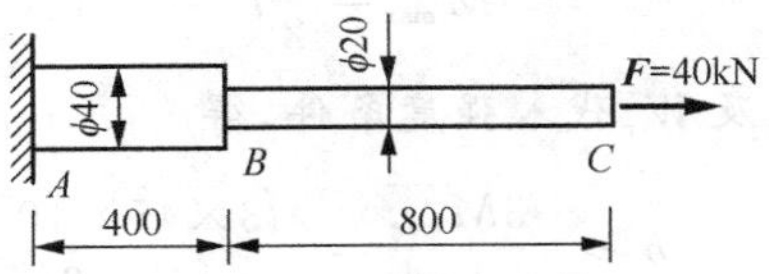

习题 7－3 图

7－4 一铰接结构由杆 AB 和 AC 组成如图所示。杆 AC 的长度为杆 AB 的两倍，横截面面积均为 $A=200$ mm^2。两杆材料相同，许用应力$[\sigma]=160$ MPa，试求结构的许可载荷。

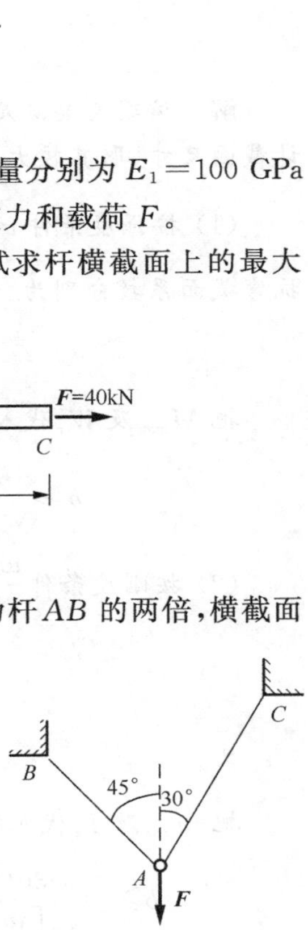

习题 7－4 图

7－5 如图所示一传动轴 AC，主动轮 A 传递外扭矩 $m_1=1$ kN · m，从动轮 B、C 分别传递外扭矩为 $m_2=0.4$ kN · m，$m_3=0.6$ kN · m，已知轴的直径 $d=4$ cm，各轮间距 $l=50$ cm，剪切弹性模量 $G=80$ GPa，试求：

（1）合理布置各轮位置；

（2）求出轮在合理位置时轴的最大剪应力、轮 A 与轮 C 之间的相对扭转角。

7－6　阶梯形圆轴直径分别为 $d_1=4$ cm，$d_2=7$ cm，轴上装有 3 个皮带轮，如图所示。已知由轮 3 输入的功率为 $P_3=30$ kW，轮 1 输出的功率为 $P_1=13$ kW，轴作匀速转动，转速 $n=200$ r/min，材料的许用剪应力 $[\tau]=60$ MPa，剪切弹性模量 $G=80$ GPa，许用扭转角 $[\theta]=2°/\mathrm{m}$，试校核轴的强度和刚度。

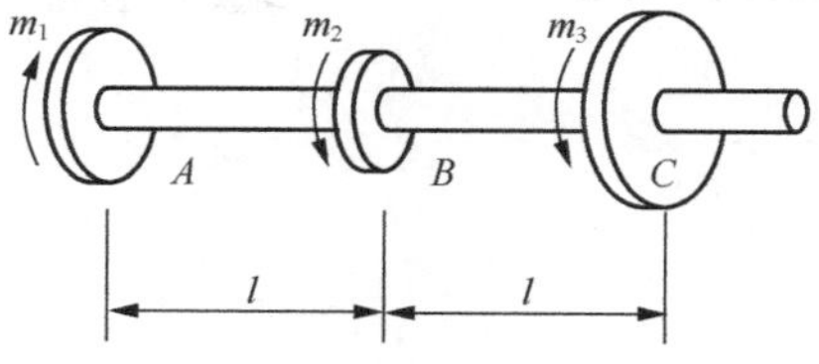

习题 7－5 图

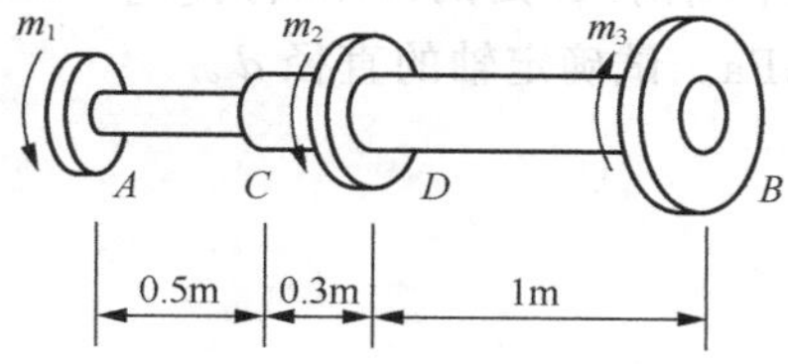

习题 7－6 图

7－7　如图所示，有一外径 $D=100$ mm，内径 $d=80$ mm 的空心圆轴与直径 $D_1=80$ mm 的实心圆轴用键相连。轴的两端作用外力偶矩 $m=6$ kN·m，轴的许用剪应力 $[\tau]_1=80$ MPa；键的尺寸为 $10\times10\times30$ mm^3，键的许用剪应力 $[\tau]_2=100$ MPa，许用挤压应力 $[\sigma_{bs}]=280$ MPa，试校核轴的强度并计算所需要键的个数 n。

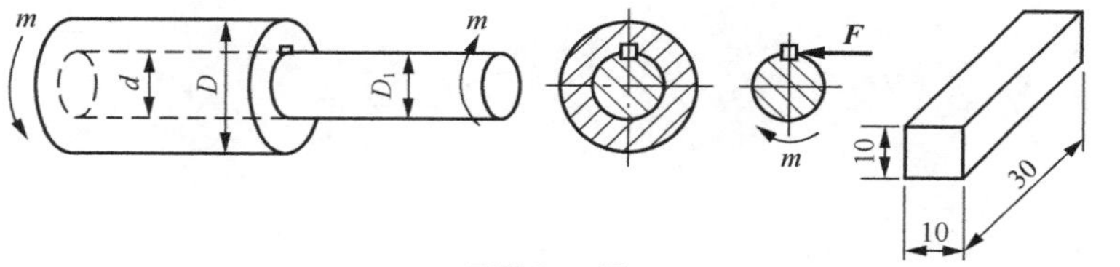

习题 7－7 图

7－8　用叠加法求图示梁中指定截面的挠度和转角 w_C、θ_B，设梁的抗弯刚度 EI_z 为常量。

7－9　用叠加法求图示梁中指定截面的挠度和转角 w_C、θ_A，设梁的抗弯刚度 EI_z 为常量。

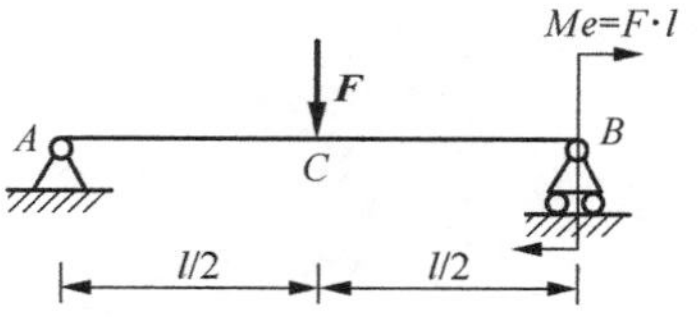

习题 7－8 图

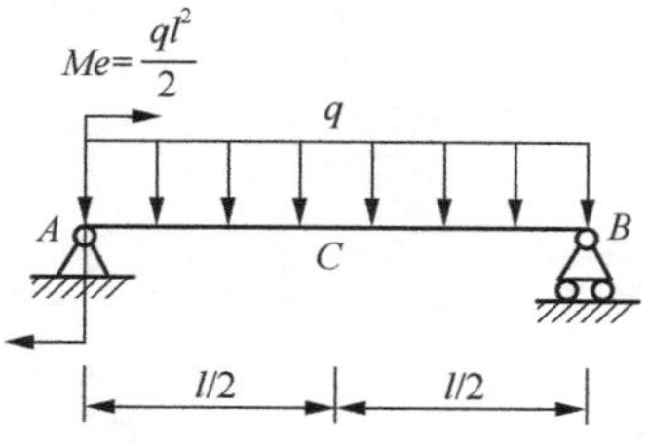

习题 7－9 图

7－10　简化后的电机轴受荷载及尺寸如图所示。轴材料的 $E=200$ GPa，直径 $d=130$ mm，定子与转子间的空隙（即轴的许用挠度）$\delta=0.35$ mm，试校核轴的刚度。

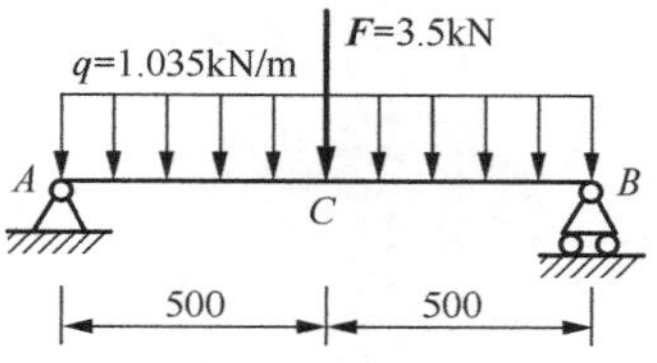

习题 7－10 图

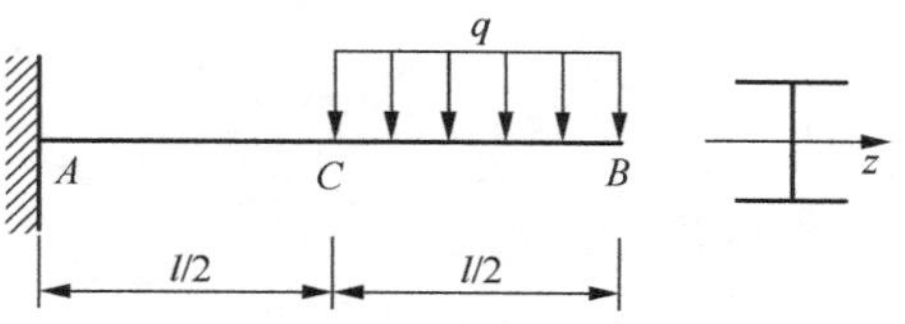

习题 7－11 图

7-11 工字钢悬臂梁如图所示。已知 $q=15$ kN/m，$l=2$ m，$E=200$ GPa，$[\sigma]=160$ MPa，最大许用挠度 $[\omega]=4$ mm，试选取工字钢型号。

7-12 如图所示，已知一钢轴的飞轮 A 重 $F=20$ kN，轴自重不计，轴承 B 处的许用转角 $[\theta]=0.5°$，钢的弹性模量 $E=200$ GPa。试确定轴的直径 d。

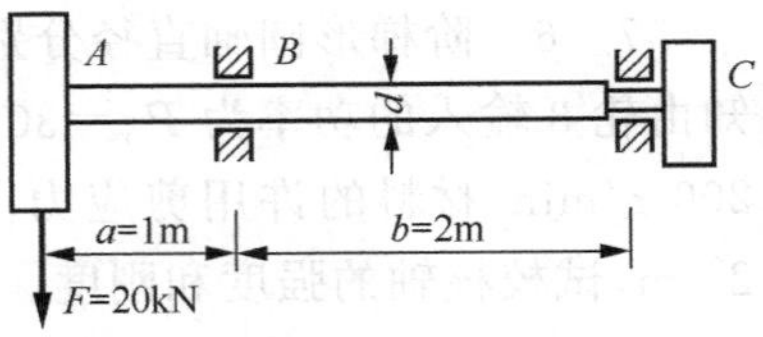

习题 7-12 图

第八章 应力状态与强度理论

在工程实际中，有许多杆件在外力作用下往往同时发生两种或两种以上的基本变形，这种变形情况称为组合变形。由于解决组合变形强度问题有时必须以应力状态分析和强度理论为基础，因此，掌握应力状态和强度理论的相关内容成为必要。

第一节 应力状态的概念

前面分析过，直杆发生轴向拉伸或压缩时，任一斜截面上的应力 σ、τ 随斜截面倾角 α 的变化而有不同的数值，通过杆件上某一点可以作无数个不同方位的截面，因此杆件上某一点处不同截面上的应力也随所取截面的方位而变化，在其他变形中也同样存在这种情况，**过受力构件内某点各方向的应力状况的总和称为该点的应力状态。**

对于受力物体中的任意点，为了描述其应力状态，一般是围绕这一点作一个微六面体，当六面体在 3 个方向的尺度趋于无穷小时，六面体便趋于所考察的点。这时的六面体称为**微单元体**，简称为**微元**。一旦确定了微元各个面上的应力，过这一点任意方向面上的应力均可由平衡方法确定。进而，还可以确定这些应力中的最大值和最小值以及它们的作用面。因此，一点处的应力状态可用围绕该点的微元及其各面上的应力描述。图 8－1 所示为一般受力物体中任意点处的应力状态，它是应力状态中最一般的情形，称为**空间应力状态或三向应力状态**。

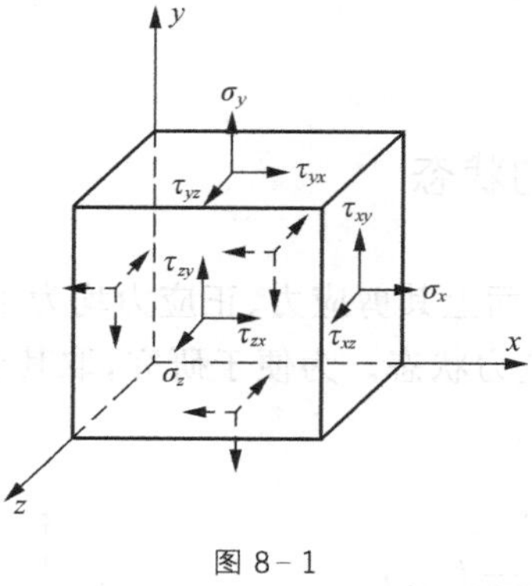

图 8－1

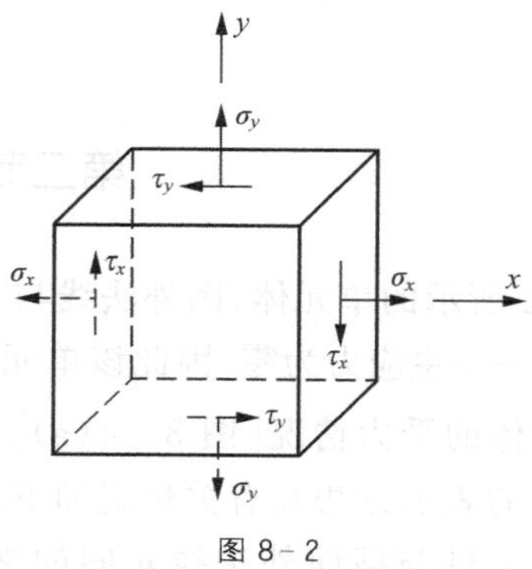

图 8－2

当微元只有两对面上承受应力并且所有应力作用线均处于同一平面内时，这种应力状态统称为**二向应力状态或平面应力状态**。图 8－2 所示为平面应力状态的一般情形。

当图 8－2 所示的平面应力状态微元中的切应力 $\tau_x=0$，且只有一个方向的正应力作用时，这种应力状态称为**单向应力状态**；当上述平面应力状态中正应力 $\sigma_x=\sigma_y=0$ 时，这种应力状态称为**纯剪应力状态**或**纯切应力状态**。不难分析，横向荷载作用下的梁，在最大和最小正应力作用点处，均为单向应力状态；而在最大切应力作用点处，大多数情形下为纯剪应力状态。

同样，对于承受扭矩的圆轴，其上各点均为纯剪应力状态。

需要指出的是，平面应力状态实际上是三向应力状态的特例，而单向应力状态和纯剪应力状态则为平面应力状态的特殊情形。一般工程中常见的是平面应力状态。

如果**单元体的某一个面上只有正应力分量而无切应力分量，则这个面称为主平面，主平面上的正应力称为主应力**。可以证明，在受力构件内的任意点上总可以找到 3 个互相垂直的主平面如图 8-3(a)所示，因此总存在 3 个互相垂直的主应力，通常用 σ_1、σ_2、σ_3 表示 **3 个主应力**，而且按代数值大小排列，即 $\sigma_1 > \sigma_2 > \sigma_3$。

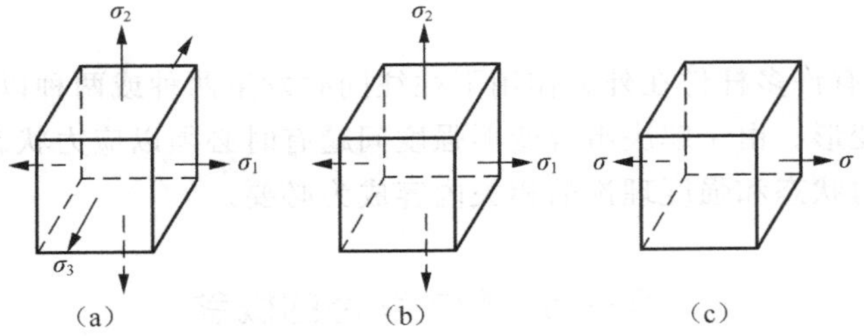

图 8-3

根据主应力的情况，应力状态可分为 3 种。

(1) 3 个主应力中只有一个不等于零，这种应力状态称为**单向应力状态**图[8-3(c)]。例如，轴向拉伸或压缩杆件内任一点的应力状态就属于单向应力状态。

(2) 三个主应力中有两个不等于零，这种应力状态称为**二向应力状态**图[8-3(b)]。例如，横力弯曲梁内任一点(该点不在梁的表面)的应力状态就属于二向应力状态。

(3) 3 个主应力均不等于零，这种应力状态称为**三向应力状态**。例如，钢轨受到机车车轮、滚珠轴承受到滚珠压力作用点处，还有建筑物中基础内的一点均属于三向应力状态。

单向应力状态也称为**简单应力状态**，它与二向应力状态统称为**平面应力状态**；三向应力状态也称为**空间应力状态**。有时把二向应力状态和三向应力状态统称为**复杂应力状态**。

工程中的构件在受力时，其危险点大多处于平面应力状态，因此本章将重点介绍平面应力状态。

第二节　平面应力状态

图 8-2 所示的单元体，因外法线与 z 轴重合的平面上其剪应力、正应力均为零，说明该单元体至少有一个主应力为零，因此该单元体处于平面应力状态。为便于研究，取其中平面 $abcd$ 来代表单元体的受力情况[图 8-4(a)]。任意斜截面的表示方法及有关规定如下。

(1) 用 x 轴与截面外法线 n 间的夹角 α 表示该截面。

(2) α 的正负号：由 x 轴向 n 旋转，逆时针转向为正，顺时针转向为负[图 8-4(b)]的 α 角为正)。

(3) σ_α 的正负号：拉应力为正，压应力为负。

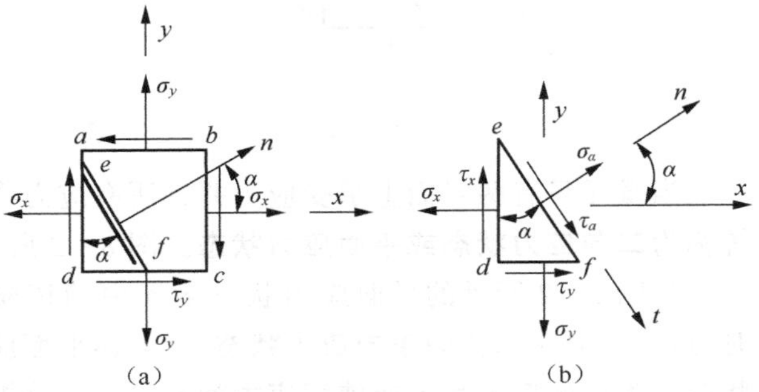

图 8-4

(4) τ_α 的正负号：τ_α 对截面内此任一点的力矩转向，顺时针转向为正，逆时针转向为负。

一、任意斜截面上的应力

因研究的构件是平衡的，因此从构件内一点取单元体，并从单元体上取一部分，则该部分也处于平衡。由平衡条件可以求得平面应力状态下单元体任一斜截面上的应力计算公式

$$\sigma_\alpha = \frac{\sigma_x + \sigma_y}{2} + \frac{\sigma_x - \sigma_y}{2}\cos 2\alpha - \tau_x \sin 2\alpha \tag{8-1}$$

$$\tau_\alpha = \frac{\sigma_x - \sigma_y}{2}\sin 2\alpha + \tau_x \cos 2\alpha \tag{8-2}$$

应用上式计算 σ_α、τ_α 时，各已知应力 σ_x、σ_y、τ_x 和 α 均用其代数值。

【例 8-1】 求图 8-5 所示单元体指定斜面上的应力(应力单位：MPa)。

解

$\sigma_x = 30$ MPa　$\sigma_y = 10$ MPa　$\tau_x = -20$ MPa　$\alpha = 45°$

$$\sigma_\alpha = \frac{\sigma_x + \sigma_y}{2} + \frac{\sigma_x - \sigma_y}{2}\cos 2\alpha - \tau_x \sin 2\alpha$$

$$= \frac{30+10}{2} + \frac{30-10}{2}\cos 90° + 20\sin 90° = 40 \text{ MPa}$$

$$\tau_\alpha = \frac{\sigma_x - \sigma_y}{2}\sin 2\alpha + \tau_x \cos 2\alpha$$

$$= \frac{30-10}{2}\sin 90° - 20\cos 90° = 10 \text{ MPa}$$

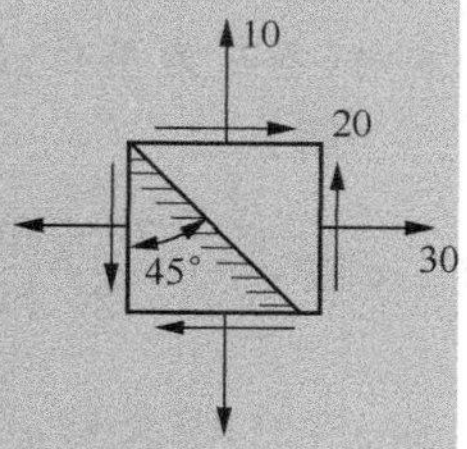

图 8-5

二、主应力及主平面的确定

主平面是特殊的斜截面，它上面只有正应力而无剪应力，根据这个特点，确定主平面的位置及主应力的大小。

由式(8-1)，令 $\tau_\alpha = 0$，便可得出单元体主平面的位置。设主平面外法线与 x 轴的夹角为 α_0，则

$$\tan 2\alpha_0 = -\frac{2\tau_x}{\sigma_x - \sigma_y} \tag{8-3}$$

其中，α_0 有两个根：α_0 和($\alpha_0 + 90°$)，因此说明由式(8-3)可以确定两个互相垂直的主平面。如果对式(8-1)令 $\frac{d\sigma_\alpha}{d\alpha} = 0$，经简化得

$$\frac{\sigma_x - \sigma_y}{2}\sin 2\alpha + \tau_x \cos 2\alpha = 0$$

上式左边等于 τ_α，因此 $\tau_\alpha = 0$，表明两个主应力是所有截面上正应力的极值 σ_{max}、σ_{min}(极大值和极小值)。

为求出主应力的数值，将式(8-3)对应 α_0 代入式(8-1)，简化后便可得到主应力计算公式

$$\sigma_{\min}^{\max} = \frac{\sigma_x - \sigma_y}{2} \pm \sqrt{\left(\frac{\sigma_x - \sigma_y}{2}\right)^2 + \tau_x^2} \tag{8-4}$$

由上式得出应力有两个，由式(8-3)计算出的角度 α_0 也有两个，那么 α_0 是 x 轴和 σ_{max} 还是

x 轴和 σ_{min} 之间的夹角，可按以下法则来判断。

(1) 当 $\sigma_x > \sigma_y$ 时，α_0 是 x 轴和 σ_{max} 之间的夹角。

(2) 当 $\sigma_x < \sigma_y$ 时，α_0 是 x 轴和 σ_{min} 之间的夹角。

(3) 当 $\sigma_x = \sigma_y$ 时，$\alpha_0 = 45°$，主应力的方位可由单元体上剪应力的情况判断[图 8-6(a)、(b)]。

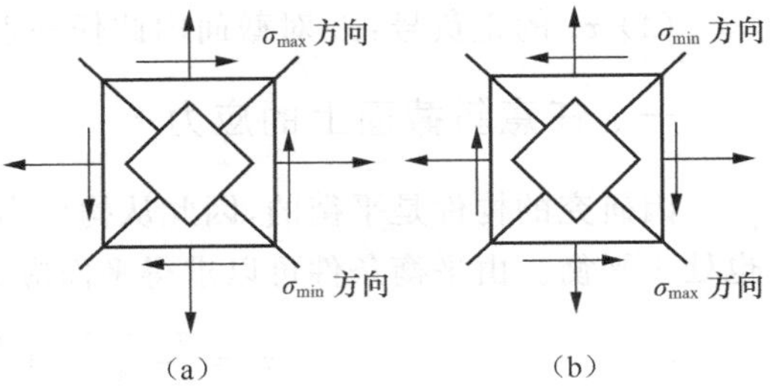

图 8-6

应指出：用以上法则时，由式(8-3)计算的 $2\alpha_0$ 应取锐角(正或负)。

因为平面应力状态至少有一个主应力等于零，因此可根据 σ_{max}、σ_{min} 的正负号确定 σ_1、σ_2、σ_3。

【例 8-2】 试求图 8-7(a)所示应力状态的主应力及其方向，并在单元体上画出主应力的方向(各应力单位：MPa)。

解：

$$\sigma_{\min}^{\max} = \frac{-30+50}{2} \pm \sqrt{\left(\frac{-30-50}{2}\right)^2 + 20^2}$$

$$= 10 \pm 44.72 = \begin{cases} 54.72 \\ -34.72 \end{cases} (\text{MPa})$$

$$\tan 2\alpha_0 = -\frac{2\tau_x}{\sigma_x - \sigma_y} = -\frac{2 \times 20}{-30-50} = 0.5$$

$$\alpha_0 = 13°17'$$

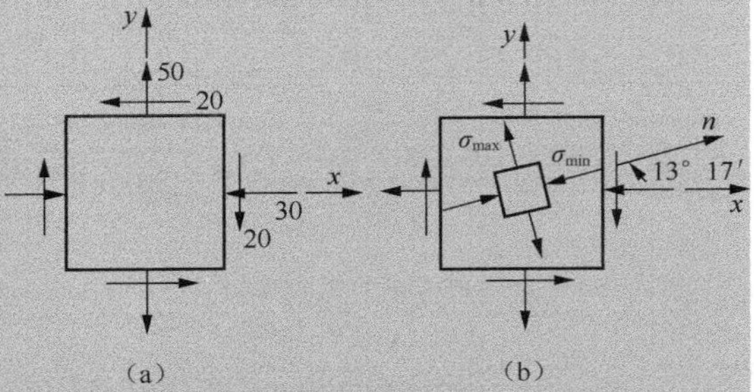

图 8-7

因 $\sigma_x < \sigma_y$，所以从 σ_x(x 轴)逆时针方向量取 $13°17'$ 即为 σ_{min} 的方向，σ_{max} 和 σ_{min} 作用面垂直，画到单元体上，如图 8-7(b)所示。

三、最大切应力的确定

由式(8-2)可确定最大切应力的大小及所在的位置。

令 $\frac{d\tau_\alpha}{d\alpha} = 0$，则可求得切应力极值所在的平面方位角位置 α_1 的计算公式

$$\tan 2\alpha_1 = \frac{\sigma_x - \sigma_y}{2\tau_x} \tag{8-5}$$

由式(8-5)可以确定相差 90°的两个面，分别作用着最大切应力和最小切应力，其值可用下式计算

$$\tau_{\min}^{\max} = \pm \sqrt{\left(\frac{\sigma_x - \sigma_y}{2}\right)^2 + \tau_x^2} \tag{8-6}$$

如果已知主应力，则切应力极值的另一形式计算公式为

$$\tau_{\min}^{\max} = \pm \frac{\sigma_{\max} - \sigma_{\min}}{2} \tag{8-7}$$

比较式(8-3)和式(8-5)得

$$\tan 2\alpha_1 = -ctg\, 2\alpha_0 \tag{8-8}$$

即 $\alpha_1 = \alpha_0 + 45°$，说明切应力的极值平面和主平面成 45°角。

第三节　强度理论

一、强度理论的概念

轴向拉伸(压缩)强度条件中的许用应力是由材料的屈服极限或强度极限除以安全系数而得的，材料的屈服极限或强度极限可直接由试验测定。杆件受到轴向拉压时，杆内处于单向应力状态，因此单向应力状态下的强度条件只需要做拉伸或压缩试验便可解决。

但工程上受力构件很多属于复杂应力状态，要通过试验建立强度条件几乎是不可能的，于是人们考虑，能否从简单应力状态下的试验结果去建立复杂应力状态的强度条件，为此人们对材料发生屈服和断裂两种破坏形式进行研究，提出了材料在不同应力状态下产生某种形式破坏的共同原因的各种假设，这些假设称为**强度理论**。根据这些假设，就有可能利用单向拉伸的试验结果，建立复杂应力状态下的强度条件。

二、4 个强度理论

目前常用的强度理论，按提出的先后顺序，习惯上称为第一、二、三、四强度理论。

(一) 第一强度理论(最大拉应力理论)

17 世纪，伽利略根据直观提出了这一理论。该理论认为：材料的断裂破坏取决于最大拉应力，即不论材料处于什么应力状态，当 3 个主应力中的主应力 σ_1 达到单向应力状态破坏时的正应力时，材料便发生断裂破坏。相应的强度条件

$$\sigma_1 \leqslant [\sigma] \tag{8-9}$$

式中：$[\sigma]$是材料轴向拉伸时的许用应力。

试验证明，该理论只对少数脆性材料受拉伸的情况相符，对别的材料和其他受力情况不甚可靠。

(二) 第二强度理论(最大正应变理论)

该理论是 1682 年由马里奥特(E. Mariotte)提出的。该理论认为：材料的断裂破坏取决于最大正应变，即不论材料处于什么应力状态，当 3 个主应变(沿主应力方向的应变称为主应变，记作 ε_1、ε_2、ε_3)中的主应变 ε_1 达到单向应力状态破坏时的正应变时，材料便发生断裂破坏。相应的强度条件

$$\varepsilon_1 \leqslant [\varepsilon]$$

用正应力形式表示，第二强度理论的强度条件是

$$\sigma_1 - \mu(\sigma_2 + \sigma_3) \leqslant [\sigma] \tag{8-10}$$

该理论与少数脆性材料试验结果相符，对于具有一拉一压主应力的二向应力状态，试验结果也与此理论计算结果相近；但对塑性材料，则不能被试验结果所证明。该结论适用范围较小，目前已很少采用。

(三) 第三强度理论(最大切应力理论)

该理论是由库仑(C. A. Coulomb)在 1773 年提出的。该理论认为：材料的破坏取决于最大切应力，即不论材料处于什么应力状态，当最大切应力达到单向应力状态破坏时的最大切应力，材料便发生破坏。相应的强度条件是：

$$\tau_{max} \leqslant [\tau]$$

用正应力形式表示，第三强度理论的强度条件是

$$\sigma_1-\sigma_3\leqslant[\sigma] \tag{8-11}$$

试验证明，该理论对塑性材料较为符合，而且偏于安全。但对三向受拉应力状态下材料发生破坏，该理论无法解释。

（四）第四强度理论（能量强度理论）

该理论最早是由贝尔特拉密（E. Beltrami）于 1885 年提出的，但未被试验所证实，后于 1904 年由波兰力学家胡勃（M. T. Huber）修改。该理论认为：材料的破坏取决于形状改变比能，即不论材料处于什么应力状态，当形状改变比能达到单向应力状态破坏时的形状改变比能，材料便发生破坏。相应的强度条件是：

$$v_d\leqslant[v_d]$$

用正应力形式表示，第四强度理论的强度条件是

$$\sqrt{\frac{1}{2}[(\sigma_1-\sigma_2)^2+(\sigma_2-\sigma_3)^2+(\sigma_3-\sigma_1)^2]}\leqslant[\sigma] \tag{8-12}$$

试验证明，对许多塑性材料，该理论与试验情况很相符。但按该理论，在三向受拉时，材料不会发生破坏，这与实际不相符。

可将式(8-10)、(8-11)、(8-12)、(8-13)4 个强度条件写成统一形式：

$$\sigma_r\leqslant[\sigma] \tag{8-13}$$

式中的 σ_r 称为相当应力，下脚标 r 表示第几强度理论，因此

$$\left.\begin{aligned}\sigma_{r1}&=\sigma_1\\ \sigma_{r2}&=\sigma_1-\mu(\sigma_2+\sigma_3)\\ \sigma_{r3}&=\sigma_1-\sigma_3\\ \sigma_{r4}&=\sqrt{\frac{1}{2}[(\sigma_1-\sigma_2)^2+(\sigma_2-\sigma_3)^2+(\sigma_3-\sigma_1)^2]}\end{aligned}\right\} \tag{8-14}$$

除以上 4 个强度理论外，在工程地质与土力学中还经常用到“莫尔强度理论”。该理论的详细论述参见有关书籍，这里不作具体介绍。

【例 8-3】一铸铁零件，在危险点处的应力状态主应力 $\sigma_1=24$ MPa，$\sigma_2=0$，$\sigma_3=-36$ MPa。已知材料的 $[\sigma_t]=35$ MPa，$\mu=0.25$ 试校核其强度。

解 因为铸铁是脆性材料，因此选用第二强度理论，其相当应力

$$\sigma_{r2}=\sigma_1-\mu(\sigma_2+\sigma_3)=24-0.25\times(0-36)=33\ \text{MPa}<[\sigma_t]=35\ \text{MPa}$$

所以零件是安全的。

如果选用第三强度理论，其相当应力

$$\sigma_{r3}=\sigma_1-\sigma_3=24-(-36)=60\ \text{MPa}>[\sigma_t]=35\ \text{MPa}$$

即按第三强度理论计算，零件不安全，但实际是安全的，这是因为铸铁属脆性材料，不适合于应用第三强度理论。

【例 8-4】图 8-8(a)所示为简支梁，$F=100$ kN，梁的截面是 20a 工字钢，材料为 2 号钢，许用应力 $[\sigma]=150$ MPa，$[\tau]=90$ MPa，试对梁进行强度校核。

解 (1) 确定危险截面

画出梁的剪力图和弯矩图如图 8-8(b)、(c)所示。由图可知，C、D 截面为危险截面。因其危险程度相当，故选择其中 C 截面进行强度校核。

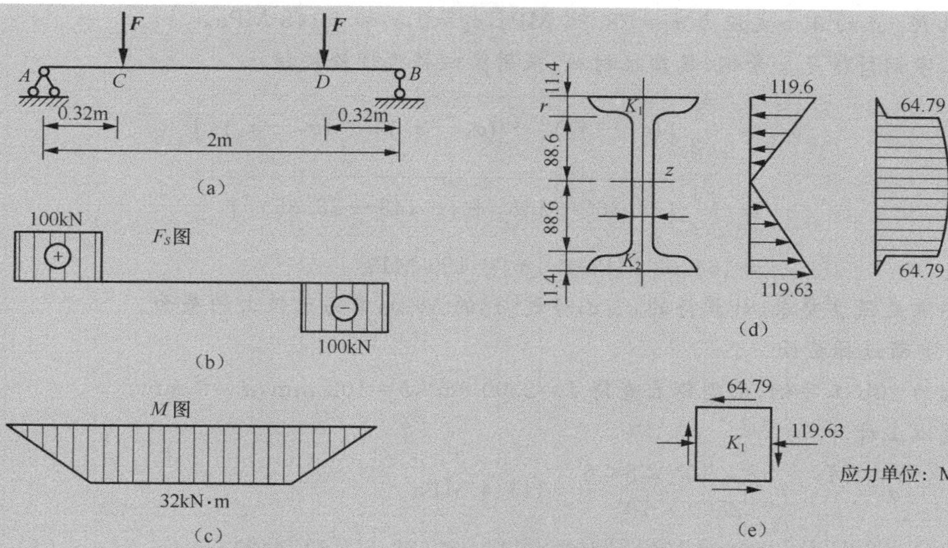

图 8-8

(2) 校核最大正应力及最大切应力

由型钢表查得 20a 工字钢有关数据，$I=2370\ \text{cm}^4$，$W=237\ \text{cm}^3$，$I/S=17.2\ \text{cm}$，$d=7\ \text{mm}$。

由正应力强度条件

$$\sigma_{\max}=\frac{M_{\max}}{W}=\frac{32\times10^6}{237\times10^3}=135\ \text{MPa}<[\sigma]=150\ \text{MPa}$$

即满足正应力强度要求。

$$\tau_{\max}=\frac{F_S S}{I_z d}=\frac{100\times10^3}{17.2\times10\times7}=83.06\ \text{MPa}<[\tau]=90\ \text{MPa}$$

切应力也满足强度要求。

(3) 应用强度理论校核

危险截面上腹板与翼缘交接处的正应力和切应力同时有较大的数值，因此该处的主应力可能很大，是危险点，应进行强度校核，为此在该处取 $K_1(K_2)$ 点[图 8-8(d)]，围绕该点取单元体，计算单元体上的应力

$$\sigma=\frac{My}{I_z}=\frac{32\times10^6\times88.6}{2370\times10^4}=119.63\ \text{MPa}$$

$$\tau=\frac{F_S S}{I_z d}=\frac{100\times10^3\times[100\times11.4\times(88.6+11.4/2)]}{2370\times10^4\times7}=64.79\ \text{MPa}$$

将以上应力标到单元体上，如图 8-8(e)所示。计算主应力

$$\sigma_{\min}^{\max}=\frac{\sigma_x-\sigma_y}{2}\pm\sqrt{\left(\frac{\sigma_x-\sigma_y}{2}\right)^2+\tau_x^2}$$

$$=\frac{-119.63}{2}\pm\sqrt{\left(\frac{-119.63}{2}\right)^2+(64.74)^2}$$

$$=\begin{matrix}28.36\\-148\end{matrix}\ \text{MPa}$$

所以 K_1 点的 3 个主应力 $\sigma_1=28.36\ \text{MPa},\sigma_2=0,\sigma_3=-148\ \text{MPa}$。

因工字钢材料是 2 号钢，属塑性材料，采用第四强度理论校核

$$\begin{aligned}\sigma_{r4}&=\sqrt{\frac{1}{2}[(\sigma_1-\sigma_2)^2+(\sigma_2-\sigma_3)^2+(\sigma_3-\sigma_1)^2]}\\&=\sqrt{\frac{1}{2}[28.36^2+148^2+(-148-28.36)^2]}\\&=164.02\ \text{MPa}>[\sigma]=150\ \text{MPa}\end{aligned}$$

故不满足强度要求(计算得的 σ_{r4} 已超过$[\sigma]$的 5%)，需另选较大的截面。

(4) 重新选择截面

改选为 20b 工字钢，由型钢表查得 $I=2500\ \text{cm}^4,b=102\ \text{mm},d=9\ \text{mm}$。

重复以上计算

$$\sigma=\frac{My}{I_z}=\frac{32\times10^6\times88.6}{2500\times10^4}=113.4\ \text{MPa}$$

$$\tau=\frac{F_SS}{I_zd}=\frac{100\times10^3\times[102\times11.4\times(88.6+11.4/2)]}{2500\times10^4\times9}=48.73\ \text{MPa}$$

$$\begin{aligned}\sigma_{\min}^{\max}&=\frac{\sigma_x-\sigma_y}{2}\pm\sqrt{\left(\frac{\sigma_x-\sigma_y}{2}\right)^2+\tau_x^2}\\&=\frac{-113.4}{2}\pm\sqrt{\left(\frac{-113.4}{2}\right)^2+(48.73)^2}\\&=\begin{matrix}18.06\\-131.46\end{matrix}\ \text{MPa}\end{aligned}$$

$$\begin{aligned}\sigma_{r4}&=\sqrt{\frac{1}{2}[(\sigma_1-\sigma_2)^2+(\sigma_2-\sigma_3)^2+(\sigma_3-\sigma_1)^2]}\\&=\sqrt{\frac{1}{2}[18.06^2+131.46^2+(-131.46-18.06)^2]}\\&=141.35\ \text{MPa}<[\sigma]=150\ \text{MPa}\end{aligned}$$

即满足强度要求，故选用 20b 工字钢。

第四节　弯曲与扭转组合变形强度计算

一、弯扭组合变形的应力分析

机械中的传动轴与皮带轮、齿轮或飞轮等连接时，往往同时受到扭转与弯曲的联合作用。由于传动轴都是圆截面的，故以圆截面杆为例讨论杆件发生扭转与弯曲组合变形时的强度计算。

设有一实心圆轴 AB，A 端固定，B 端连一手柄 BC，在 C 处作用一铅直方向力 $\boldsymbol{F}$，如图 8－9(a)所示，圆轴 AB 承受扭转与弯曲的组合变形。略去自重的影响，将力 $\boldsymbol{F}$ 向 AB 轴端截面的形心 B 简化后，即可将外力分为两组，一组是作用在轴上的横向力 $\boldsymbol{F}$，另一组为在轴端截面内的力偶矩 $M_e=Fa$[如图 8－9(b)所示]，前者使轴发生弯曲变形，后者使轴发生扭转变形。分别作出圆轴 AB 的弯矩图和扭矩图[如图 8－9(c)和图 8－9(d)所示]，可见，轴的固定

端截面是危险截面，其内力分量分别为

$$M=Fl,T=M_e=Fa$$

在截面 A 上弯曲正应力 σ 和扭转切应力 τ 均按线性分布[如图 8-9(e)和图 8-9(f)所示]。危险截面上铅垂直径上下两端点 C_1 和 C_2 处是截面上的危险点，因在这两点上正应力和切应力均达到极大值，故必须校核这两点的强度。对于抗拉强度与抗压强度相等的塑性材料，只需取其中的一个点 C_1 来研究即可。C_1 点的弯曲正应力和扭转切应力分别为

$$\sigma=\frac{M}{W},\tau=\frac{T}{W_P} \tag{a}$$

对于直径为 d 的实心圆截面，抗弯截面系数与抗扭截面系数分别为

$$W=\frac{\pi d^3}{32},\ W_P=\frac{\pi d^3}{16}=2W \tag{b}$$

围绕 C_1 点分别用横截面、径向纵截面和切向纵截面截取单元体，可得 C_1 点处的应力状态[如图 8-9(g)所示]。显然，C_1 点处于平面应力状态，其 3 个主应力为

$$\left.\begin{matrix}\sigma_1\\ \sigma_3\end{matrix}\right\}=\frac{\sigma}{2}\pm\frac{1}{2}\sqrt{\sigma^2+4\tau^2},\sigma_2=0$$

对于用塑性材料制成的杆件，选用第三或第四强度理论来建立强度条件，即 $\sigma_r\leqslant[\sigma]$。

若用第三强度理论，则相当应力为

$$\sigma_{r3}=\sigma_1-\sigma_3=\sqrt{\sigma^2+4\tau^2} \tag{8-15}$$

若用第四强度理论，则相当应力为

$$\sigma_{r4}=\sqrt{\sigma_1^2+\sigma_3^2-\sigma_1\sigma_3}=\sqrt{\sigma^2+3\tau^2} \tag{8-16}$$

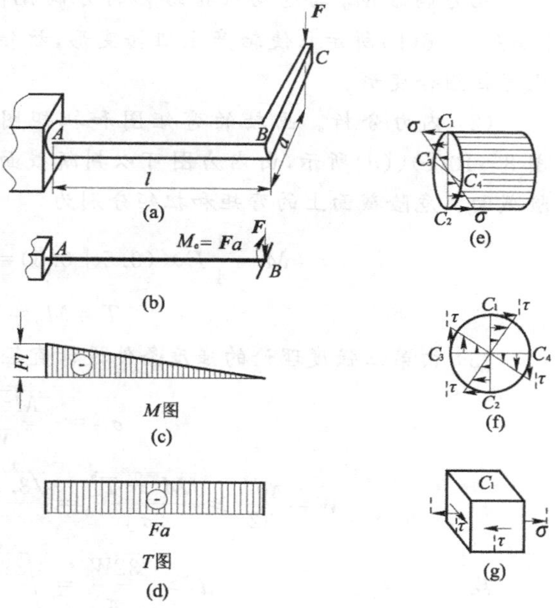

图 8-9

将(a)、(b)两式代入式(8-15)、(8-16)相当应力表达式可改写为

$$\sigma_{r3}=\sqrt{\left(\frac{M}{W}\right)^2+4\left(\frac{T}{W_P}\right)^2}=\frac{\sqrt{M^2+T^2}}{W} \tag{8-17}$$

$$\sigma_{r4}=\sqrt{\left(\frac{M}{W}\right)^2+3\left(\frac{T}{W_P}\right)^2}=\frac{\sqrt{M^2+0.75T^2}}{W} \tag{8-18}$$

在求得危险截面的弯矩 M 和扭矩 T 后，就可直接利用式(8-17)、式(8-18)建立强度条件，进行强度计算。式(8-17)、式(8-18)同样适用于空心圆杆，而只需要将式中的 W 改用空心圆截面的弯曲截面系数。

二、弯扭组合变形的强度计算

根据上述所建立的弯扭组合变形的强度条件，同样可对弯扭组合变形的构件进行三类计算，即强度校核、尺寸设计和许可载荷的确定。下面举例说明。

【例 8-5】 转轴 AB 由电动机带动，如图 8-10(a)所示。在轴的中点 C 处装一带轮。重力 $G=5$ kN，直径 $D=800$ mm，皮带紧边拉力 $T_1=6$ kN，松边拉力 $T_2=3$ kN。轴材料为钢，

许用应力$[\sigma]=120$ MPa。按第三强度理论设计转轴AB直径d。

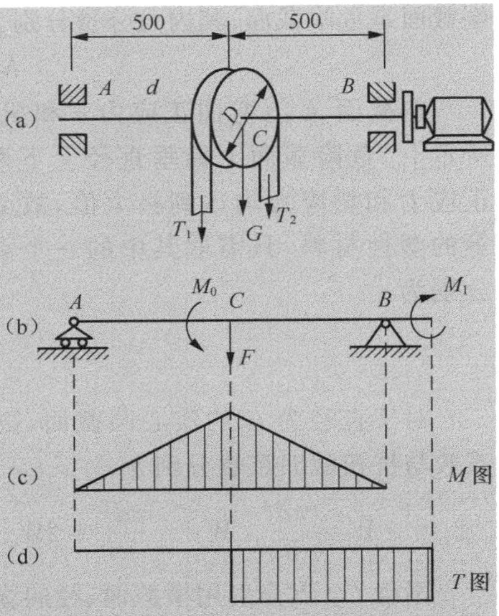

图 8-10

解 (1) 外力分析。将作用在带轮上的皮带拉力T_1和T_2向轴线简化,其结果如图 8-10(b)所示。轴AB受铅垂力作用为

$$F=G+T_1+T_2=(5+6+3)=14\text{ kN}$$

此力使轴在铅垂面内发生弯曲变形。附加力偶为

$$M_0=(T_1-T_2)\frac{D}{2}=(6-3)\times\frac{0.8}{2}=1.2\text{ kN}\cdot\text{m}$$

此力偶矩M_0与电动机传给轴的力偶M_1相平衡[如图 8-6(b)所示],使轴产生扭转变形,故轴AB产生弯扭组合变形。

(2) 内力分析。画轴的弯矩图和扭矩图分别如图 8-10(c)、(d)所示,由内力图可以判断截面C为危险截面。危险截面上的弯矩和扭矩分别为

$$M=\frac{1}{4}F\times(0.5+0.5)=\frac{1}{4}\times14\times1=3.5\text{ kN}\cdot\text{m}$$

$$T=M_0=1.2\text{ kN}\cdot\text{m}$$

(3) 由第三强度理论的强度条件设计直径d。

$$\sigma_{r3}=\frac{\sqrt{M^2+T^2}}{W}\leqslant[\sigma]$$

$$W=\frac{\pi d^3}{32}\geqslant\frac{\sqrt{M^2+T^2}}{[\sigma]}=\frac{\sqrt{3.5^2+1.2^2}\times10^6}{120}=30.833\text{ mm}^3$$

故
$$d\geqslant\sqrt[3]{\frac{32W}{\pi}}=\sqrt[3]{\frac{32\times30.833}{3.14}}=68\text{ mm}$$

取$d=68$ mm。

思 考 题

8-1 什么是一点处的应力状态,为什么要研究一点处的应力状态,如何研究一点处的应力状态。

8-2 什么叫主平面和主应力,主应力和正应力有什么区别,如何确定平面应力状态的3个主应力及其作用面。

8-3 在最大正应力作用面上有无切应力,在最大切应力作用面上有无正应力。

8-4 在前一章对梁已分别按正应力和切应力进行强度计算,为什么本章又提出强度理论进行校核,对轴向拉压杆是否也需要用强度理论校核。

习 题 八

8-1 在图示应力状态中应力单位为MPa,试求出指定斜截面上的应力。

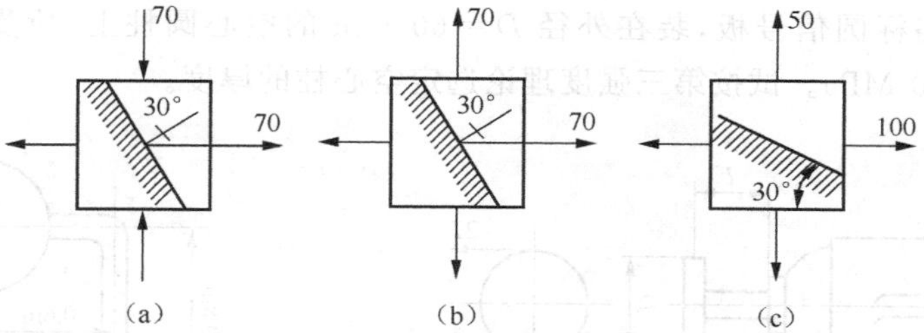

习题 8－1 图

8－2　有一拉伸试样，横截面为 40 mm×5 mm 的矩形。在与轴线成 $\alpha=45°$角的面上切应力 $\tau=150$ MPa 时，试样上将出现滑移线。试求试样所受的轴向拉力 F。

8－3　单元体各面上的应力如图所示。试求主应力及最大切应力。

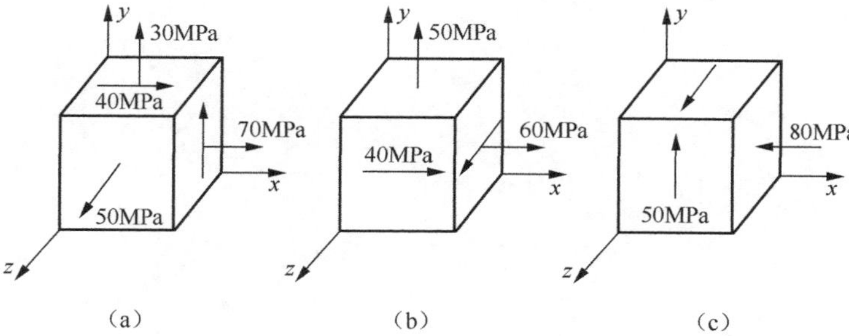

习题 8－3 图

8－4　从某铸铁构件内的危险点取出的单元体，各面上的应力分量如图所示。已知铸铁材料的泊松比 $\mu=0.25$，许用拉应力$[\sigma_t]=30$ MPa，许用压应力$[\sigma_c]=90$ MPa。试按第一和第二强度理论校核其强度。

8－5　一简支钢板梁承受荷载如图(a)所示，其截面尺寸见图(b)。已知钢材的许用应力为$[\sigma]=170$ MPa，$[\tau]=100$ MPa。试校核梁内的最大正应力和最大切应力。并按第四强度理论校核危险截面上的 a 点的强度。注：通常在计算 a 点处的应力时，近似地按 a'点的位置计算。

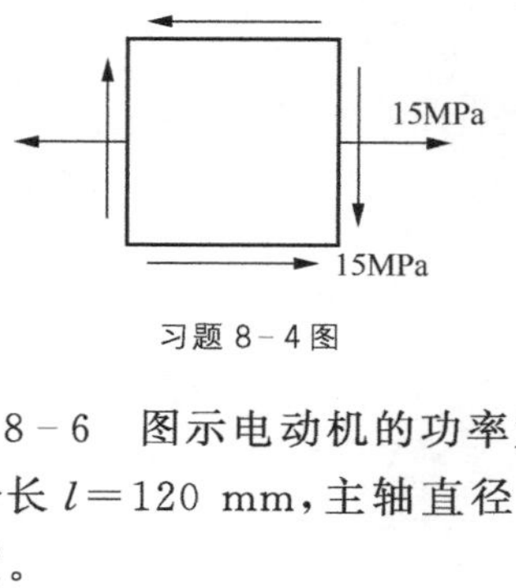

习题 8－4 图

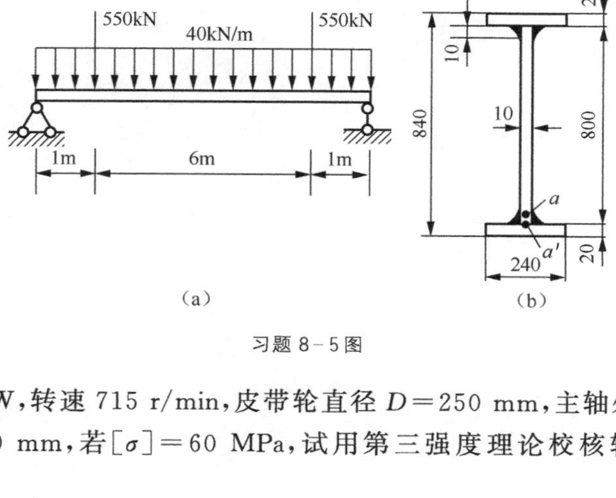

习题 8－5 图

8－6　图示电动机的功率为 9 kW，转速 715 r/min，皮带轮直径 $D=250$ mm，主轴外伸部分长 $l=120$ mm，主轴直径 $d=40$ mm，若$[\sigma]=60$ MPa，试用第三强度理论校核轴的强度。

8－7　铁道路标圆信号板，装在外径 $D=60$ mm 的空心圆柱上，所受的最大风载 $p=2$ KN/m^2，$[\sigma]=60$ MPa。试按第三强度理论选定空心柱的厚度。

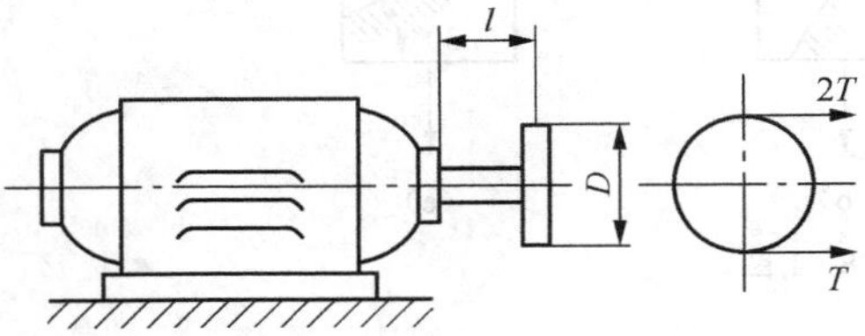

习题 8－6 图

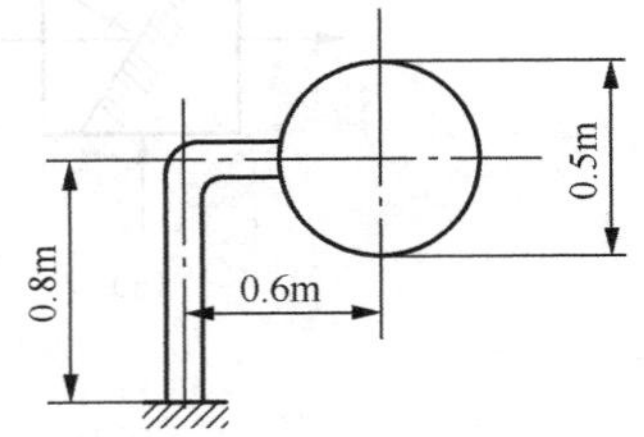

习题 8－7 图

第九章　压杆稳定

在绪论中曾经指出，对构件进行强度、刚度和稳定性计算，以保证其能正常地工作是工程力学研究的主要内容之一。前面章节里已经研究了构件的强度和刚度方面的问题，本章将研究压杆的稳定性问题。

第一节　压杆稳定的概念

在前面几章中讨论了杆件的强度和刚度问题。在工程实际中，杆件除了由于强度、刚度不够而不能正常工作外，还有一种破坏形式就是失稳。什么叫失稳呢？在实际结构中，对于受压的细长直杆，在轴向压力并不太大的情况下，杆横截面上的应力远小于压缩强度极限，会突然发生弯曲而丧失其工作能力。因此，细长杆受压时，其轴线不能维持原有直线形式的平衡状态而突然变弯这一现象称为丧失稳定，或称**失稳**。杆件失稳不仅使压杆本身失去了承载能力，而且对整个结构会因局部构件的失稳而导致整个结构的破坏。因此，对于轴向受压杆件，除应考虑强度与刚度问题外，还应考虑其稳定性问题。所谓稳定性指的是平衡状态的稳定性，亦即物体保持其当前平衡状态的能力。

如图 9-1 所示，两端铰支的细长压杆，当受到轴向压力时，如果是所用材料、几何形状等无缺陷的理想直杆，则杆受力后仍将保持直线形状。当轴向压力较小时，如果给杆一个侧向干扰使其稍微弯曲，则当干扰去掉后，杆仍会恢复原来的直线形状，说明压杆处于稳定的平衡状态[如图 9-1(a)所示]。当轴向压力达到某一值时，加干扰力杆件变弯，而撤除干扰力后，杆件在微弯状态下平衡，不再恢复到原来的直线状态[如图 9-1(b)所示]，说明压杆处于不稳定的平衡状态，或称失稳。当轴向压力继续增加并超过一定值时，压杆会产生显著的弯曲变形甚至破坏。称这个使杆在微弯状态下平衡的轴向荷载为临界荷载，简称为临界力，并用 F_{cr} 表示。它是压杆保持直线平衡时能承受的最大压力。对于一个具体的压杆（材料、尺寸、约束等情况均已确定）来说，临界力 F_{cr} 是一个确定的数值。压杆的临界状态是一种随遇平衡状态，因此，根据杆件所受的实际压力是小于、大于该压杆的临界力，就能判定该压杆所处的平衡状态是稳定的还是不稳定的。

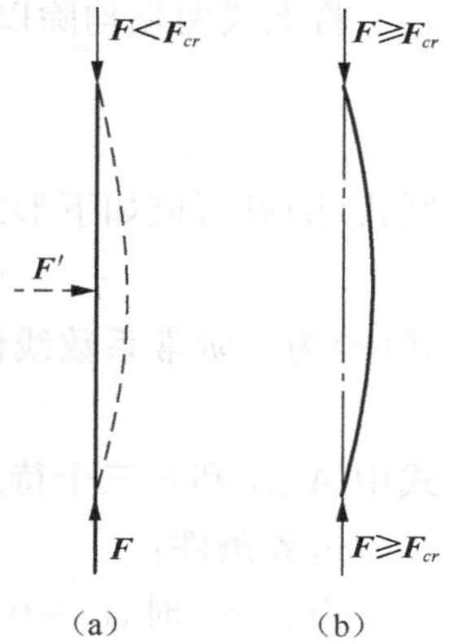

图 9-1

工程实际中许多受压构件都要考虑其稳定性，例如千斤顶的丝杆，自卸载重车的液压活塞杆、连杆以及桁架结构中的受压杆等。

解决压杆稳定问题的关键是确定其临界力。如果将压杆的工作压力控制在由临界力所确定的许用范围内，则压杆不致失稳。下面研究如何确定压杆的临界力。

第二节 理想压杆临界力的计算

所谓理想压杆指的是中心受压直杆。因为对于实际的压杆，导致其弯曲的因素有很多，例如，压杆材料本身存在的不均匀性，压杆在制造时其轴线不可避免地会存在初曲率，作用在压杆上外力的合力作用线也不可能毫无偏差地与杆轴线相重合等。这些因素都可能使压杆在外力作用下除发生轴向压缩变形外，还发生附加的弯曲变形。但在对压杆的承载能力进行理论研究时，通常将压杆抽象为由均质材料制成的中心受压直杆的力学模型，即理想压杆。因此"失稳"临界力的概念都是针对这一力学模型而言的。

一、两端铰支细长压杆的临界力

现以两端铰支，长度为 l 的等截面细长中心受压[如图 9－2(a)所示]为例，推导其临界力的计算公式。假设压杆在临界力作用下轴线呈微弯状态维持平衡[如图 9－2(b)所示]。此时，压杆任意 x 截面沿 y 方向的挠度为 w，该截面上的弯矩为

$$M(x)=F_{cr}\cdot w \tag{a}$$

弯矩的正、负号按第五章中的规定，压力 F_{cr} 取为正值，挠度 w 以沿 y 轴正值方向为正。

将弯矩方程 $M(x)$ 代入式(7－7)，可得挠曲线的近似微分方程为

$$EIw''=-M(x)=-F_{cr}w \tag{b}$$

其中，I 为压杆横截面的最小形心主惯性矩。

将上式两端均除以 EI，并令

$$\frac{F_{cr}}{EI}=k^2 \tag{c}$$

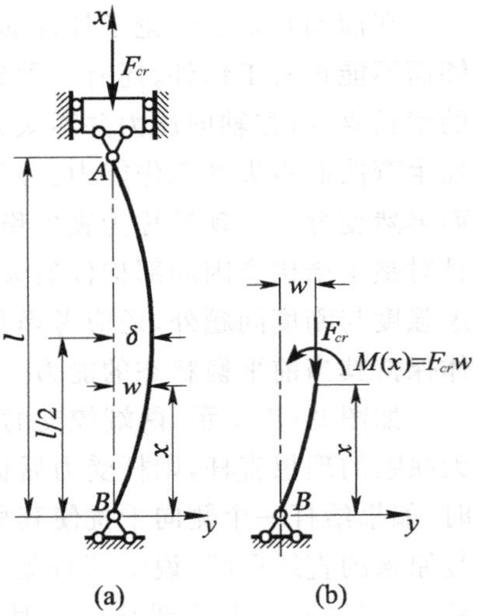

图 9－2

则式(b)可写成如下形式

$$w''+k^2w=0 \tag{d}$$

式(d)为二阶常系数线性微分方程，其通解为

$$w=A\sin kx+B\cos kx \tag{e}$$

式中 A、B 和 k 三个待定常数可用挠曲线的边界条件确定。

边界条件：

当 $x=0$ 时，$w=0$，代入式(e)，得 $B=0$。式(e)为

$$w=A\sin kx \tag{f}$$

当 $x=l$ 时，$w=0$，代入式(f)，得

$$A\sin kl=0 \tag{g}$$

满足式(g)的条件是 $A=0$，或者 $\sin kl=0$。若 $A=0$，由式(f)可见 $w=0$，与题意(轴线呈微弯状态)不符。因此，只有

$$\sin kl=0 \tag{h}$$

即得

$$kl = n\pi \quad (n = 1,3,5,\cdots)$$

其最小非零解是 $n=1$ 的解，于是

$$kl = \sqrt{\frac{F_{cr}}{EI}} \cdot l = \pi \tag{i}$$

即得

$$F_{cr} = \frac{\pi^2 EI}{l^2} \tag{9-1}$$

式(9－1)即两端铰支等截面细长中心受压直杆临界力 F_{cr} 的计算公式。由于式(9－1)最早是由欧拉(L. Enlen)导出的，所以称为欧拉公式。

将式(i)代入式(f)得

$$w = A\sin\frac{\pi}{l}x \tag{j}$$

将边界条件 $x=\frac{l}{2}$，$w=\delta$(δ 为挠曲线中点挠度)代入式(j)，得

$$A = \frac{\delta}{\sin\frac{\pi}{2}} = \delta$$

将上式代入式(j)可得挠曲线方程为

$$w = \delta\sin\frac{\pi}{l}x \tag{k}$$

即挠曲线为半波正弦曲线。

二、一端固定、一端自由细长压杆的临界力

如图 9－3 所示，一下端固定、上端自由并在自由端受轴向压力作用的等直细长压杆。杆长为 l，在临界力作用下，杆失稳时假定可能在 xy 平面内维持微弯状态下的平衡，其弯曲刚度为 EI，现推导其临界力。

根据杆端约束情况，杆在临界力 F_{cr} 作用下的挠曲线形状如图 9－3 所示，最大挠度 δ 发生在杆的自由端。由临界力引起的杆任意 x 截面上的弯矩为

$$M(x) = -F_{cr}(\delta - w) \tag{a}$$

式中，w 为 x 截面处杆的挠度。将式(a)代入杆的挠曲线近似微分方程，即得

$$EIw'' = -M(x) = F_{cr}(\delta - w) \tag{b}$$

上式两端均除以 EI，并令 $\frac{F_{cr}}{EI} = k^2$，经整理得

$$w'' + k^2 w = k^2\delta \tag{c}$$

上式为二阶常系数非齐次微分方程，其通解为

$$w = A\sin kx + B\cos kx + \delta \tag{d}$$

其一阶导数为

$$w' = Ak\cos kx - Bk\sin kx \tag{e}$$

上式中的 A、B、k 可由挠曲线的边界条件确定。

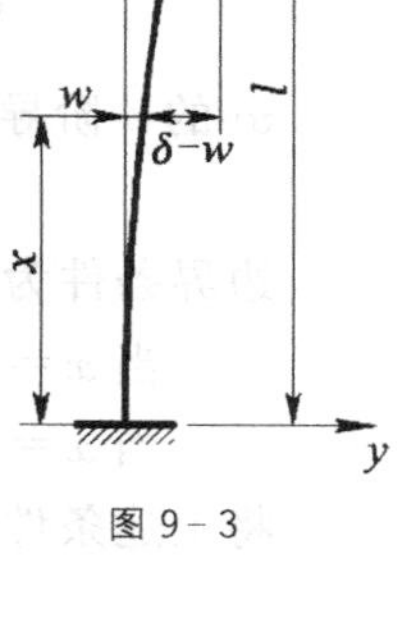

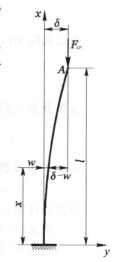

图 9－3

当 $x=0$ 时，$w=0$，有 $B=-\delta$。

当 $x=0$ 时，$w'=0$，有 $A=0$。

将 A、B 值代入式(d)得

$$w=\delta(1-\cos kx) \tag{f}$$

再将边界条件 $x=l$，$w=\delta$ 代入式(f)，即得

$$\delta=\delta(1-\cos kl) \tag{g}$$

由此得

$$\cos kl=0 \tag{h}$$

从而得

$$kl=\frac{n\pi}{2}\quad(n=1,3,5,\cdots) \tag{i}$$

其最小非零解为 $n=1$ 的解，即 $kl=\frac{\pi}{2}$。于是该压杆临界力 F_{cr} 的欧拉公式为

$$F_{cr}=\frac{\pi^2 EI}{(2l)^2} \tag{9-2}$$

将 $k=\frac{\pi}{2l}$ 代入式(f)，即得此压杆的挠曲线方程为

$$w=\delta\left(1-\cos\frac{\pi x}{2l}\right)$$

式中，δ 为杆自由端的微小挠度，其值不定。

三、两端固定的细长压杆的临界力

如图 9-4(a)所示，两端固定的压杆，当轴向力达到临界力 F_{cr} 时，杆处于微弯平衡状态。由于对称性，可设杆两端的约束力偶矩均为 M，则杆的受力情况如图 9-4(a)所示。将杆从 x 截面截开，并考虑下半部分的静力平衡[如图 9-4(b)所示]，可得到 x 截面处的弯矩为

$$M(x)=F_{cr}w-M_e \tag{a}$$

代入挠曲线近似微分方程，得

$$EIw''=-(F_{cr}w-M_e) \tag{b}$$

两边同除 EI，并令 $k^2=\frac{F_{cr}}{EI}$，经整理得

$$w''+k^2w=\frac{M_e}{EI} \tag{c}$$

此微分方程式的通解为

$$w=A\sin kx+B\cos kx+\frac{M_e}{F_{cr}} \tag{d}$$

w 的一阶导数为

$$w'=Ak\cos kx-Bk\sin kx \tag{e}$$

边界条件为：

当 $x=0$ 时，$w=0$，$w'=0$。

当 $x=l$ 时，$w=0$，$w'=0$。

将上述条件代入式(d)、(e)，得

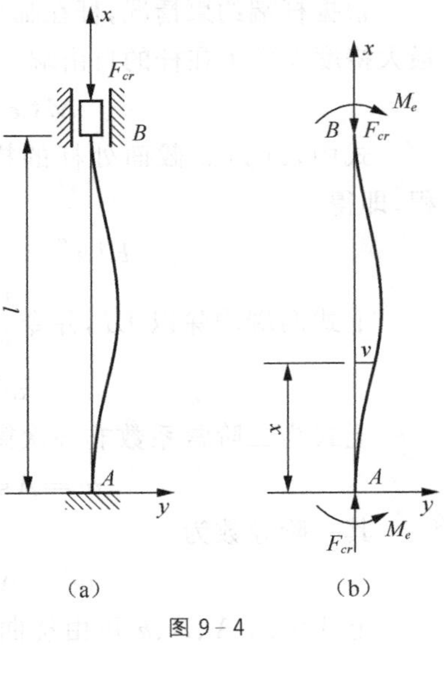

图 9-4

$$\begin{cases} B+\dfrac{M_e}{F_{cr}}=0 \\ Ak=0 \\ A\sin kl+B\cos kl+\dfrac{M_e}{F_{cr}}=0 \\ Ak\cos kl-Bk\sin kl=0 \end{cases} \tag{f}$$

由上面 4 个方程，解出

$$\cos kl=1$$
$$\sin kl=0$$

满足上式的最小非零解为 $kl=2\pi$ 或 $k=\dfrac{2\pi}{l}$。于是得

$$F_{cr}=k^2EI=\frac{\pi^2EI}{(0.5l)^2} \tag{9-3}$$

这就是两端固定细长压杆临界力的欧拉公式。

四、细长压杆的临界力公式

比较上述 3 种典型压杆的欧拉公式，可以看出，3 个公式的形式都一样；临界力与 EI 成正比，与 l^2 成反比，只相差一个系数。显然，此系数与约束形式有关。于是，临界力的表达式可统一写为

$$F_{cr}=\frac{\pi^2EI}{(\mu l)^2} \tag{9-4}$$

式中 μ 称为长度系数，μl 称为压杆的相当长度。

不同杆端约束情况下长度系数的值如表 9－1 所示。值得指出，表中给出的都是理想约束情况。实际工程问题中，杆端约束多种多样，要根据具体实际约束的性质和相关设计规范选定 μ 值的大小。

表 9－1　　不同杆端约束情况下的长度系数

杆端支承情况	两端铰支	一端固定，一端铰支	两端固定	一端固定，一端自由
失稳时挠曲线形状		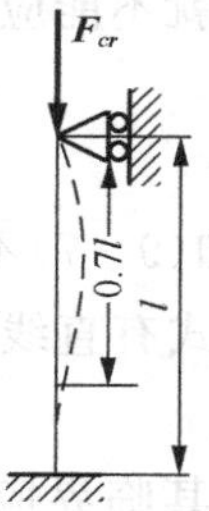	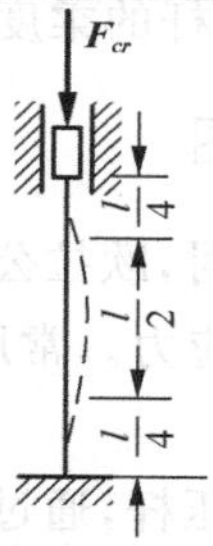	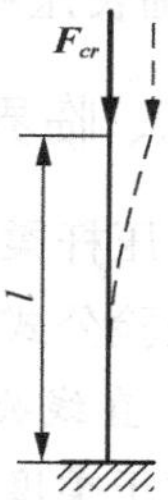
长度系数(μ)	$\mu=1$	$\mu=0.7$	$\mu=0.5$	$\mu=2$

第三节　欧拉公式的适用范围

一、临界应力和柔度

当压杆受临界力 F_{cr} 作用而在直线平衡形式下维持不稳定平衡时，横截面上的压应力可

按公式 $\sigma=\dfrac{F}{A}$ 计算。于是，各种支承情况下压杆横截面上的应力为

$$\sigma_{cr}=\frac{F_{cr}}{A}=\frac{\pi^2 E}{(\mu l)^2}\cdot\frac{I}{A}=\frac{\pi^2 E}{(\mu l/i)^2} \tag{9-5}$$

式中，σ_{cr} 称为**临界应力**，$i=\sqrt{\dfrac{I}{A}}$，称为压杆横截面对中性轴的**惯性半径**。

令

$$\lambda=\frac{\mu l}{i} \tag{9-6}$$

λ 称为压杆的**长细比**或**柔度**。其值越大，σ_{cr} 就越小，即压杆越容易失稳。

则式(9－5)可写成

$$\sigma_{cr}=\frac{\pi^2 E}{\lambda^2} \tag{9-7}$$

式(9－7)称为临界应力的欧拉公式。

二、欧拉公式的适用范围

在前面推导临界力的欧拉公式过程中，使用了挠曲线近似微分方程。而挠曲线近似微分方程的适用条件是小变形、线弹性范围内。因此，欧拉公式(9－7)只适用于小变形且临界应力不超过材料比例极限 σ_p，即

$$\sigma_{cr}\leqslant\sigma_p$$

将式(9－7)代入上式，得

$$\frac{\pi^2 E}{\lambda^2}\leqslant\sigma_p$$

或写成

$$\lambda\geqslant\pi\sqrt{\frac{E}{\sigma_p}}=\lambda_p \tag{9-8}$$

式中，λ_p 为能够应用欧拉公式的压杆柔度的界限值。通常称 $\lambda\geqslant\lambda_p$ 的压杆为大柔度压杆，或细长压杆。而当压杆的柔度 $\lambda<\lambda_p$ 时，就不能应用欧拉公式。

三、临界应力总图

当压杆柔度 $\lambda<\lambda_p$ 时，欧拉公式(9－4)和(9－7)不再适用。对这样的压杆，目前设计中多采用经验公式确定临界应力。常用的经验公式有直线公式和抛物线公式。

1. 直线公式

对于柔度 $\lambda<\lambda_p$ 的压杆，通过试验发现，其临界应力 σ_{cr} 与柔度之间的关系可近似地用如下直线公式表示

$$\sigma_{cr}=a-b\lambda \tag{9-9}$$

式中，a、b 为与压杆材料力学性能有关的常数。

事实上，当压杆柔度小于 λ_0 时，不论施加多大的轴向压力，压杆都不会因发生弯曲变形而失稳。一般将 $\lambda<\lambda_0$ 的压杆称为**小柔度杆**。这时只要考虑压杆的强度问题即可。当压杆的 λ 值在 $\lambda_0<\lambda<\lambda_p$ 范围时，称压杆为**中柔度杆**。

对于由塑性材料制成的小柔度杆，当其临界应力达到材料的屈服强度 σ_s 时，即认为失效。

所以有

$$\sigma_{cr}=\sigma_s$$

将其代入式(9-9)，可确定 λ_0 的大小。

$$\lambda_0=\frac{a-\sigma_s}{b} \tag{9-10}$$

如果将上式中的 σ_s 换成脆性材料的抗拉强度 σ_b，即得由脆性材料制成压杆的 λ_0 值。不同材料的 a、b 值及 λ_0、λ_p 的值如表 9-2 所示。

表 9-2　　不同材料的 a、b 值及 λ_0，λ_p 的值

材料(σ_s，σ_b/MPa)	a(MPa)	b(MPa)	λ_p	λ_0
Q235 钢($\sigma_s=235$，$\sigma_b\geqslant 372$)	304	1.12	100	60
优质碳钢($\sigma_s=306$，$\sigma_b\geqslant 470$)	460	2.57	100	60
硅钢($\sigma_s=353$，$\sigma_b\geqslant 510$)	577	3.74	100	60
铬钼钢	980	5.29	55	
硬铝	392	3.26	50	
铸铁	332	1.45	80	
松木	28.7	0.2	59	

以柔度 λ 为横坐标，临界应力 σ_{cr} 为纵坐标，将临界应力与柔度的关系曲线绘于图中，即得到全面反映大、中、小柔度压杆的临界应力随柔度变化情况的临界应力总图，如图 9-5 所示。

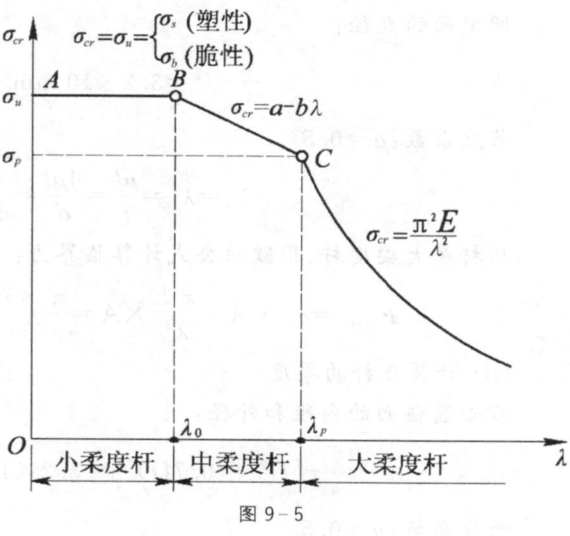

图 9-5

2. 抛物线公式

我国钢结构规范(GB50017—2003)中，采用如下形式的抛物线公式

$$\sigma_{cr}=\sigma_s\left[1-0.43\left(\frac{\lambda}{\lambda_c}\right)^2\right]\quad \lambda\leqslant\lambda_c \tag{9-11}$$

式中

$$\lambda_c=\pi\sqrt{\frac{E}{0.57\sigma_s}} \tag{9-12}$$

其中，λ_c 为临界应力曲线与抛物线相交点对应的柔度值。

【例 9-1】图 9-6 所示压杆，截面有 4 种形式。但其面积均为 $A=3.2\times 10\ \text{mm}^2$，试计算它们的临界力，并进行比较。弹性模量 $E=70$ GPa，$\lambda_p=50$，$\lambda_0=30$，中柔度杆的临界应力公式为 $\sigma_{cr}=382\ \text{MPa}-(2.18\ \text{MPa})\lambda$。

解：(a) 比较压杆弯曲平面的柔度

$$I_y<I_z,\quad i_y<i_z,\quad \lambda_y=\frac{\mu l}{i_y},\quad \lambda_z=\frac{\mu l}{i_z}\Rightarrow\lambda_y>\lambda_z$$

矩形截面的高与宽：

$$A=2b^2=3.2\times 10\ \text{mm}^2\quad \therefore b=4\ \text{mm}\quad 2b=8\ \text{mm}$$

长度系数：$\mu=0.5$

$$\lambda_y=\frac{\mu l}{i_y}=\frac{\sqrt{12}\mu l}{b}=\frac{\sqrt{12}\times 0.5\times 3}{0.004}=1299$$

压杆是大柔度杆，用欧拉公式计算临界力：

$$F_{cr(a)}=\sigma_{cr}\cdot A=\frac{\pi^2 E}{\lambda_y^2}\cdot A=\frac{\pi^2\times 70\times 10^9}{1229^2}\times 3.2\times 10\times 10^{-6}=14.6\ \text{N}$$

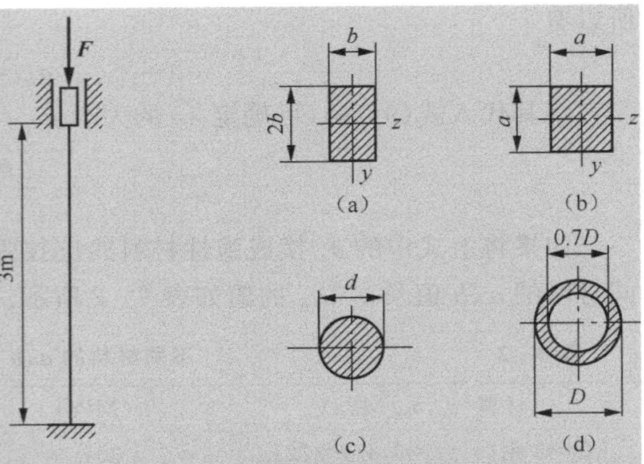

图 9-6

(b) 计算压杆的柔度

正方形的边长：

$a^2=3.2\times 10\ \text{mm}^2,\quad a=4\sqrt{2}\ \text{mm}$

长度系数：$\mu=0.5$

$$\lambda_y=\lambda_z=\frac{\mu l}{i}=\frac{\sqrt{12}\mu l}{a}=\frac{\sqrt{12}\times 0.5\times 3}{4\sqrt{2}\times 10^{-3}}=918.6$$

压杆是大柔度杆，用欧拉公式计算临界力：

$$F_{cr(b)}=\sigma_{cr}\times A=\frac{\pi^2 E}{\lambda^2}\times A=\frac{\pi^2\times 70\times 10^9}{918.6^2}\times 3.2\times 10\times 10^{-6}=26.2\ \text{N}$$

(c) 计算压杆的柔度

圆截面的直径：

$$\frac{1}{4}\pi d^2=3.2\times 10\ \text{mm}^2\qquad \therefore d=6.38\ \text{mm}$$

长度系数：$\mu=0.5$

$$\lambda_y=\lambda_z=\frac{\mu l}{i}=\frac{4\mu l}{d}=\frac{4\times 0.5\times 3}{6.38\times 10^{-3}}=940.4$$

压杆是大柔度杆，用欧拉公式计算临界力：

$$F_{cr(c)}=\sigma_{cr}\times A=\frac{\pi^2 E}{\lambda^2}\times A=\frac{\pi^2\times 70\times 10^9}{940.4^2}\times 3.2\times 10\times 10^{-6}=25\ \text{N}$$

(d) 计算压杆的柔度

空心圆截面的内径和外径：

$$\frac{1}{4}\pi[D^2-(0.7D)^2]=3.2\times 10\ \text{mm}^2\qquad \therefore D=8.94\ \text{mm}$$

长度系数：$\mu=0.5$

$$i=\sqrt{\frac{I}{A}}=\sqrt{\frac{\frac{1}{64}\pi D^4-\frac{1}{64}\pi d^4}{\frac{1}{4}\pi D^2-\frac{\pi d^2}{4}}}=\frac{\sqrt{D^2+d^2}}{4}=\frac{\sqrt{D^2+(0.7D)^2}}{4}=\sqrt{1.49}\frac{D}{4}$$

$$\lambda_y=\lambda_z=\frac{\mu l}{i}=\frac{4\mu l}{\sqrt{1.49}D}=\frac{4\times 0.5\times 3}{\sqrt{1.49}\times 0.00894}=550$$

压杆是大柔度杆，用欧拉公式计算临界力；

$$F_{cr(d)}=\sigma_{cr}\cdot A=\frac{\pi^2 E}{\lambda^2}\cdot A=\frac{\pi^2\times 70\times 10^9}{550^2}\times 3.2\times 10\times 10^{-6}=73.1\ \text{N}$$

4 种情况的临界压力的大小排序为 $F_{cr(a)}<F_{cr(c)}<F_{cr(b)}<F_{cr(d)}$。

第四节 压杆的稳定计算

一、稳定安全因数法

对于实际中的压杆，要使其不丧失稳定而正常工作，必须使压杆所承受的工作应力小于压杆的临界应力 σ_{cr}，为了使其具有足够的稳定性，可将临界应力除以适当的安全系数。于是，压杆的稳定条件为

$$\sigma=\frac{F}{A}\leqslant\frac{\sigma_{cr}}{n_{st}}=[\sigma]_{st} \tag{9-13}$$

式中，n_{st} 为**稳定安全因数**，$[\sigma]_{st}$ 为**稳定许用应力**。

式(9－13)即为稳定安全因数法的稳定条件。常见压杆的稳定安全因数如表 9－3 所示。

表 9－3　常见压杆的稳定安全因数

实际压杆	稳定安全因数 n_{st}
金属结构中的压杆	1.8～3.0
矿山和冶金设备中的压杆	4～8
机床的走刀丝杆	2.5～4
磨床油缸活塞杆	4～6
高速发动机挺杆	2.5～5
推拉机转向机构的推杆	≥5
起重螺旋	3.5～5

【例 9－2】 如图 9－7 所示的结构中，梁 AB 为 No. 14 普通热轧工字钢，CD 为圆截面直杆，其直径为 $d=20$ mm，二者材料均为 Q235 钢。结构受力如图所示，A、C、D 三处均为球铰约束。若已知 $F_p=25$ kN，$l_1=1.25$ m，$l_2=0.55$ m，$\sigma_s=235$ MPa。强度安全因数 $n_s=1.45$，稳定安全因数 $n_{st}=1.8$。试校核此结构是否安全。

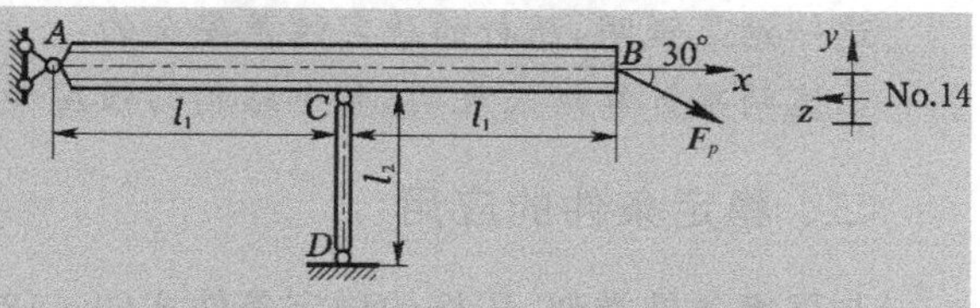

图 9－7

解：在给定的结构中共有两个构件：梁 AB，承受拉伸与弯曲的组合作用，属于强度问题；杆 CD，承受压缩荷载，属稳定问题。现分别校核如下。

(1) 大梁 AB 的强度校核。大梁 AB 在截面 C 处的弯矩最大，该处横截面为危险截面，其上的弯矩和轴力分别为

$$\begin{aligned}M_{\max}&=(F_p\sin30^\circ)l_1=(25\times10^3\times0.5)\times1.25\\&=15.63\times10^3\ \text{N}\cdot\text{m}=15.63\ \text{kN}\cdot\text{m}\\F_N&=F_p\cos30^\circ=25\times10^3\times\cos30^\circ\\&=21.65\times10^3\ \text{N}=21.65\ \text{kN}\end{aligned}$$

由型钢表查得 14 号普通热轧工字钢的

$$W_z=102\ \text{cm}^3=102\times10^3\ \text{mm}^3$$

$$A=21.5\ \text{cm}^2=21.5\times10^2\ \text{mm}^2$$

由此得到

$$\sigma_{\max}=\frac{M_{\max}}{W_z}+\frac{F_N}{A}=\frac{15.63\times 10^3}{102\times 10^3\times 10^{-9}}+\frac{21.65\times 10^3}{21.5\times 10^2\times 10^{-4}}$$

$$=163.2\times 10^6\ \text{Pa}=163.2\ \text{MPa}$$

Q235 钢的许用应力为

$$[\sigma]=\frac{\sigma_s}{n_s}=\frac{235}{1.45}=162\ \text{MPa}$$

$\sigma_{\max}$略大于$[\sigma]$，但$(\sigma_{\max}-[\sigma])\times 100\%/[\sigma]=0.7\%<5\%$，工程上仍认为是安全的。

(2) 校核压杆 CD 的稳定性。由平衡方程求得压杆 CD 的轴向压力为

$$F_{NCD}=2F_p\sin 30°=F_p=25\ \text{kN}$$

因为是圆截面杆，故惯性半径为

$$i=\sqrt{\frac{I}{A}}=\frac{d}{4}=5\ \text{mm}$$

又因为两端为球铰约束 $\mu=1.0$，所以

$$\lambda=\frac{\mu l}{i}=\frac{1.0\times 0.55}{5\times 10^{-3}}=110>\lambda_p=101$$

这表明，压杆 CD 为细长杆，故需采用式(9－7)计算其临界应力，有

$$F_{Pcr}=\sigma_{cr}A=\frac{\pi^2 E}{\lambda^2}\times\frac{\pi d^2}{4}=\frac{\pi^2\times 206\times 10^9}{110^2}\times\frac{\pi\times(20\times 10^{-3})^2}{4}$$

$$=52.8\times 10^3\ \text{N}=52.8\ \text{kN}$$

于是，压杆的工作安全因数为

$$n_w=\frac{\sigma_{cr}}{\sigma_w}=\frac{F_{Pcr}}{F_{NCD}}=\frac{52.8}{25}=2.11>n_{st}=1.8$$

这一结果说明，压杆的稳定性是安全的。

上述两项计算结果表明，整个结构的强度和稳定性都是安全的。

二、稳定条件的应用

与强度条件类似，压杆的稳定条件式(9－13)同样可以解决三类问题。

(1) 校核压杆的稳定性。

(2) 确定许用荷载。

(3) 利用稳定条件设计截面尺寸。

第五节　压杆的合理截面设计

提高压杆的稳定性，就是要提高压杆的临界力。从临界力或临界应力的公式可以看出，影响临界力的主要因素不外乎如下几个方面：压杆的截面形状、压杆的长度、约束情况及材料性质等。下面分别加以讨论。

1. 选择合理的截面形状

压杆的临界力与其横截面的惯性矩成正比。因此，应该选择截面惯性矩较大的截面形状。并且，当杆端各方向约束相同时，应尽可能使杆截面在各方向的惯性矩相等。图 9－8 所示的两种压杆截面，在面积相同的情况下，截面(b)比截面(a)合理，因为截面(b)的惯性矩大。由

槽钢制成的压杆，有两种摆放形式，如图 9-9 所示，(b)比(a)合理，因为(a)中截面对竖轴的惯性矩比另一方向小很多，降低了杆的临界力。

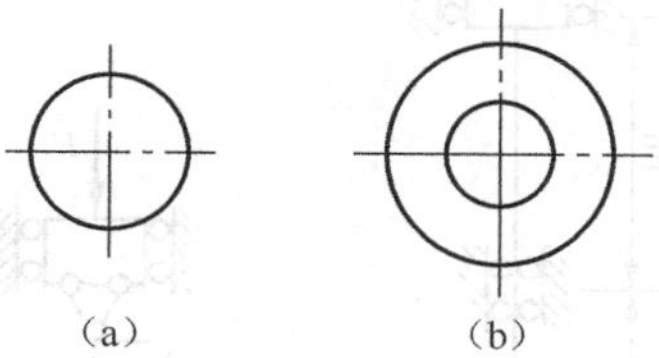

图 9-8 不同的压杆截面

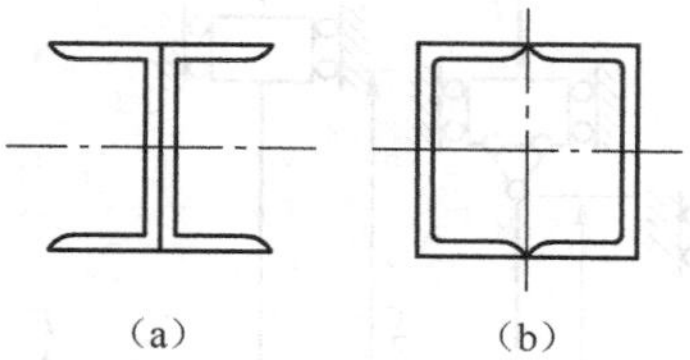

图 9-9 不同的摆放形式

2. 减小压杆长度

欧拉公式表明，临界力与压杆长度的平方成反比。所以，在设计时，应尽量减小压杆的长度，或设置中间支座以减小跨长，达到提高稳定性的目的。

3. 改善约束条件

对细长压杆来说，临界力与反映杆端约束条件的长度系数 μ 的平方成反比。通过加强杆端约束的紧固程度，可以降低 μ 值，从而提高压杆的临界力。

4. 合理选择材料

欧拉公式表明，临界力与压杆材料的弹性模量成正比。弹性模量高的材料制成的压杆，其稳定性好。合金钢等优质钢材虽然强度指标比普通低碳钢高，但其弹性模量与低碳钢相差无几。所以，大柔度杆选用优质钢材对提高压杆的稳定性作用不大。而对中小柔度杆，其临界力与材料的强度指标有关，强度高的材料，其临界力也大，所以选择高强度材料对提高中小柔度杆的稳定性有一定作用。

思 考 题

9-1 何谓失稳，何谓稳定平衡与不稳定平衡，何谓临界载荷。

9-2 压杆失稳与压杆的强度破坏相比有什么不同点。

9-3 采用 Q235 钢制成的三根压杆，分别为大、中、小柔度杆。若材料必用优质碳素钢，是否可提高各杆的承载能力，为什么。

9-4 若杆件横截面 $I_y > I_z$，那么杆件失稳一定在平面 xz 内吗。

习 题 九

9-1 图示各杆材料和截面均相同，试问杆能承受的压力哪根最大，哪根最小(图 f 所示杆在中间支承处不能转动)。

9-2 下端固定、上端铰支、长 $l=4$ m 的压杆，由两根 10 号槽钢焊接而成，如图所示，并符合钢结构设计规范中实腹式 b 类截面中心受压杆的要求。已知杆的材料为 Q235 钢，强度许用应力$[\sigma]=170$ MPa，试求压杆的许可荷载。

9-3 如果杆分别由下列材料制成：

(1) 比例极限 $\sigma_P=220$ MPa，弹性模量 $E=190$ GPa 的钢；

(2) $\sigma_P=490$ MPa，$E=215$ GPa，含镍 3.5%的镍钢；

(3) $\sigma_P=20$ MPa，$E=11$ GPa 的松木。

试求可用欧拉公式计算临界力的压杆的最小柔度。

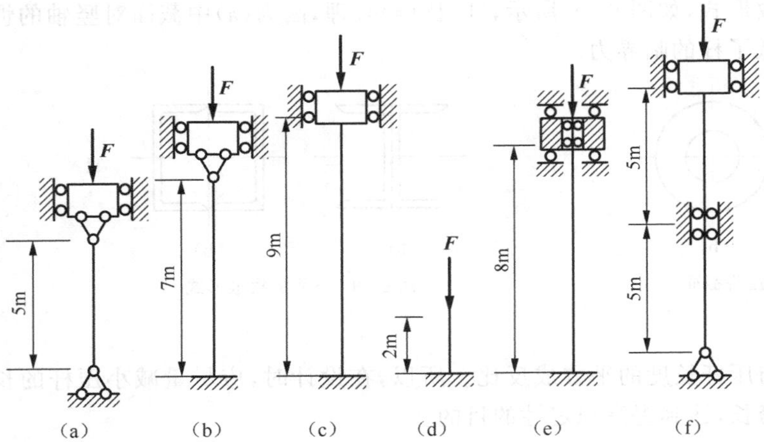

习题 9-1 图

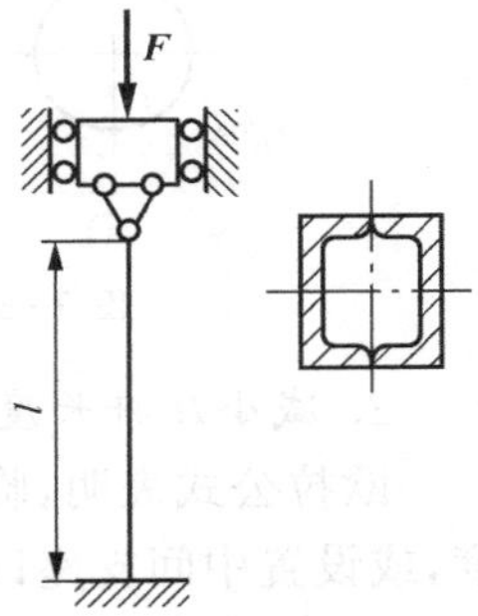

习题 9-2 图

9-4　图示结构中，BC 为圆截面杆，其直径 $d=80$ mm；AC 为边长 $a=70$ mm的正方形截面杆。已知该结构的约束情况为 A 端固定，B、C 为球形铰。两杆的材料均为 Q235 钢，弹性模量 $E=210$ GPa，可各自独立发生弯曲互不影响。若结构的稳定安全系数 $n_{st}=2.5$，试求所能承受的许可压力。

9-5　图示结构中杆 AC 与 CD 均由 Q235 钢制成，C、D 两处均为球铰。已知 $d=20$ mm，$b=100$ mm，$h=180$ mm；$E=200$ GPa，$\sigma_s=235$ MPa，$\sigma_b=400$ MPa；强度安全因数 $n=2.0$，稳定安全因数 $n_{st}=3.0$。试确定该结构的许可荷载。

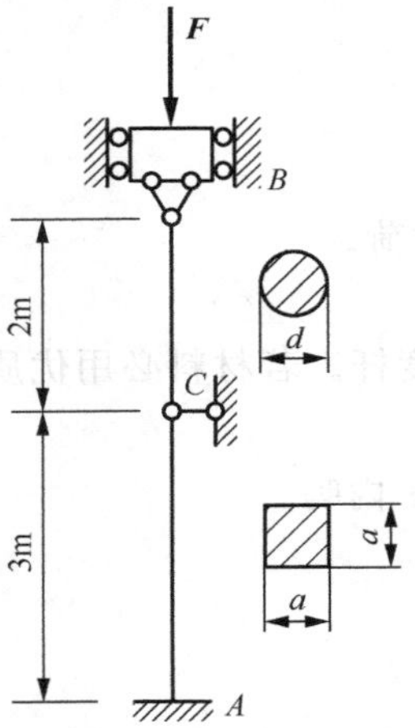

习题 9-4 图

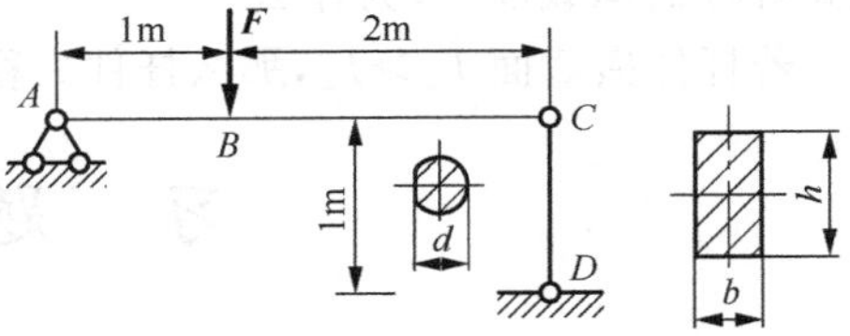

习题 9-5 图

第三篇　运动和动力分析

工程中的力学设计可分为静力设计和动力设计两个方面。在第二篇中我们已经研究了处于平衡状态的物体或构件的外力、内力、变形及力与变形的关系，初步掌握了构件（主要是杆件）的强度、刚度和稳定性计算，即构件的静力设计方法。而动力分析主要是为构件或机构的动力设计提供理论基础和分析计算方法，包括分析其运动的规律、运动与力之间的关系等。在现代工业和科学技术迅速发展的今天，运动力学有着广泛的应用前景，如高速运转的机械、高速车辆、机器人、航空航天等领域，都需要应用运动力学的理论。

为了研究的方便，动力分析一般分为两步进行：第一步是不考虑产生物体运动的原因，仅研究物体在空间的位置随时间变化的几何性质。这部分内容称为运动学。其力学模型为点与不计质量的刚体。第二步是研究作用于物体的力系和物体的运动之间的关系，将主要讨论牛顿定律以及以此为基础的质点动力学基本定律。这部分内容称为动力学。其力学模型主要为质点和质点系。

研究物体运动就是研究物体在空间的位置随着时间的变化规律。而物体在空间的位置只能从它与周围物体的相互关系中去确定，这个用来确定物体位置和描述它的运动而选作标准的另一物体称为参考体，而与参考体固连的整个延伸空间称为参考系，可在参考系上设置坐标系，称为参考坐标系。在日常生活和工程实际中，通常都是以固连在地面上的坐标系作为参考坐标系。

动力学中物体的抽象模型有质点和质点系。质点是具有一定质量而几何形状和尺寸大小可以忽略不计的物体。质点系是由几个或无限个相互联系的质点所组成的系统。刚体是质点系的一种特殊情形，其中任意两质点间的距离保持不变，也称为不变的质点系。

动力学可分为质点动力学和质点系动力学，而前者是后者的基础。

动力学问题是以牛顿定律为基础的力学，故称为牛顿力学或经典力学，所能适用的参考系称为惯性参考系。本书中采用与地球固连在一起的坐标系作为惯性参考系。

第十章 质点运动与动力学基础

本章将研究点的运动，包括点的运动方程、运动轨迹、速度、加速度等。点的运动学也是研究刚体运动的基础。

第一节 点的运动方程

点在取定的坐标系中位置坐标随时间连续变化的规律称为点的**运动方程**。点在空间运动的路径称为**轨迹**。在某一参考体上建立不同的参考系，点的运动方程有不同的形式。

一、矢量法

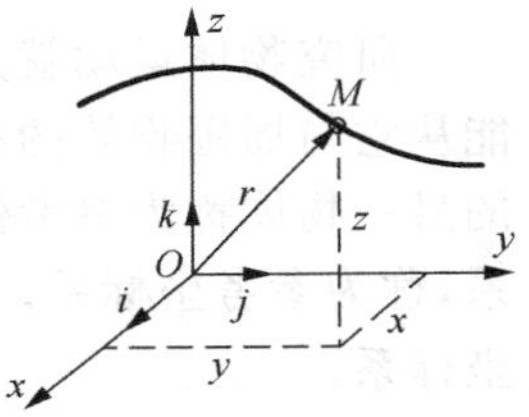

图 10-1

设点作空间曲线运动，在某一瞬时 t，动点为 M，如图 10-1 所示。选取参考体上某固定点 O 为坐标原点，自点 O 向动点 M 作矢量 $\boldsymbol{r}$，称 $\boldsymbol{r}$ 为点 M 相对于原点 O 的**矢径**。当动点 M 运动时，矢径 $\boldsymbol{r}$ 随时间而变化，并且是时间的单值连续函数，即

$$\boldsymbol{r}=\boldsymbol{r}(t) \tag{10-1}$$

上式称为矢量形式表示的点的运动方程。

显然，矢径 $\boldsymbol{r}$ 的矢端曲线就是动点的运动轨迹。

二、直角坐标法

过点 O 建立固定的直角坐标系 $Oxyz$，则动点 M 在任意瞬时的空间位置也可以用它的 3 个直角坐标 x、y、z 表示，如图 10-1 所示。由于矢径的原点和直角坐标系的原点重合，矢径 $\boldsymbol{r}$ 可表为

$$\boldsymbol{r}=x\boldsymbol{i}+y\boldsymbol{j}+z\boldsymbol{k} \tag{10-2}$$

式中 $\boldsymbol{i}$、$\boldsymbol{j}$、$\boldsymbol{k}$ 分别为沿三根坐标轴的单位矢量。坐标 x、y、z 也是时间的单值连续函数，即

$$\left.\begin{aligned}x&=f_1(t)\\y&=f_2(t)\\z&=f_3(t)\end{aligned}\right\} \tag{10-3}$$

式(10-3)称为点的直角坐标形式的运动方程，也是点的轨迹的参数方程。

三、自然法

当动点相对于所选的参考系的轨迹已知时，可以沿此轨迹确定动点的位置。在轨迹上任取固定点 O 作为原点，选定沿轨迹量取弧长的正负方向，则动点的位置可用弧坐标 s 来确定。如图 10-2 所示。动点沿轨迹运动时，弧长 s 是时间的单值连续函数

$$s=f(t) \tag{10-4}$$

上式称为点用自然法描述的运动方程。

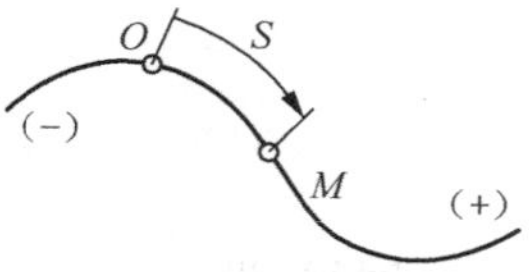

图 10-2

以上 3 种形式的运动方程在使用上各有所侧重。矢量形式的运动方程常用于公式推导；直角坐标形式的运动方程常用于轨迹未知或轨迹较复杂的情况；当轨迹已知为圆或圆弧时，用自然法则较为方便。

第二节　点的速度和加速度

动点运动的快慢和方向用速度表示，速度的变化情况则用加速度表示。下面给出在各坐标系下，速度、加速度的数学表达式。

一、用矢量法表示点的速度和加速度

如动点矢量形式的运动方程为 $\boldsymbol{r}=\boldsymbol{r}(t)$，则动点的速度定义为

$$\boldsymbol{v}=\mathrm{d}\boldsymbol{r}/\mathrm{d}t \tag{10-5}$$

即动点的速度等于动点的矢径 $\boldsymbol{r}$ 对时间 t 的一阶导数。

速度是矢量，方向沿 $\boldsymbol{r}$ 矢端曲线的切线，指向动点前进的方向，如图 10-3 所示；大小为 v，它表明点运动的快慢，其量纲为 LT^{-1}，在国际单位制中，速度的单位为 m/s。

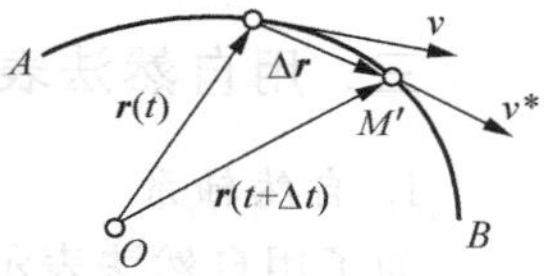

图 10-3

动点的加速度定义为

$$\boldsymbol{a}=\frac{\mathrm{d}\boldsymbol{v}}{\mathrm{d}t}=\frac{\mathrm{d}^2\boldsymbol{r}}{\mathrm{d}t^2} \tag{10-6}$$

即动点的加速度等于该点的速度对时间的一阶导数，或等于矢径对时间的二阶导数。

加速度也是矢量，其量纲为 LT^{-2}，在国际单位制中，加速度的单位为 m/s^2。

有时为了方便，在字母上方加"·"表示该量对时间的一阶导数，加"··"表示该量对时间的二阶导数。因此式(10-5)和式(10-6)亦可写为 $\boldsymbol{v}=\dot{\boldsymbol{r}}$ 和 $\boldsymbol{a}=\dot{\boldsymbol{v}}=\ddot{\boldsymbol{r}}$。

二、用直角坐标法表示点的速度和加速度

因

$$\boldsymbol{r}=x\boldsymbol{i}+y\boldsymbol{j}+z\boldsymbol{k}$$

将上式对时间求一阶导数，并注意到 $\boldsymbol{i}$、$\boldsymbol{j}$、$\boldsymbol{k}$ 为大小、方向都不变的常矢量，则

$$\boldsymbol{v}=\dot{x}\boldsymbol{i}+\dot{y}\boldsymbol{j}+\dot{z}\boldsymbol{k} \tag{10-7}$$

设动点 M 的速度矢 $\boldsymbol{v}$ 在直角坐标轴上的投影为 v_x、v_y、v_z，则

$$\boldsymbol{v}=v_x\boldsymbol{i}+v_y\boldsymbol{j}+v_z\boldsymbol{k} \tag{10-8}$$

比较式(10-7)和式(10-8)，得到

$$\left.\begin{aligned}v_x&=\dot{x}\\v_y&=\dot{y}\\v_z&=\dot{z}\end{aligned}\right\} \tag{10-9}$$

即速度在各坐标轴上的投影等于动点的各对应坐标对时间的一阶导数。求得 v_x、v_y、v_z 后，速度 $\boldsymbol{v}$ 的大小和方向就可由它的 3 个投影完全确定。

$$v=\sqrt{\dot{x}^2+\dot{y}^2+\dot{z}^2}$$

$$\cos(\boldsymbol{v},\boldsymbol{i})=\frac{\dot{x}}{v},\quad \cos(\boldsymbol{v},\boldsymbol{j})=\frac{\dot{y}}{v},\quad \cos(\boldsymbol{v},\boldsymbol{k})=\frac{\dot{z}}{v}$$

同样,设

$$\boldsymbol{a}=a_x\boldsymbol{i}+a_y\boldsymbol{j}+a_z\boldsymbol{k} \tag{10-10}$$

可得

$$\left.\begin{aligned} a_x&=\dot{v}_x=\ddot{x}\\ a_y&=\dot{v}_y=\ddot{y}\\ a_z&=\dot{v}_z=\ddot{z}\end{aligned}\right\} \tag{10-11}$$

即加速度在各坐标轴上的投影等于动点的各速度的投影对时间的一阶导数,或各对应坐标对时间的二阶导数。加速度 $\boldsymbol{a}$ 的大小和方向亦可由它的 3 个投影完全确定。

$$a=\sqrt{a_x^2+a_y^2+a_z^2}=\sqrt{\ddot{x}^2+\ddot{y}^2+\ddot{z}^2}$$

$$\cos(\boldsymbol{a},\boldsymbol{i})=\frac{\ddot{x}}{a},\quad \cos(\boldsymbol{a},\boldsymbol{j})=\frac{\ddot{y}}{a},\quad \cos(\boldsymbol{a},\boldsymbol{k})=\frac{\ddot{z}}{a}$$

三、用自然法表示点的速度和加速度

1. 自然轴系

为了用自然法表示点的速度和加速度,需要建立和点的轨迹曲线形状有关的自然轴系。即以点 M 为原点,以切线、主法线和副法线为坐标轴组成的正交坐标系称为曲线在点 M 的自然坐标系,这 3 个轴称为自然轴系,如图 10-4 所示。且 3 个单位矢量满足右手法则,即

$$\boldsymbol{b}=\boldsymbol{\tau}\times\boldsymbol{n}$$

2. 点的速度

将矢径 $\boldsymbol{r}$ 表示为弧坐标的函数,即

$$\boldsymbol{r}=\boldsymbol{r}(s)=\boldsymbol{r}[s(t)] \tag{10-12}$$

由速度的定义,得

$$\boldsymbol{v}=\frac{\mathrm{d}\boldsymbol{r}}{\mathrm{d}t}=\frac{\mathrm{d}\boldsymbol{r}}{\mathrm{d}s}\frac{\mathrm{d}s}{\mathrm{d}t}=v\frac{\mathrm{d}\boldsymbol{r}}{\mathrm{d}s}$$

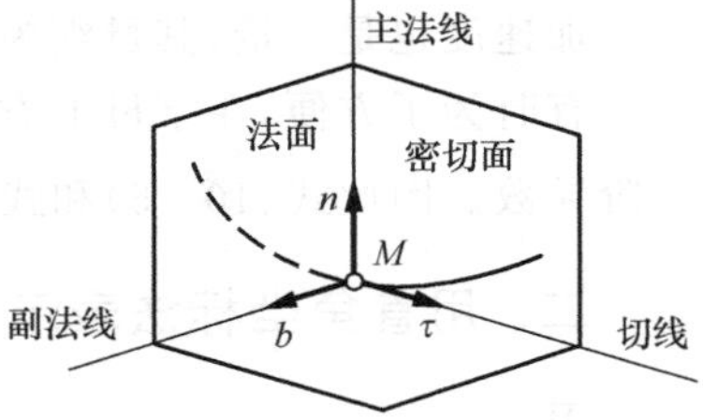

图 10-4

式中

$$\frac{\mathrm{d}\boldsymbol{r}}{\mathrm{d}s}=\lim_{\Delta s\to 0}\frac{\Delta\boldsymbol{r}}{\Delta s} \tag{10-13}$$

由图 10-5 可知,此极限的模等于 1,方向沿点 M 处轨迹切线且指向 s 的正向,因此,它与 $\boldsymbol{\tau}$ 相同。于是,可得用自然法表示的速度公式

$$v=\dot{s}\tau=v\tau \tag{10-14}$$

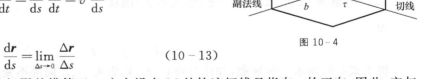

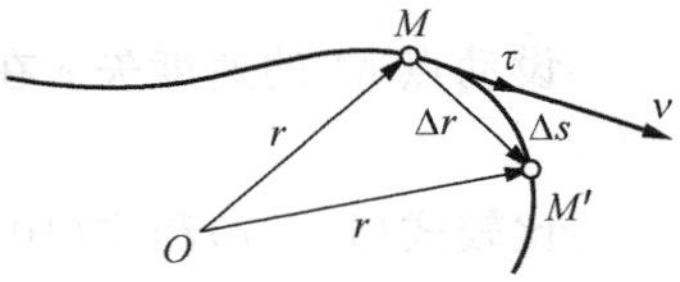

图 10-5

式中

$$v=\dot{s} \tag{10-15}$$

v 是一个代数量,它是速度 $\boldsymbol{v}$ 在切线上的投影。**速度的代数值等于弧坐标对时间的一阶导数**。v 为正,$\boldsymbol{v}$ 的方向和 $\boldsymbol{\tau}$ 一致;v 为负,$\boldsymbol{v}$ 的方向和 $\boldsymbol{\tau}$ 相反。

3. 点的加速度

将式(10－14)对时间求导，得

$$\boldsymbol{a}=\dot{v}\boldsymbol{\tau}+v\dot{\boldsymbol{\tau}} \tag{10－16}$$

式(10－16)表明，加速度 $\boldsymbol{a}$ 可分为两个分量。第一个分量 $\dot{v}\tau$ 是反映速度大小变化情况的加速度，记为 $\boldsymbol{a}_\tau$；第二个分量 $v\dot{\boldsymbol{\tau}}$ 是反映速度方向变化的加速度，记为 $\boldsymbol{a}_n$。下面分别求它们的大小和方向。

(1) 反映速度大小变化的切向加速度 $\boldsymbol{a}_\tau$

因为

$$\boldsymbol{a}_\tau=\dot{v}\boldsymbol{\tau}=\ddot{s}\boldsymbol{\tau} \tag{10－17}$$

方向沿轨迹切线，因此称为**切向加速度**。

令

$$a_\tau=\dot{v} \tag{10－18}$$

a_τ 是加速度矢量 $\boldsymbol{a}$ 在切线方向的投影，它是一个代数量。a_τ 为正，$\boldsymbol{a}_\tau$ 的方向和 $\boldsymbol{\tau}$ 一致，否则相反。当 a_τ 与 v 同号时，$\boldsymbol{a}_\tau$ 与 $\boldsymbol{v}$ 同向，点作加速运动。a_τ 与 v 异号，$\boldsymbol{a}_\tau$ 与 $\boldsymbol{v}$ 反向，点作减速运动。

因此，**切向加速度反映速度的大小随时间的变化率，它的代数值等于速度的代数值对时间的一阶导数，或等于弧坐标对时间的二阶导数，它的方向沿轨迹切线。**

(2) 反映速度方向变化的法向加速度 $\boldsymbol{a}_n$

因为

$$\boldsymbol{a}_n=v\dot{\tau} \tag{10－19}$$

它反映了速度方向的变化。上式可改写为

$$\boldsymbol{a}_n=v\frac{\mathrm{d}\boldsymbol{\tau}}{\mathrm{d}s}\frac{\mathrm{d}s}{\mathrm{d}t}=v^2\frac{\mathrm{d}\boldsymbol{\tau}}{\mathrm{d}s}$$

$$\frac{\mathrm{d}\boldsymbol{\tau}}{\mathrm{d}s}=\lim_{\Delta s\to 0}\frac{\Delta\boldsymbol{\tau}}{\Delta s} \tag{10－20}$$

下面分析该极限的大小和方向。当 $\Delta s\to 0$ 时，$\Delta\varphi\to 0$，由图 10－6 可知

$$|\Delta\boldsymbol{\tau}|=2|\boldsymbol{\tau}|\sin\frac{\Delta\varphi}{2}=2\sin\frac{\Delta\varphi}{2}$$

$$\lim_{\Delta s\to 0}\left|\frac{\Delta\boldsymbol{\tau}}{\Delta s}\right|=\lim_{\Delta s\to 0}\left|\frac{\Delta\boldsymbol{\tau}}{\Delta\varphi}\frac{\Delta\varphi}{\Delta s}\right|=\lim_{\Delta s\to 0}\left|\frac{2\sin\dfrac{\Delta\varphi}{2}}{\Delta\varphi}\right|\lim_{\Delta s\to 0}\left|\frac{\Delta\varphi}{\Delta s}\right|=\left|\frac{\mathrm{d}\varphi}{\mathrm{d}s}\right|=\frac{1}{\rho}$$

所以

$$\left|\frac{\mathrm{d}\tau}{\mathrm{d}s}\right|=\left|\frac{\mathrm{d}\varphi}{\mathrm{d}s}\right|=\frac{1}{\rho}$$

于是

由图 10－6 可见，当 Δs 为正且→0 时，$\lim\limits_{\Delta s\to 0}\dfrac{\Delta\tau}{\Delta s}$ 的方向与点 M 处的主法线方向相同。Δs 为负值时也是这样。所以

$$\frac{\mathrm{d}\boldsymbol{\tau}}{\mathrm{d}s}=\frac{1}{\rho}\boldsymbol{n} \tag{10－21}$$

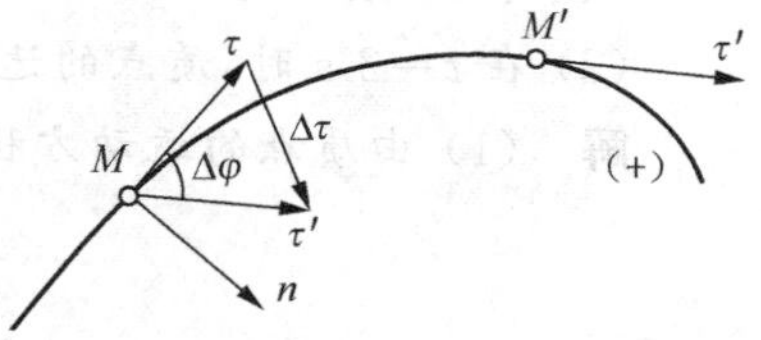

图 10－6

将式(10－21)代入式(10－20)得

$$\boldsymbol{a}_n = \frac{v^2}{\rho}\boldsymbol{n} \tag{10-22}$$

由此可见，$\boldsymbol{a}_n$ 的方向和主法线的正向一致，称为**法向加速度**。**法向加速度反映点的速度方向改变的快慢程度，它的大小等于速度的平方除以曲率半径，方向沿着主法线，指向曲率中心。**

将式(10-17)和式(10-22)代入式(10-16)，得动点加速度的自然法表示公式

$$\boldsymbol{a} = \boldsymbol{a}_\tau + \boldsymbol{a}_n = a_\tau\boldsymbol{\tau} + a_n\boldsymbol{n} = \frac{\mathrm{d}v}{\mathrm{d}t}\boldsymbol{\tau} + \frac{v^2}{\rho}\boldsymbol{n} \tag{10-23}$$

$\boldsymbol{a}$ 在副法线方向的投影为零，由 a_τ 和 a_n 可求得加速度 $\boldsymbol{a}$ 的大小和方向。其大小

$$a = \sqrt{a_\tau^2 + a_n^2} = \sqrt{\left(\frac{\mathrm{d}v}{\mathrm{d}t}\right)^2 + \left(\frac{v^2}{\rho}\right)^2} \tag{10-24}$$

加速度和主法线所夹的锐角的正切

$$\tan\theta = \frac{|a_\tau|}{a_n} \tag{10-25}$$

如图 10-7 所示。

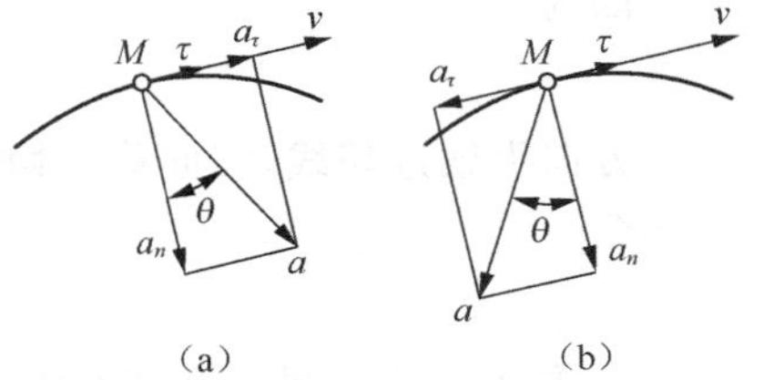

图 10-7

第三节　点的运动学问题举例

从上节讨论可知，如已知动点的运动方程，可通过求导运算求得点的速度和加速度；如已知点的加速度方程，可通过积分求出运动方程和速度。

例如，点作曲线运动，已知自然坐标形式的加速度方程，初瞬时 $t=0$ 时，$v = v_0$，$s = s_0$，则可将式(10-18)两边积分，得

$$v = v_0 + \int_0^t a_\tau \mathrm{d}t \tag{10-26}$$

再积分一次，得

$$s = s_0 + v_0 t + \int_0^t\int_0^t a_\tau \mathrm{d}t \tag{10-27}$$

当 a_τ=常数，即点作匀变速运动时，有

$$\left.\begin{aligned} v &= v_0 + a_\tau t \\ s &= s_0 + v_0 t + \frac{1}{2}a_\tau t^2 \\ v^2 &= v_0^2 + 2a_\tau(s - s_0) \end{aligned}\right\} \tag{10-28}$$

【例 10-1】 一质点的运动学方程为 $x=t^2$，$y=(t-1)^2$

试求：(1) 质点的轨迹方程；

(2) 在 $t=2$ s 时，质点的速度和加速度。

解　(1) 由质点的运动方程

$$x = t^2 \tag{1}$$

$$y = (t-1)^2 \tag{2}$$

消去参数 t，可得质点的轨迹方程

$$\sqrt{y}=\sqrt{x}-1$$

(2) 由(1)、(2)对时间 t 求一阶导数和二阶导数可得任一时刻质点的速度和加速度

$$v_x=\frac{dx}{dt}=2t \qquad v_y=\frac{dy}{dt}=2(t-1)$$

所以

$$\boldsymbol{v}=v_x\boldsymbol{i}+v_y\boldsymbol{j}=2t\boldsymbol{i}+2(t-1)\boldsymbol{j} \tag{3}$$

$$a_x=\frac{d^2x}{dt^2}=2 \qquad a_y=\frac{d^2y}{dt^2}=2$$

所以

$$\boldsymbol{a}=2\boldsymbol{i}+2\boldsymbol{j} \tag{4}$$

把 $t=2$ s 代入式(3)、(4),可得该时刻质点的速度和加速度。

$$\boldsymbol{v}=4\boldsymbol{i}+2\boldsymbol{j} \qquad \boldsymbol{a}=2\boldsymbol{i}+2\boldsymbol{j}$$

【例 10-2】 已知运动函数为 $\boldsymbol{r}=R\cos\omega t\boldsymbol{i}+R\sin\omega t\boldsymbol{j}$ (R、ω 为常量),求质点的速度、加速度、切向加速度和法向加速度。

解　速度:$\boldsymbol{v}=\frac{d\boldsymbol{r}}{dt}=-R\omega\sin\omega t\boldsymbol{i}+R\omega\cos\omega t\boldsymbol{j}$

速度大小:$v=R\omega$

加速度:$\boldsymbol{a}=\frac{dv}{dt}=-R\omega^2\cos\omega t\boldsymbol{i}-R\omega^2\sin\omega t\boldsymbol{j}$

加速度大小:$a=R\omega^2$

切向加速度:$a_\tau=\frac{dv}{dt}=0$;　法向加速度:$a_n=\sqrt{a^2-a_\tau^2}=R\omega^2$

第四节　质点动力学基本定律

一、牛顿第一定律(惯性定律)

1. 牛顿第一定律的表述

不受力作用的质点,将保持静止或匀速直线运动。

2. 质点的惯性

不受力作用的质点(包括受平衡力系作用的质点),不是处于静止状态,就是其原有的速度(包括大小和方向)不变,这种性质称为惯性。

二、牛顿第二定律(力与加速度之间的关系的定律)

1. 牛顿第二定律的表述

质点的动量(即质量与速度的乘积)对时间的导数,等于作用于质点的力的大小,加速度的方向与力的方向相同。

2. 牛顿第二定律的数学表达式

$$\frac{d}{dt}(m\boldsymbol{v})=\boldsymbol{F} \tag{10-29}$$

式中 m 为质点的质量,$\boldsymbol{v}$ 为质点的速度,$\boldsymbol{F}$ 是作用在质点上的力(是汇交力系的合力)。

3. 质点动力学基本方程

在经典力学范围内，质点的质量是守恒的，式(10－29)可写为

$$m\boldsymbol{a}=\boldsymbol{F} \tag{10-30}$$

上式表明，质点的质量与加速度的乘积，等于作用于质点上的力的大小，加速度的方向与力的方向相同。

式(10－30)是质点动力学的基本方程，它建立了质点的加速度、质量与作用力之间的定量关系。式(10－30)表明，质点的质量越大，其运动状态越不容易改变，因此，质量是质点惯性的度量。

4. 重力加速度

在地球表面，任何物体都受到重力 $\boldsymbol{W}$ 的作用。

在重力作用下的加速度称为重力加速度，用 $\boldsymbol{g}$ 表示。根据第二定律有

$$W=mg,\quad m=\frac{W}{g}$$

根据国际计量委员会规定的标准，重力加速度的数值为 9.80665 m/s^2(不同地区的数值有微小差别)，一般取 9.81 m/s^2。

三、牛顿第三定律(作用与反作用定律)

牛顿第三定律是两个物体间的作用力与反作用力总是大小相等，方向相反，沿着同一直线，且同时分别作用在这两个物体上。

牛顿第三定律就是静力学的公理四，它不仅适用于平衡物体，也适用于任何运动的物体。

四、惯性参考系

质点动力学适用的参考系称为惯性参考系。在一般工程问题中，将固定于地球表面的坐标系或相对于地面作匀速直线运动(平移运动)的坐标系作为惯性参考系。

在研究地球自转的影响不可忽略的问题时，需要取以太阳为中心、三根坐标轴指向 3 个恒星的坐标系作为惯性参考系。本课程如无特殊说明，均采用固定在地球表面的惯性参考系。

五、力学单位

国际单位制(SI)

长度、质量和时间是基本单位，分别取为 m(米)、kg(千克)和 s(秒)。

力的单位是导出单位。当质量为 1 kg 的质点，获得 1 m/s^2 的加速度时，作用于该质点上的力为 1 N=1 kg×1 m/s^2

第五节 质点的运动微分方程

一、矢量形式的运动微分方程

1. 运动微分方程

质点受几个力 $\boldsymbol{F}_1,\boldsymbol{F}_2,\cdots,\boldsymbol{F}_n$ 作用时，矢量形式的运动微分方程为

$$m\boldsymbol{a}=\sum_{i=1}^{n}\boldsymbol{F}_i \tag{10-31}$$

2. 运动微分方程的另一矢量形式

$$m\frac{\mathrm{d}^2\boldsymbol{r}}{\mathrm{d}t^2}=\sum_{i=1}^{n}\boldsymbol{F}_i \tag{10-32}$$

二、微分方程在直角坐标轴上的投影

1. 力在直角坐标轴上的投影

在计算实际问题时，需要应用式(10-32)的投影形式。

设矢径 $\boldsymbol{r}$ 在直角坐标轴上的投影分别为 x、y、z，力 $\boldsymbol{F}$ 在直角坐标轴上的投影分别为 F_{xi}、F_{yi}、F_{zi}。

2. 直角坐标投影表达式

式(10-32)在直角坐标轴上的投影为

$$\left.\begin{aligned}m\frac{\mathrm{d}^2x}{\mathrm{d}t^2}&=\sum_{i=1}^{n}F_{xi}\\ m\frac{\mathrm{d}^2y}{\mathrm{d}t^2}&=\sum_{i=1}^{n}F_{yi}\\ m\frac{\mathrm{d}^2z}{\mathrm{d}t^2}&=\sum_{i=1}^{n}F_{zi}\end{aligned}\right\} \tag{10-33}$$

三、微分方程在自然轴上的投影

式(10-32)在自然轴系上的投影式为

$$\left.\begin{aligned}m\frac{\mathrm{d}v}{\mathrm{d}t}&=\sum_{i=1}^{n}F_{ti}\\ m\frac{v^2}{\rho}&=\sum_{i=1}^{n}F_{ni}\\ 0&=\sum_{i=1}^{n}F_{bi}\end{aligned}\right\} \tag{10-34}$$

式中 F_{ti}、F_{ni}、F_{bi} 分别是作用于质点上各力在切线、主法线和副法线上的投影，ρ 是轨迹的曲率半径。

四、质点动力学的两类基本问题

1. 第一类基本问题

第一类基本问题是：已知质点的运动，求作用于质点的力。

对于第一类基本问题，只需要对质点已知的运动方程求两次导数，得到质点的加速度，代入质点的运动微分方程，即可求解第一类基本问题。

2. 第二类基本问题

第二类基本问题是：已知作用于质点的力，求质点的运动。

对于第二类基本问题，是解微分方程，即按作用力的函数规律进行积分，并根据问题的具体运动条件确定积分常数。

【例 10-3】 图 10-8(a)所示套管 A 的质量为 m，受绳子牵引沿铅直杆向上滑动。绳子的另一端绕过离杆距离为 l 的滑轮 B 而缠在鼓轮上，当鼓轮转动时，其边缘上各点的速度大小为 v_0。如果滑轮尺寸略去不计，试求绳子的拉力与距离 x 之间的关系。

解 取套管 A 为研究对象，受力如图 10-8(b)所示，先进行运动学分析。

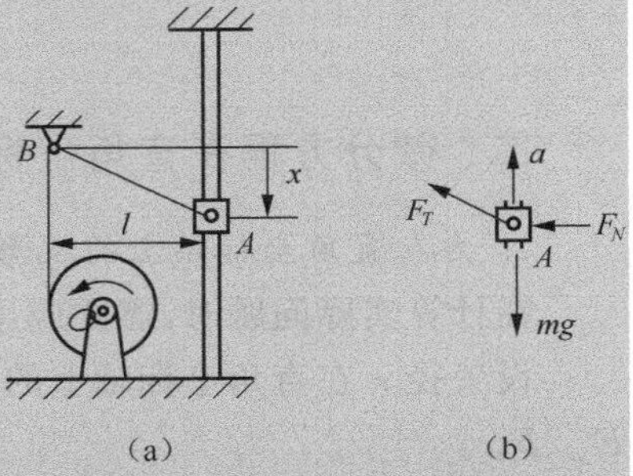

图 10-8

将 $\overline{AB}=\sqrt{l^2+x^2}$ 对时间求导，得

$$\frac{\mathrm{d}}{\mathrm{d}t}(\overline{AB})=\frac{x\dot{x}}{\sqrt{l^2+x^2}}=-v_0$$

解出 $\dot{x}=-\dfrac{\sqrt{l^2+x^2}}{x}v_0$，

再对时间求导，并将上式代入，得 $\ddot{x}=-\dfrac{l^2v_0^2}{x^3}$。

在铅锤方向列出动力学方程

$$ma=\frac{l}{\sqrt{l^2+x^2}}F_T-mg$$

其中 $a=-\ddot{x}$，于是绳子的拉力 F_T 与距离 x 之间的关系为

$$F_T=m\left(g+\frac{l^2v_0^2}{x^3}\right)\frac{\sqrt{l^2+x^2}}{l}$$

思 考 题

10-1 质点位置矢量方向不变，质点是否作直线运动，质点沿直线运动，其位置矢量是否一定。

10-2 若质点的速度矢量的方向不变仅大小改变，质点作何种运动，速度矢量的大小不变而方向改变作何种运动。

10-3 “瞬时速度就是很短时间内的平均速度”这一说法是否正确，如何正确表述瞬时速度的定义，我们是否能按照瞬时速度的定义通过实验测量瞬时速度。

10-4 试就质点直线运动论证：加速度与速度同号时，质点作加速运动；加速度与速度反号时，作减速运动。是否可能存在这样的直线运动，质点速度逐渐增加但加速度却在减小。

10-5 在参照系一定的条件下，质点运动的初始条件的具体形式是否与计时起点和坐标系的选择有关。

10-6 作曲线运动的物体能否不受任何力的作用，为什么。

10-7 物体的速度越大越难停下来，是否说明物体的惯性越大。

10-8 物体所受的力越大，则物体的运动速度是否也越大。

10-9 质点的运动方向是否一定与质点所受合力方向相同，如果质点在某瞬时的速度越大，是否说明该瞬时质点所受的作用力也越大。

习　题　十

10－1　一点按 $x=t^3-12t+2$ 的规律沿直线运动(其中 t 以 s 计，x 以 m 计)。试求：(1) 最初 3 s 内的位移；(2) 改变运动方向的时刻和所在位置；(3) 最初 3 s 内经过的路程；(4) $t=3$ s 时的速度和加速度；(5) 点在哪段时间作加速运动，哪段时间作减速运动。

10－2　杆 AC 沿槽以匀速 v 向上运动，并带动杆 AB 及滑块 B。若 $AB=l$，且初瞬时 $\theta=0$。求当 $\theta=60°$ 时，滑块 B 沿滑槽滑动的速度。

10－3　图示摇杆滑道机构中的滑块 M 同时在固定的圆弧槽 BC 和摇杆 OA 的滑道中滑动。如弧 BC 的半径为 R，摇杆 OA 的轴 O 在弧 BC 的圆周上。摇杆绕 O 轴以等角速度 ω 转动，当运动开始时，摇杆在水平位置。试分别用直角坐标法和自然法给出点 M 的运动方程，并求其速度和加速度。

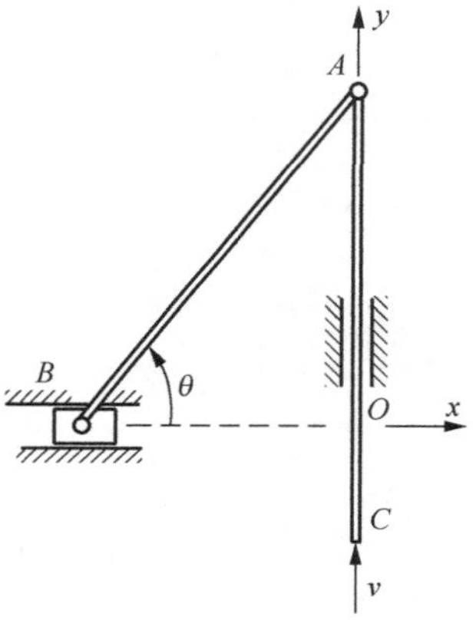

习题 10－2 图

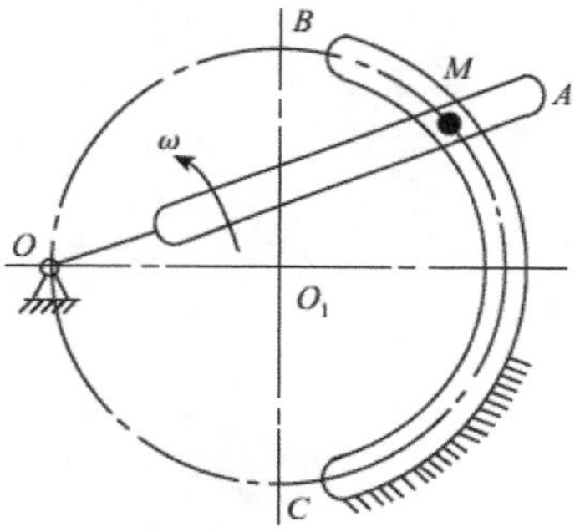

习题 10－3 图

10－4　如图所示，光源 A 以等速 v 沿铅直线下降。桌子上有一高为 h 的立柱，它与上述铅直线的距离为 b。试求该柱上端的影子 M 沿桌面移动的速度和加速度的大小(将它们表示为光源高度 y 的函数)。

10－5　一点作平面曲线运动，其速度方程为 $v_x=3$，$v_y=2\pi\sin 4\pi t$，其中 v_x、v_y 以 m/s 计，t 以 s 计。已知在初瞬时该点在坐标原点，求该点的运动方程和轨迹方程。

10－6　点沿曲线 AOB 运动。曲线由 AO、OB 两段圆弧组成，AO 段曲率半径 $R_1=18$ m，OB 段曲率半径 $R_2=24$ m，取圆弧交接处 O 为原点，规定正方向如图所示。已知点的运动方程：$s=3+4t-t^2$，t 以 s 计，s 以 m 计。求：(1) 点由 $t=0$ 至 $t=5$ s 所经过的路程；(2) $t=5$ s 时的加速度。

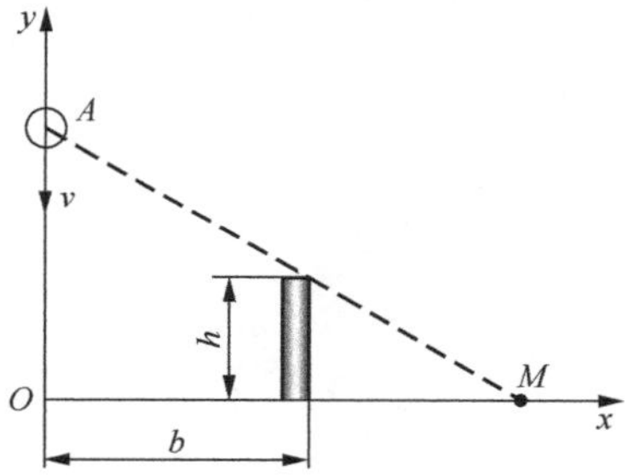

习题 10－4 图

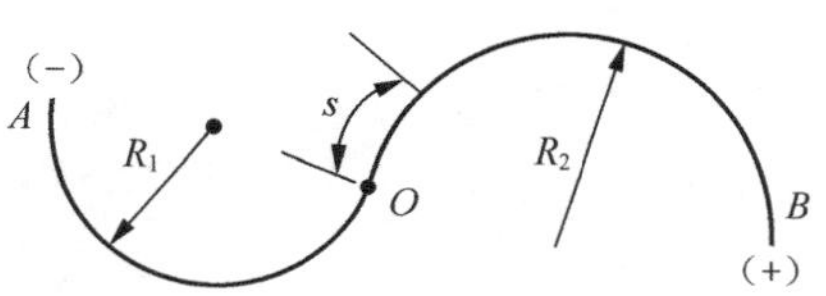

习题 10－6 图

10－7　某点的运动方程为：$\begin{cases}x=75\cos 4t^2\\ y=75\sin 4t^2\end{cases}$，$x$ 及 y 的单位为 m，t 的单位为 s。求它的速度、切向加速度与法向加速度。

10－8　点 M 沿给定的抛物线 $y=0.2x^2$ 运动（其中 x、y 均以 m 计）。在 $x=5$ m 处时，速度 $v=4$ m/s，切向加速度 $a_\tau=3$ m/s^2。求点在该位置时的加速度。

10－9　质量为 $m=2$ kg 的质点沿空间曲线运动，其运动方程为：$x=4t^2-t^3$，$y=-5t$，$z=t^4-2$。求 $t=1$ s 时作用于该质点的力。

10－10　某质量为 5 kg 的质点在 $\boldsymbol{F}=-90\cos(2t)\boldsymbol{i}-100\sin(2t)\boldsymbol{j}$（$F$ 以 N 计）作用下运动，已知当 $t=0$ 时，$x_0=4$ cm，$y_0=5$ cm，$\dot{x}_0=0$，$\dot{y}_0=10$ cm/s。试求该质点的运动方程。

第十一章 刚体的基本运动与动力学基础

刚体的运动按照其特征可以分为平动、定轴转动、平面运动等形式。一般情况下，运动刚体上各点的轨迹、速度和加速度是各不相同的，但彼此间存在着一定的关系。研究刚体的运动，包括研究刚体整体运动的情况和刚体上各点的运动之间的关系。

本章研究刚体的两种基本运动：平动和定轴转动。这两种运动都是工程中最常见、最简单的运动，也是研究刚体复杂运动的基础。

第一节 刚体的平动

一、刚体平动的定义

刚体运动时，若其上任一直线始终保持与它的初始位置平行，则称刚体作平行移动，简称为平动或移动。工程实际中刚体平动的例子很多，例如，沿直线轨道行驶的火车车厢的运动[如图 11－1(a)所示]；振动筛筛体的运动[如图 11－1(b)所示]等。刚体平动时，其上各点的轨迹如为直线，则称为直线平动；如为曲线，则称为曲线平动；上面所举的火车车厢作直线平动，而振动筛筛体的运动为曲线平动。

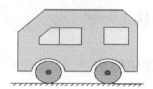

图 11－1

二、刚体平动的特点

现在来研究刚体平动时其上各点的轨迹、速度和加速度之间的关系。

设在作平动的刚体内任取两点 A 和 B，令两点的矢径分别为 $\boldsymbol{r}_A$ 和 $\boldsymbol{r}_B$，并作矢量 $\boldsymbol{BA}$，如图 11－2 所示。则两条矢端曲线就是两点的轨迹。由图可知：

$$\boldsymbol{r}_A=\boldsymbol{r}_B+\boldsymbol{BA}$$

由于刚体作平动，线段 BA 的长度和方向均不随时间而变，即 $\boldsymbol{BA}$ 是常矢量。因此，在运动过程中，A、B 两点的轨迹曲线的形状完全相同。

把上式两边对时间 t 连续求两次导数，由于常矢量 $\boldsymbol{BA}$ 的导数等于零，于是得

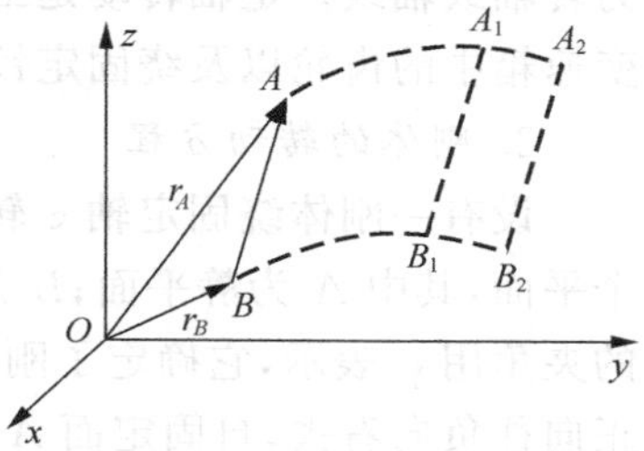

图 11－2

$$\boldsymbol{v}_A = \boldsymbol{v}_B$$

$$\boldsymbol{a}_A = \boldsymbol{a}_B$$

此式表明,在任一瞬时,A、B 两点的的速度相同,加速度也相同。因为点 A、B 是任取的两点,因此可得如下结论:**刚体平动时,其上各点的轨迹形状相同;同一瞬时,各点的速度相等,加速度也相等。**

综上所述,对于平动刚体,只要知道其上任一点的运动就知道了整个刚体的运动。所以,研究刚体的平动,可以归结为研究刚体内任一点(例如机构的联接点、质心等)的运动,也就是归结为上一章所研究过的点的运动学问题。

【例 11-1】 摇筛机构如图 11-3 所示,已知 $O_1A=O_2B=40$ cm,$O_1O_2=AB$,杆 O_1A 按 $\varphi=\frac{1}{2}\sin\frac{\pi}{4}t$ rad 规律摆动。求当 $t=0$ s 和 $t=2$ s 时,筛面中点 M 的速度和加速度。

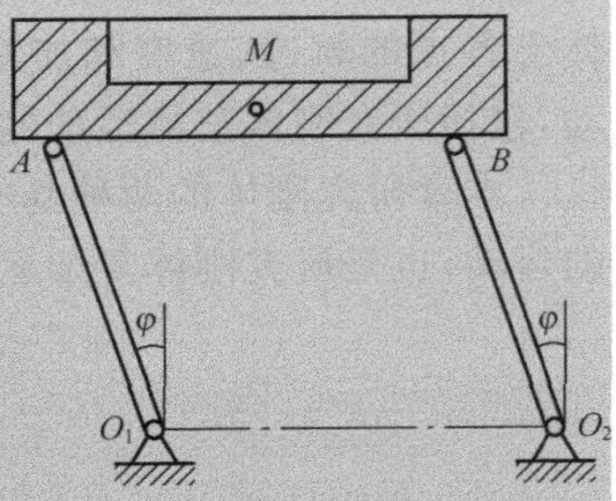

图 11-3

解 由题可知,筛子作平动,筛面中点 M 的速度和加速度和 A 点或 B 点的速度和加速度相同。A 点按自然坐标表示,其运动方程为

$$s=O_1A\cdot\varphi=20\sin\frac{\pi}{4}t$$

其速度和加速度只须分别对上式取一阶和二阶导数,即

$$v_M=\frac{\mathrm{d}s}{\mathrm{d}t}=5\pi\cos\frac{\pi}{4}t$$

$$a_M^n=\frac{v_M^2}{O_1A}=\frac{25\pi^2}{40}\cos^2\frac{\pi}{4}t,\ a_M^\tau=\frac{\mathrm{d}v}{\mathrm{d}t}=-\frac{5\pi^2}{4}\sin\frac{\pi}{4}t$$

当 $t=0$ s 时,有 $v_M=15.7$ cm/s,$a_M^n=\frac{25\pi^2}{40}=6.17$ cm/s^2,$a_M^\tau=0$

当 $t=2$ s 时,有 $v_M=0$,$a_M^n=0$,$a_M^\tau=-\frac{5\pi^2}{4}=-12.3$ cm/s^2

第二节 刚体的定轴转动

一、刚体的定轴转动

1. 刚体定轴转动的定义

刚体运动时,若其上有一直线始终保持不动,则称刚体作定轴转动。该固定不动的直线称为转轴或轴线。定轴转动是工程中较为常见的一种运动形式。例如电机的转子、机床的主轴、变速箱中的齿轮以及绕固定铰链开关的门窗等,都是刚体绕定轴转动的实例。

2. 刚体的转动方程

设有一刚体绕固定轴 z 转动,如图 11-4 所示。为了确定刚体的位置,过轴 z 作 A、B 两个平面,其中 A 为静平面;B 是与刚体固连并随同刚体一起绕 z 轴转动的动平面。两平面间的夹角用 φ 表示,它确定了刚体的位置,称为刚体的**转角**。转角 φ 的符号规定如下:从 z 轴的正向往负向看去,自固定面 A 起沿逆时针转向所量得的 φ 取为正值,反之为负值。

定轴转动刚体具有一个自由度,取转角 φ 为广义坐标。当刚体转动时,φ 随时间 t 变化,

是时间 t 的单值连续函数，即

$$\varphi = f(t) \tag{11-1}$$

该方程称为刚体定轴转动的转动方程，简称为刚体的转动方程。

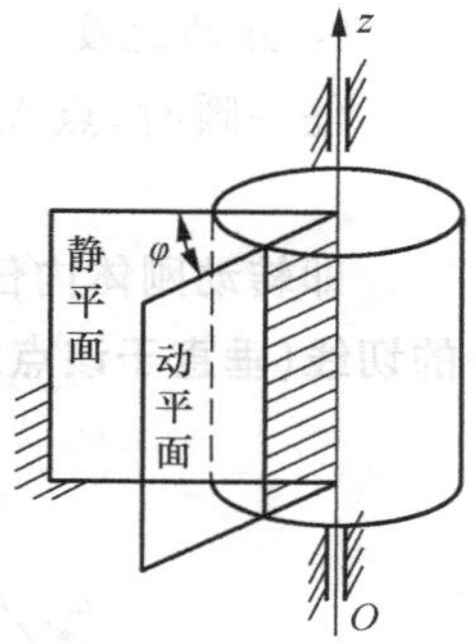

图 11－4

3. *角速度和角加速度*

角速度表征刚体转动的快慢及转向，用字母 ω 表示，它等于转角 φ 对时间的一阶导数，即

$$\omega = \dot{\varphi} \tag{11-2}$$

单位为 rad/s(弧度/秒)。

角加速度表征刚体角速度变化的快慢，用字母 α 表示，它等于角速度 ω 对时间的一阶导数，或等于转角 φ 对时间的二阶导数，即

$$\alpha = \dot{\omega} = \ddot{\varphi} \tag{11-3}$$

单位为 rad/s^2(弧度/秒^2)。

角速度 ω、角加速度 α 都是代数量，若为正值，则其转向与转角 φ 的增大转向一致；若为负值，则相反。

如果 ω 与 α 同号(即转向相同)，则刚体作加速转动；如果 ω 与 α 异号，则刚体作减速转动。

机器中的转动部件或零件，常用转速 n(每分钟内的转数，以 r/min 为单位)来表示转动的快慢。角速度与转速之间的关系是

$$\omega = \frac{2\pi n}{60} = \frac{\pi n}{30} \tag{11-4}$$

4. *匀变速转动和匀速转动*

若角加速度不变，即 α 等于常量，则刚体作匀变速转动(当 ω 与 α 同号时，称为匀加速转动；当 ω 与 α 异号时，称为匀减速转动)。这种情况下，有

$$\omega = \omega_0 + \alpha t \tag{11-5}$$

$$\varphi = \varphi_0 + \omega_0 t + \frac{1}{2}\alpha t^2 \tag{11-6}$$

$$\omega^2 - \omega_0^2 = 2\alpha(\varphi - \varphi_0) \tag{11-7}$$

其中 ω_0 和 φ_0 分别是 $t=0$ 时的角速度和转角。

对于匀速转动，$\alpha=0$，$\omega=$常量，则有

$$\varphi = \varphi_0 + \omega t \tag{11-8}$$

二、转动刚体内各点的速度和加速度

刚体绕定轴转动时，转轴上各点都固定不动，其他各点都在通过该点并垂直于转轴的平面内作圆周运动，圆心在转轴上，圆周的半径 R 称为该点的转动半径，它等于该点到转轴的垂直距离。下面用自然法研究转动刚体上任一点的运动量(速度、加速度)与转动刚体本身的运动量(角速度、角加速度)之间的关系。

1. *以弧坐标表示的点的运动方程*

如图 11－5 所示，刚体绕定轴 O 转动。开始时，动平面在 OM_0 位置，经过一段时间 t，动平面转到 OM 位置，对应的转角为 φ，刚体上一点由 M_0 运动到了 M。以固定点 M_0 为弧坐标 s 的原点，按 φ 角的正向规定弧坐标的正向，于是，由图 11－5 可知 s 与 φ 有如下关系

$$s = R\varphi \tag{11-9}$$

2. 点的速度

任一瞬时，点 M 的速度 $\boldsymbol{v}$ 的值为

$$v=\dot{s}=R\dot{\varphi}=R\omega \tag{11-10}$$

即转动刚体内任一点的速度，其大小等于该点的转动半径与刚体角速度的乘积，方向沿轨迹的切线(垂直于该点的转动半径 OM)，指向刚体转动的一方。速度分布规律如图 11-6 所示。

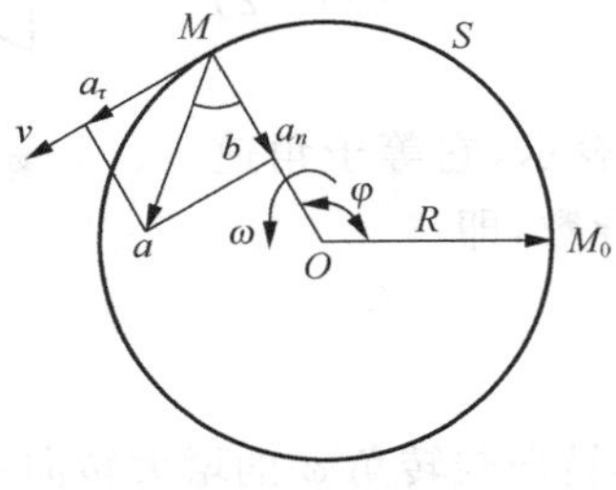

图 11-5

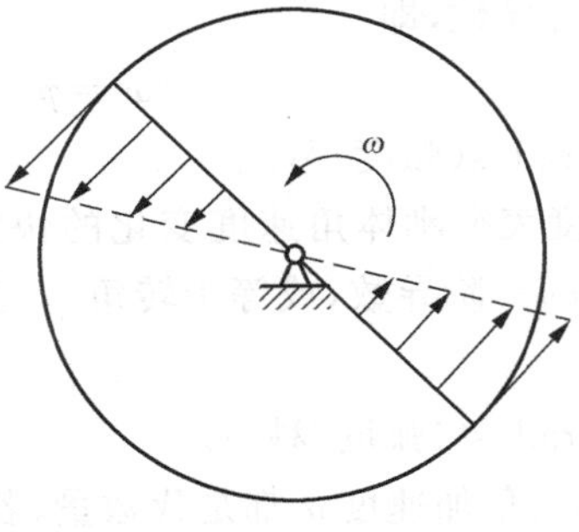

图 11-6

3. 点的加速度

任一瞬时，点 M 的切向加速度 $\boldsymbol{a}_\tau$ 的值为

$$a_\tau=\dot{v}=R\dot{\omega}=R\alpha \tag{11-11}$$

即转动刚体内任一点的切向加速度的大小，等于该点的转动半径与刚体角加速度的乘积，方向沿轨迹的切线，指向与 $\boldsymbol{\alpha}$ 的转向一致。如图 11-7a 所示。

点 M 的法向加速度 $\boldsymbol{a}_n$ 的大小为

$$a_n=\frac{v^2}{\rho}=\frac{(R\omega)^2}{R}=R\omega^2$$

因此

$$a_n=R\omega^2 \tag{11-12}$$

即转动刚体内任一点的法向加速度的大小，等于该点的转动半径与刚体角速度平方的乘积，方向沿转动半径并指向转轴。如图 11-7(a)所示。

点 M 的全加速度 $\boldsymbol{a}$ 等于其切向加速度 $\boldsymbol{a}_\tau$ 与法向加速度 $\boldsymbol{a}_n$ 的矢量和，如图 11-7(a)所示。其大小为

$$a=\sqrt{a_\tau^2+a_n^2}=\sqrt{(R\alpha^2)^2+(R\omega^2)^2}=R\sqrt{\alpha^2+\omega^4} \tag{11-13}$$

用 θ 表示 $\boldsymbol{a}$ 与转动半径 OM(即 $\boldsymbol{a}_n$)之间的夹角，则

$$\tan\theta=\frac{|a_\tau|}{a_n}=\frac{|R\alpha|}{R\omega^2}=\frac{|\alpha|}{\omega^2} \tag{11-14}$$

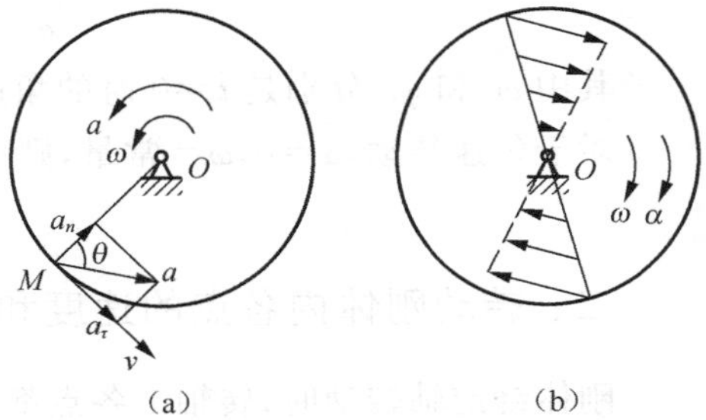

图 11-7

由上述分析可以看出，刚体定轴转动时，其上各点的速度、加速度有如下分布规律。

(1) 转动刚体内各点速度、加速度的大小，都与该点的转动半径成正比。

(2) 转动刚体内各点速度的方向，垂直于转动半径，并指向刚体转动的一方。

(3) 同一瞬时，转动刚体内各点的全加速度与其转动半径具有相同的夹角 θ，并偏向角加速度 α 转向的一方。

加速度分布规律如图 11-7(b)所示。

【例 11－2】 直径为 d 的轮子作匀速转动，如图 11－8(a)，每分钟转数为 n。求轮缘各点的速度和加速度。

解：

$$v=R\omega=\frac{d}{2}\frac{2\pi n}{60}=\frac{\pi dn}{60}$$

$$a_\tau=R\alpha=0$$

$$a_n=R\omega^2=\frac{d}{2}\left(\frac{2\pi n}{60}\right)^2=\frac{\pi^2n^2d}{1800}$$

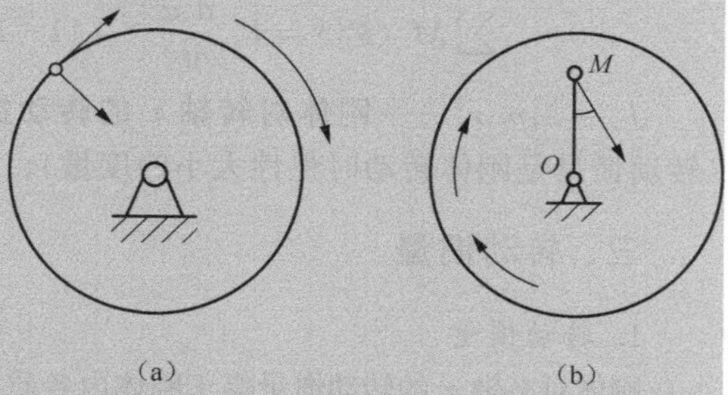

图 11－8

【例 11－3】 汽轮机叶片轮由静止开始作等加速转动。轮上点 M 离轴心为 0.4 m，在某瞬时其全加速度的大小为 40 m/s^2，方向与点 M 和轴心连线成 $\alpha=30°$ 角，如图 11－8(b)所示。试求叶轮的转动方程，以及当 $t=6$ s 时点 M 的速度和法向加速度。

解　点 M 在某瞬时的切向和法向加速度分别为

$$a_M^\tau=a\sin\alpha=20\ m/s^2,\quad a_M^n=a\cos\alpha=20\sqrt{3}\ m/s^2$$

而 $a_M^\tau=R\alpha$，即

$$\alpha=\frac{a_M^\tau}{R}=\frac{20}{0.4}=50\ rad/s^2$$

由于叶片轮由静止开始作等加速转动，可知叶轮的转动方程为

$$\varphi=\frac{1}{2}\alpha t^2=25t^2$$

对上式求一阶导数，可知叶片转动的角速度为

$$\omega=\frac{d\varphi}{dt}=50t$$

当 $t=6$ s 时，M 的速度为

$$v=R\omega=0.4\times300=120\ (m/s)$$

M 的法向加速度为

$$a_M^n=R\omega^2=0.4\times300^2=36000\ (m/s^2)$$

第三节　基本运动刚体动力学方程

一、平移刚体的动力学方程

$$\sum \boldsymbol{F}_i=m\boldsymbol{a}_C$$

式中，m 为刚体的质量，$\boldsymbol{a}_C$ 为质心的加速度，$\sum F_i$ 为刚体所受外力的矢量和。计算时一般采用投影式。

二、刚体定轴转动的动力学方程

$$\sum M_z(\boldsymbol{F}_i^e)=J_z\boldsymbol{\alpha} \tag{11－15a}$$

或者

$$\sum M_z(\boldsymbol{F}_i^e)=J_z\frac{d\omega}{dt} \quad (11-15b)$$

$$\sum M_z(\boldsymbol{F}_i^e)=J_z\frac{d^2\varphi}{dt^2} \quad (11-15c)$$

$J_z=\sum m_i r_i^2$——**刚体对转轴 z 的转动惯量**(转动惯量是刚体转动时惯性大小的度量)。

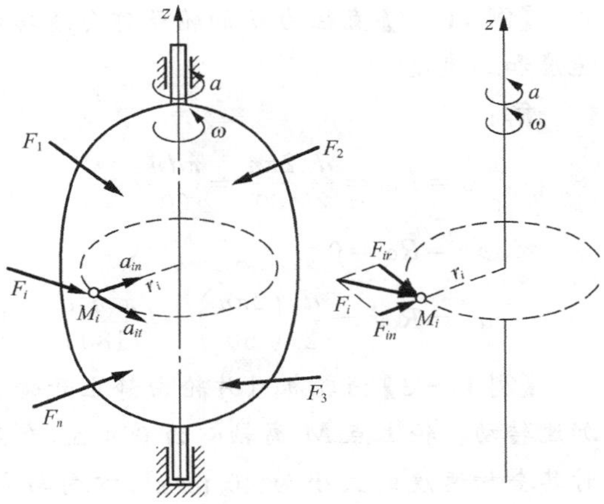

(a) (b)

图 11-9

三、转动惯量

1. 转动惯量

刚体对某轴 z 的转动惯量等于刚体内各质点的质量与质点到该轴垂直距离的平方的乘积之和。

$$J_z=\sum m_i r_i^2$$

在国际单位制中为 kg·m^2。表 11-1 所示为质量均匀分布的几何体的转动惯量。

表 11-1　质量均匀分布的几何体的转动惯量

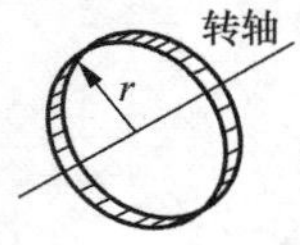 圆环 转轴通过中心 与环面垂直 $J=mr^2$	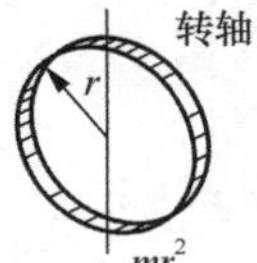 圆环 转轴沿直径 $J=\frac{mr^2}{2}$
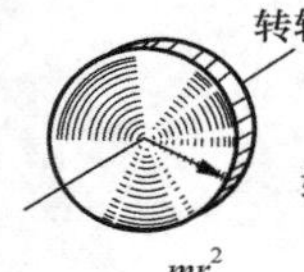 薄圆盘 转轴通过中心 与盘面垂直 $J=\frac{mr^2}{2}$	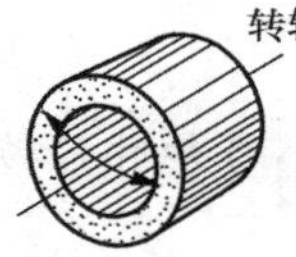 圆筒 转轴沿几何轴 $J=\frac{m}{2}(r_1^2+r_2^2)$
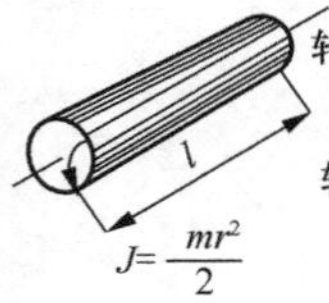 圆柱体 转轴沿几何轴 $J=\frac{mr^2}{2}$	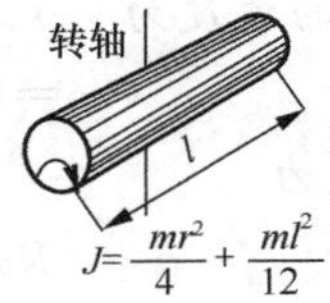 筒柱体 转轴通过中心 与几何轴垂直 $J=\frac{mr^2}{4}+\frac{ml^2}{12}$
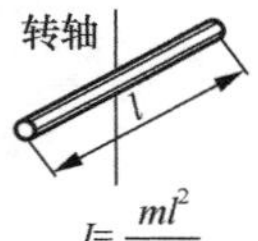 细棒 转轴通过中心 与棒垂直 $J=\frac{ml^2}{12}$	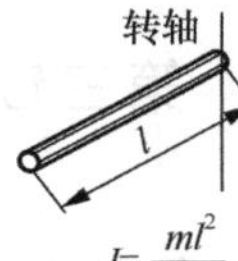 细棒 转轴通过端点 与棒垂直 $J=\frac{ml^2}{3}$
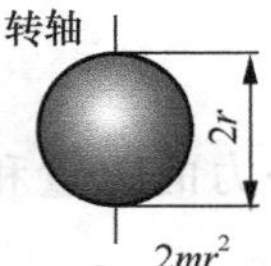 球体 转轴沿直径 $J=\frac{2mr^2}{5}$	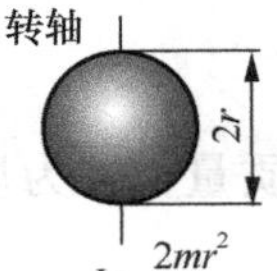 球壳 转轴沿直径 $J=\frac{2mr^2}{5}$

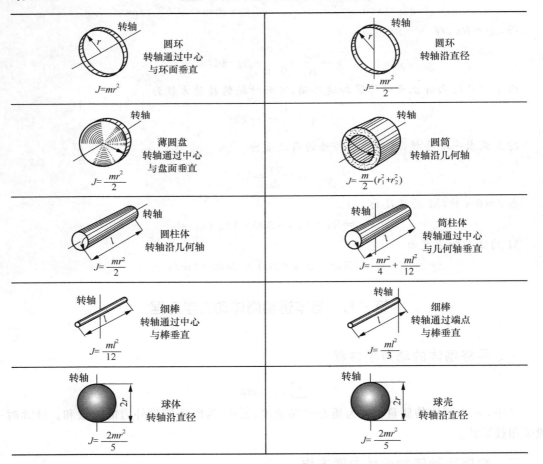

刚体的转动惯量不仅与刚体的质量大小有关,而且与转动轴的位置及质量的分布有关,它是由刚体质量、质量分布及转动轴的位置 3 个因素决定的。质量分布越靠近转动轴,刚体的转动惯量越小,反之则越大。

(1) 区分一个生鸡蛋和一个熟鸡蛋，只须将它们放在桌上旋转即可。其理由是什么。

能自由转动时间较长者为熟鸡蛋。两种鸡蛋在获得相同的初始角速度情况下，生鸡蛋的蛋黄不能与蛋壳同步旋转，转动惯量不固定，所以持续的时间就较短。

(2) 走钢丝的杂技演员，手中持一长杆，其作用如何。

这样可以增加人和长杆作为一个整体的转动惯量，转动惯量越大重心位置越难改变，人就容易保持平衡。

(3) 在机械设备上安装飞轮，就是为了达到这个目的。为了使飞轮的材料充分发挥作用，除必要的轮幅外，把材料的绝大部分配置在离转轴较远的轮缘上。如图 11－10 所示。

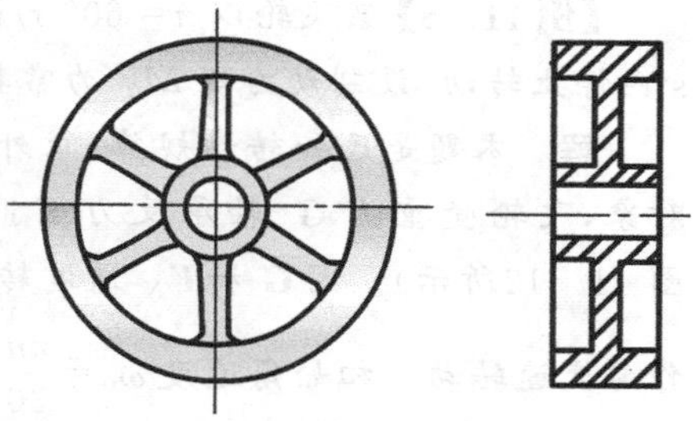

图 11－10

2. 回转半径

工程实际中常将刚体的转动惯量 J_z 表示为刚体质量 m 与某一长度 ρ_z 的平方乘积。

$$J_z = m\rho_z^2 \tag{11-16}$$

ρ_z 称为刚体对于 z 轴的回转半径(也称惯性半径)即

$$\rho_z = \sqrt{\frac{J_z}{m}}$$

3. 平行轴定理

刚体对任一轴 z' 的转动惯量，等于刚体对平行于该轴的质心轴 z 的转动惯量加上刚体质量 m 与两轴间距离 d 的平方的乘积。即

$$J_{z}' = J_z + md^2$$

由平行轴定理可知，刚体对通过质心的轴的转动惯量最小。

4. 组合匀质刚体的转动惯量

由转动惯量的定义 $J_z = \sum m_i r_i^2$ 可得出结论：组合刚体对某轴的转动惯量，等于所有各组成部分对该轴的转动惯量的总和。

【例 11－4】 钟摆简化如图 11－11 所示。已知匀质细直杆和匀质圆盘的质量分别为 m_1 和 m_2，杆长为 l，圆盘直径为 d。求摆对于通过悬挂点 O 并垂直于摆平面的轴的转动惯量。

解　钟摆可看成由匀质细长杆和匀质圆盘两部分组成。

$$J_O = J_{O杆} + J_{O盘}$$

式中

$$J_{O杆} = \frac{1}{3}m_1 l^2$$

再由平行轴定理可得

$$J_{O盘} = J_C + m_2\left(l+\frac{d}{2}\right)^2 = \frac{1}{2}m_2\left(\frac{d}{2}\right)^2 + m_2\left(l+\frac{d}{2}\right)^2$$

$$= m_2\left(\frac{3}{8}d^2 + l^2 + ld\right)$$

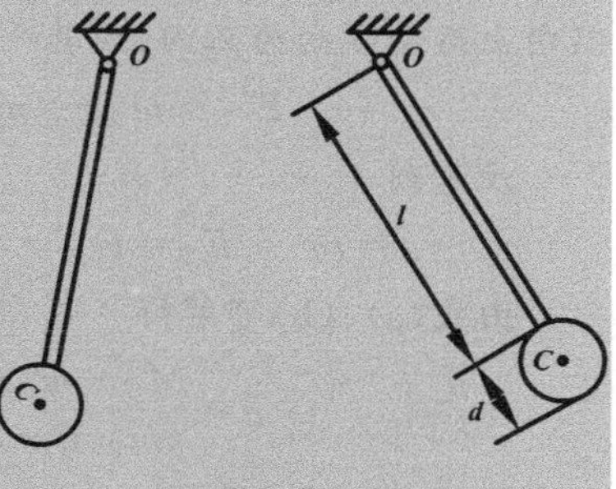

图 11－11

于是得

$$J_O = \frac{1}{3}m_1 l^2 + m_2\left(\frac{3}{8}d^2 + l^2 + ld\right)$$

四、刚体绕定轴转动动力学方程的应用

刚体绕定轴转动的两类动力学问题:第一类问题已知刚体的转动规律,求作用于刚体上的外力矩;第二类问题已知作用于刚体上的外力矩,求刚体的转动规律。

【例 11-5】某飞轮以 $n=600$ r/min 的转速运转,转动惯量 $J_O=2.5\ \text{kg}\cdot\text{m}^2$。要使它在 1 s 内停止转动,设制动力矩 M_T 为常数,求此力矩的大小。

解 本题是已知转动规律,求外力矩的问题。取飞轮为研究对象,飞轮受重力 $\boldsymbol{G}$、轴承反力 $\boldsymbol{F}_N$ 及制动力矩 M_T 的作用(如图 11-12所示)。因 $\boldsymbol{G}$ 和 $\boldsymbol{F}_N$ 通过转轴 O 且 M_T 为常数,故飞轮将作匀变速转动。初始角速度 $\omega_0=\dfrac{\pi n}{30}$,在 $t=1$ s 内制动,角加速度

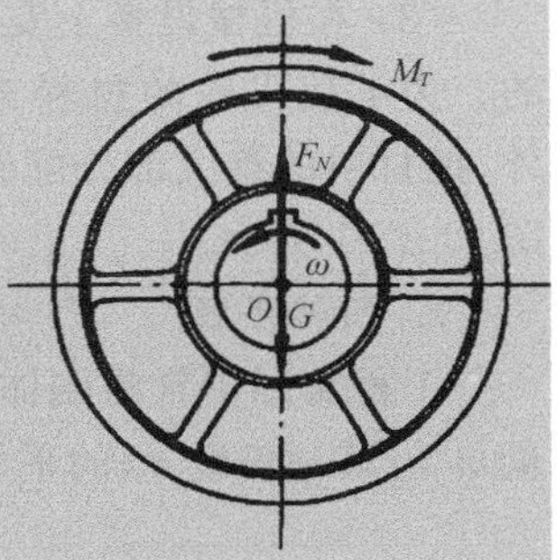

图 11-12

$$\alpha=\frac{\omega-\omega_0}{t}=\frac{0-\omega_0}{t}=-\frac{\pi n}{30\,t}$$

取角速度的转向为正向,列飞轮的转动动力学方程

$$\sum M_z(\boldsymbol{F}_i^e)=-M_T=J_O\alpha$$

求得制动力矩为

$$M_T=-J_O\alpha=-J_O\left(-\frac{\pi n}{30\ \text{t}}\right)=\frac{J_O\ \pi n}{30\ \text{t}}=\frac{2.5\ \text{kg}\cdot\text{m}^2\times\pi\times600\ \text{rad/s}}{30\times1\ \text{s}}=157\ \text{N}\cdot\text{m}$$

【例 11-6】图 11-13(a)所示为起重设备,由半径为 r、质量为 m、可绕 O 轴转动的卷筒和不计质量的绳索组成。被提升重物 A 的质量为 m_A。若卷筒的质量均匀分布在边缘,由电机传递的主动转矩为 M_O,求重物上升的加速度。

解 本题已知卷筒在转矩 M_O 作用下绕 O 轴转动,带动重物上升,要求重物上升的加速度,属于动力学第二类问题。

先考察卷筒,其受力图如图 11-13(b)所示。以逆时针的转动方向为正向列其转动动力学方程为

$$M_O-F_Tr=J_O\alpha \tag{a}$$

再考察重物 A,其受力如图 11-13(c)所示。以向上运动方向为正向,列其平动动力学方程为

$$F'_T-m_Ag=m_Aa \tag{b}$$

注意到

$$a=r\alpha,\quad F_T=F'_T,\quad J_O=mr^2$$

由式(a)、(b)可解得

$$a=\frac{M_O-m_Agr}{(m_A+m)r}$$

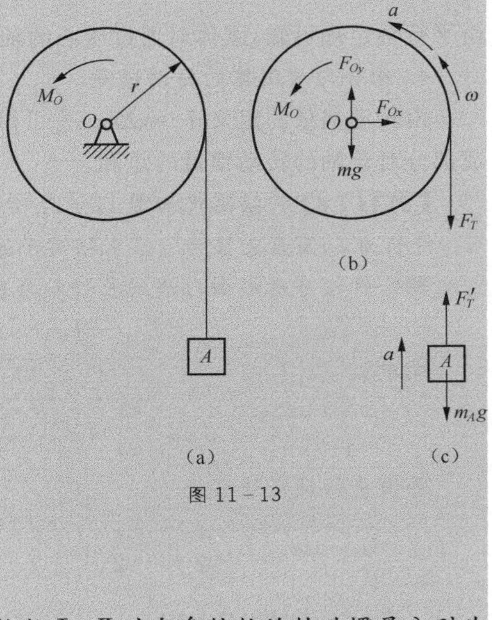

图 11-13

【例 12-7】在图 11-14(a)所示的传动机构中,轮轴Ⅰ、Ⅱ对自身转轴的转动惯量分别为 $J_1=1\ \text{kg}\cdot\text{m}^2$、$J_2=1.5\ \text{kg}\cdot\text{m}^2$。两轮轴间用传动比 $i=\dfrac{z_2}{z_1}=2$ 的一对齿轮相互连接。设轮轴Ⅰ上作用着矩为 M 的力偶,使轮轴自静止开始匀加速转动,经过 10 s,转速达到 $n_1=1500$ r/min。

已知轮轴上齿轮的节圆半径为 $r_1=100$ mm，轴承摩擦可以不计，试求转矩 M 和齿轮间的圆周力 $\boldsymbol{F}_\tau$。

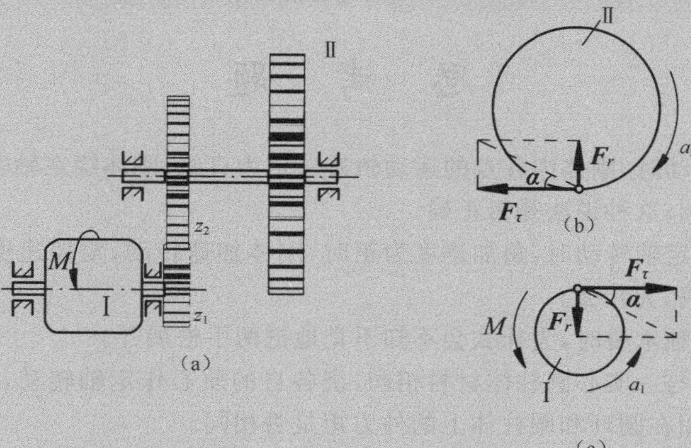

图 11－14

解　本题轮轴系统的转动规律已知，需求作用其上的力，属于动力学第一类问题。

首先进行运动分析，因为轮轴Ⅰ作匀加速转动，故有

$$\omega_{\mathrm{I}}=\omega_{\mathrm{I0}}+\alpha_1 t$$

已知初速度 $\omega_{\mathrm{I0}}=0$，末速 $\omega_{\mathrm{I}}=\dfrac{\pi n_1}{30}=\dfrac{\pi\times 1500\ \mathrm{r/min}}{30}=50\pi\ \mathrm{rad/s}$

$t=10$ s，所以轮轴Ⅰ的角加速度为

$$\alpha_1=\frac{\omega_{\mathrm{I}}-\omega_{\mathrm{I0}}}{t}=5\pi\ \mathrm{rad/s^2}$$

注意到

$$i=\frac{z_2}{z_1}=\frac{r_2}{r_1}=\frac{\omega_1}{\omega_2}=\frac{\alpha_1}{\alpha_2}=2 \tag{a}$$

故轮轴Ⅱ的角加速度为

$$\alpha_2=\frac{1}{2}\alpha_1=2.5\pi\ \mathrm{rad/s^2}$$

再对轮轴Ⅰ、Ⅱ进行受力分析，它们的受力图如图 11－14(b)、(c)所示。其中齿轮间相互作用的圆周、径向力的大小分别记作 F_τ、F_r。因轴承反力和重力对转轴的矩等于零，故图中未画出。

为了列出轮轴Ⅰ、Ⅱ各自的转动动力学方程，规定取各自的转动方向为正向，即在图 11－14(b)、(c)中轮轴Ⅰ以逆时针转向为正，轮Ⅱ以顺时针转向为正，分别列出轴Ⅰ、Ⅱ的转动微分方程为

$$M-F_\tau r_1=J_1\alpha_1 \tag{b}$$

$$F_\tau r_2=J_2\alpha_2 \tag{c}$$

将(b)式乘以 i 与(c)相加，考虑与(a)式中的关系 $\alpha_1=i\alpha_2$，$r_1=\dfrac{r_2}{i}$，可得

$$M=\frac{(i^2J_1+J_2)\alpha_2}{i}=\frac{(2^2\times 1\ \mathrm{kg\cdot m^2}+1.5\ \mathrm{kg\cdot m^2})\times 2.5\pi\ \mathrm{rad/s^2}}{2}=21.6\ \mathrm{N\cdot m}$$

由(c)式得

$$F_\tau=\frac{J_2\alpha_2}{r_2}=\frac{J_2\alpha_2}{ir_1}=\frac{1.5\ \mathrm{kg\cdot m^2}\times 2.5\pi\ \mathrm{rad/s^2}}{2\times 0.1\ \mathrm{m}}=58.9\ \mathrm{N}$$

思　考　题

11－1　刚体平动时，刚体内各点的运动轨迹一定为直线；刚体绕定轴转动时，刚体内各点的运动轨迹一定是圆，这种说法是否正确。

11－2　刚体绕定轴转动时，角加速度为正时，刚体加速转动，角加速度为负时，刚体减速转动。这种说法对吗，为什么。

11－3　人在过独木桥时，为什么会不知不觉地把两手松展开。

11－4　一圆环与一实心圆柱体材料相同，绕各自的质心作定轴转动，某一瞬时有相同的角加速度，试问：作用在圆环和圆柱体上的外力矩是否相同。

11－5　计算一个刚体对某转轴的转动惯量时，一般能不能认为它的质量集中于其质心，成为一质点，然后计算这个质点对该轴的转动惯量，为什么？举例说明你的结论。

11－6　一个有固定轴的刚体，受到两个力的作用。当这两个力的合力为零时，它们对轴的合力矩也一定为零吗。举例说明之。

习题十一

11－1　物体绕定轴转动的运动方程为 $\varphi=4t-3t^3$（φ 以 rad 计，t 以 s 计）。试求物体内与转动轴相距 $r=0.5$ m 的一点，在 $t_0=0$ 与 $t_1=1$ s 时的速度和加速度的大小，并问物体在什么时刻改变它的转向。

11－2　飞轮边缘上一点 M，以匀速 $v=10$ m/s 运动。后因刹车，该点以 $a_\tau=0.1t$（m/s^2）作减速运动。设轮半径 $R=0.4$ m，求 M 点在减速运动过程中的运动方程及 $t=2$ s 时的速度、切向加速度与法向加速度。

11－3　如图所示，一个质量为 m 的物体与绕在定滑轮上的绳子相连，绳子质量可以忽略，它与定滑轮之间无滑动。假设定滑轮质量为 M、半径为 R，其转动惯量为 $\frac{1}{2}MR^2$，滑轮轴光滑．试求该物体由静止开始下落的过程中，下落速度与时间的关系。

11－4　如图所示机构中，$O_1A=O_2B$，$O_1A//O_2B$，$O_2C=O_3D$，$O_2C//O_3D$，$O_1A=20$ cm，$O_2C=40$ cm，$CM=MD=30$ cm。若杆 O_1A 以角速度 $\omega=3$ rad/s 匀角速度转动，试求 M 点的速度大小和 B 点的加速度大小。

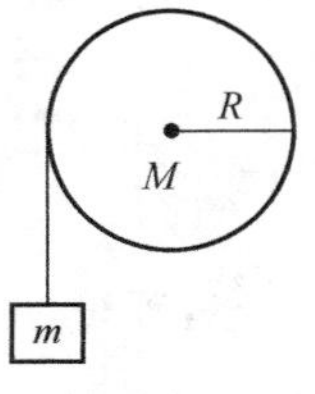

习题 11－3图

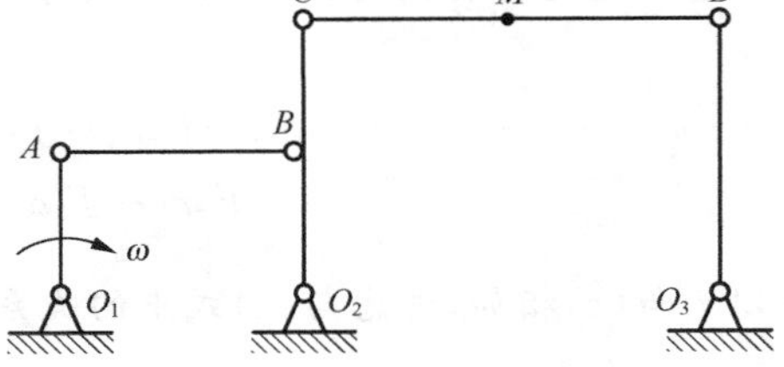

习题 11－4图

11－5　如图所示。揉茶机的揉桶由 3 个等长（$l=15$ cm）曲柄支持，曲柄的 3 个支座 A、B、C 与支轴 a、b、c 恰好组成等边三角形。若 3 个曲柄以相同转速 $n=45$ r/min 分别绕其支座在图示平面内转动。试求揉桶内中点 O 的速度和加速度。

11－6　半径都是 $2r$ 的一对平行曲柄 O_1A 和 O_2B 以匀角速度 ω_0 分别绕轴 O_1 和 O_2 转动，固连于连杆 AB 的中间齿轮Ⅱ带动同样大小的定轴齿轮Ⅰ，试求齿轮Ⅰ节圆上任一点的加速度的大小。

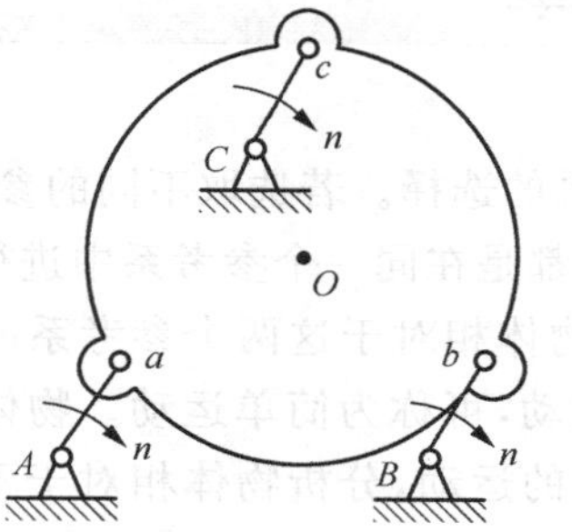

习题 11－5 图

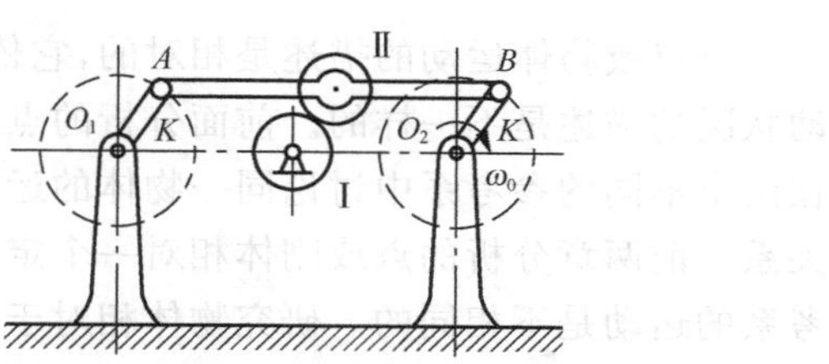

习题 11－6 图

11－7　如图所示一条轻质绳绕过一只轴承光滑的定滑轮，绳的两端分别悬挂质量为 m_1 和 m_2 的物体，且 $m_2>m_1$。设滑轮的质量为 m，半径为 R，绳与轮之间无相对滑动。试求物体的加速度和绳中的张力。

11－8　用落体观测法测定飞轮的转动惯量，是将半径为 R 的飞轮支承在点 O 上，然后在绕过飞轮的绳子的一端挂一质量为 m 的重物，令重物以初速度为零下落，带动飞轮转动（如图）。记下重物下落的距离和时间，就可算出飞轮的转动惯量。试写出它的计算式。（假设轴承间无摩擦）

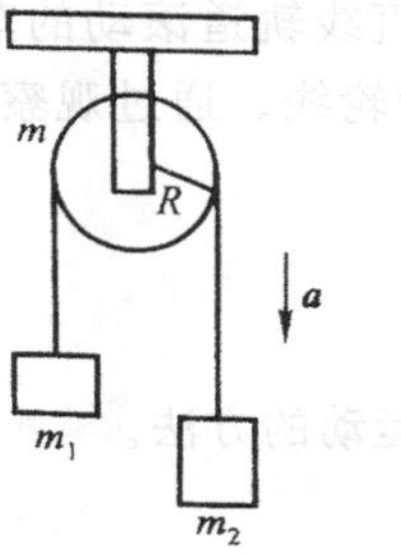

习题 11－7 图

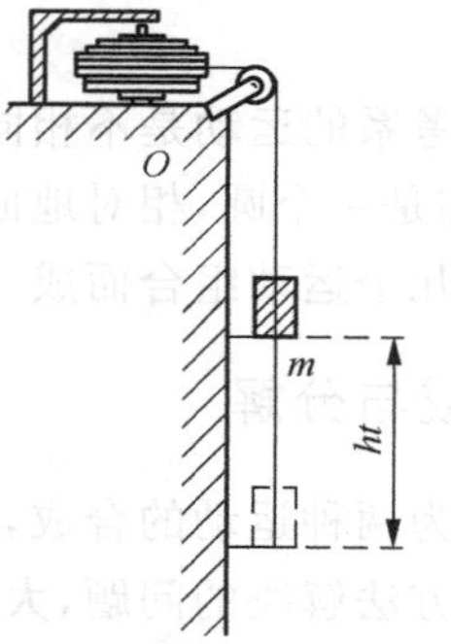

习题 11－8 图

11－9　一刚体由长 l、质量为 m 的匀质细杆和质量为 m 的小球固定其一端而组成，且可绕杆的另一端点的轴 O 在竖直平面内转动，如习题 11－9 图所示。若轴处无摩擦，试求：

（1）刚体绕轴的转动惯量；

（2）当杆与竖直方向成 θ 角时的角速度为多少。

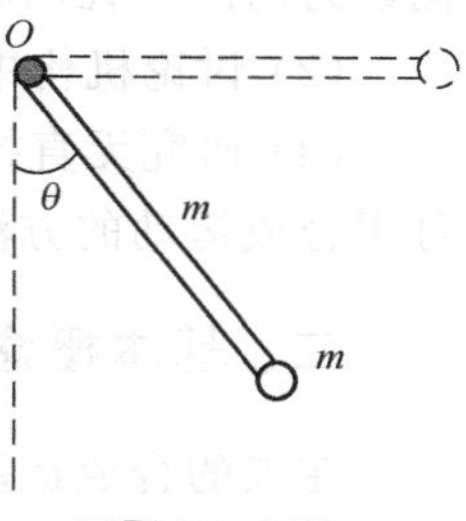

习题 11－9 图

第十二章 点和刚体的复合运动

对点或物体运动的描述是相对的，它依赖于参考系的选择。若选取不同的参考系，对其运动状况的描述是不一样的。前面分析的点或刚体运动都是在同一个参考系中进行的。本章将在两个不同的参考系中讨论同一物体的运动，并给出物体相对于这两个参考系的运动存在的关系。前两章分析的点或刚体相对一个定参考系的运动，可称为简单运动。物体相对不同参考系的运动是不相同的。研究物体相对于不同参考系的运动，分析物体相对于不同参考系运动之间的关系，可称为复杂运动或合成运动。

我们研究点和刚体的运动，一般都是以地面为参考体的。然而在实际问题中，还常常要在相对于地面运动着的参考系上观察和研究物体的运动。例如，从行驶的汽车上观看飞机的运动，坐在行驶的火车内看下雨的雨点是向后斜落的等。

刚体的平动和绕定轴转动是最常见的、最简单的刚体运动。刚体还可以有更复杂的运动形式，其中，刚体的平面运动是工程机械中较为常见的一种刚体运动，它可以看作平动与转动的合成。

本章将分析刚体平面运动的分解，平面运动刚体上各点的速度计算。

第一节 点的合成运动

物体相对不同参考系的运动是不相同的，例如沿直线轨道滚动的车轮，其轮缘上点 M 的运动，相对车身其轨迹是一个圆，相对地面其轨迹是旋轮线。通过观察可以发现，物体对一个参考系的运动可以由几个运动组合而成。

一、运动的合成与分解

将一种运动看作为两种运动的合成，这就是**合成运动**的方法。

可用合成运动的方法解决的问题，大致分为三类。

(1) 把复杂的运动分解成两种简单的运动，求得简单运动的运动量后，再加以合成。这种化繁为简的研究问题的方法，在解决工程实际问题时，具有重要意义。

(2) 讨论机构中运动构件运动量之间的关系。

(3) 研究无直接联系的两运动物体运动量之间的关系。例如，大海上有甲、乙两艘行船，可用合成运动的方法求在甲船上所看到的乙船的运动量。

二、基本概念

在点的合成运动中，将所考察的点称为**动点**。动点可以是运动刚体上的一个点，也可以是一个被抽象为点的物体。在工程问题中，一般将**定参考系**(简称为**定系**)$Oxyz$ 固连于地球，而把**动参考系**(简称为**动系**)$O'x'y'z'$建立在相对于定系运动的物体上，习惯上也将该物体称为动系。定系一般可不画出来，和地球相固连时也不必说明。动系也可不画，但一定要指明取哪个物体作为动系。

选定了动点、动系和定系以后，可将运动区分为三种。(1) 动点相对于定系的运动称为**绝对运动**。在定系中看到的动点的轨迹为**绝对轨迹**。(2) 动点相对于动系的运动称为**相对运动**。在动系中看到的动点的轨迹为**相对轨迹**。(3) 动系相对于定系的运动称为**牵连运动**。牵连运动为刚体运动，它可以是平动、定轴转动或复杂运动，牵连运动是整个动系的运动。仍以上例为例，取车轮上的点 M 为动点，车身为动系，点 M 相对于地面的运动为绝对运动，绝对轨迹为旋轮线；点 M 相对于车身的运动为相对运动，相对轨迹为圆；车身的牵连运动为平动，如图 12-1 所示。

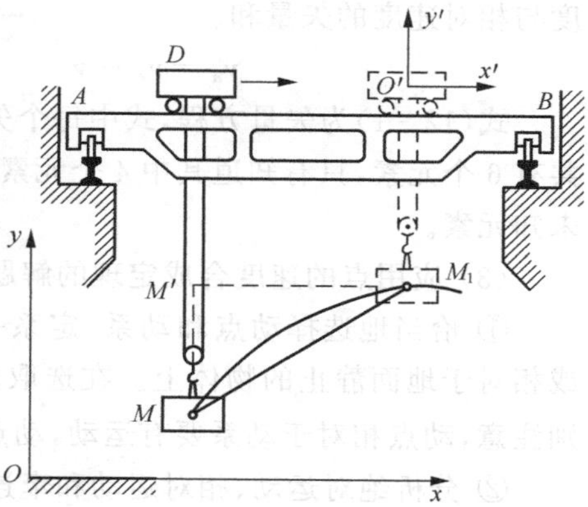

图 12-1

用合成运动的方法研究问题的关键在于合理的选择动点、动系。动点、动系的选择原则如下。

(1) 动点相对于动系有相对运动。

(2) 动点的相对轨迹应简单、直观。例如，在图 12-2 所示的曲柄摇杆机构中，取点 A 为动点，杆 O_2B 为动系，动点的相对轨迹为沿着 AB 的直线。若取杆 O_2B 上和点 A 重合的点为动点，杆 O_1A 为动系，动点的相对轨迹不便直观地判断，为一平面曲线。对比这两种选择方法，前一种方法是取两运动部件的不变的接触点为动点，故相对轨迹简单。

动点在绝对运动中的速度、加速度称为动点的**绝对速度**和**绝对加速度**，分别用 $\boldsymbol{v}_a$ 和 $\boldsymbol{a}_a$ 表示。动点在相对运动中的速度、加速度称为动点的**相对速度**和**相对加速度**，分别用 $\boldsymbol{v}_r$ 和 $\boldsymbol{a}_r$ 表示。换而言之，观察者在定系中观察到动点的速度和加速度分别为绝对速度和绝对加速度；在动系中观察到动点的速度和加速度分别为相对速度和相对加速度。

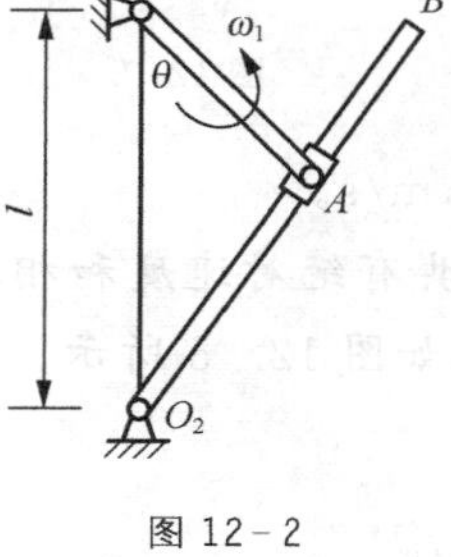

图 12-2

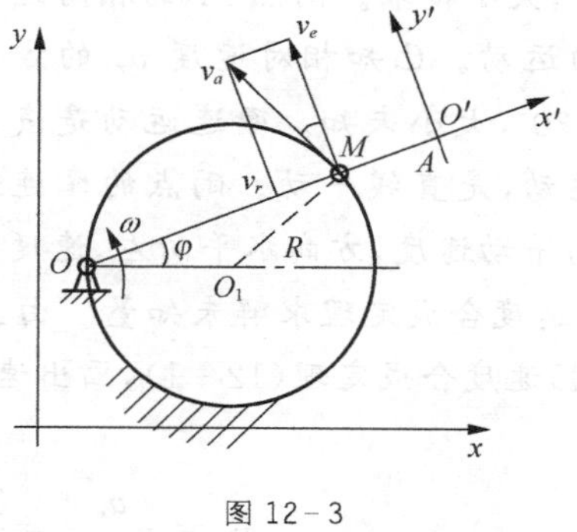

图 12-3

由于动系的运动是刚体的运动而不是一个点的运动，所以除非动系作平移，否则其上各点的运动都不完全相同。那么动系上与动点直接相关的就是动系上在一瞬时与动点相重合的那一点。因此定义：在某一瞬时，动系上与动点相重合的一点称为此瞬时动点的牵连点。牵连点是动系上的点，动点运动到动系上的哪一点，该点就是动点的牵连点，所以说牵连点是一个瞬时的概念，随着动点的运动，动系上牵连点的位置亦不断变动。某瞬时牵连点的速度、加速度称为动点的**牵连速度**、**牵连加速度**，分别用 $\boldsymbol{v}_e$ 和 $\boldsymbol{a}_e$ 表示。如图 12-3 所示。

三、点的速度合成定理

(1) 动点的绝对位移等于牵连位移与相对位移的矢量和,如图 12-4 所示。

$$\boldsymbol{MM'}=\boldsymbol{MM}_1+\boldsymbol{M}_1\boldsymbol{M'}$$

(2)速度合成定理——动点的绝对速度等于牵连速度与相对速度的矢量和。

$$\boldsymbol{v}_a=\boldsymbol{v}_e+\boldsymbol{v}_r \qquad (12-1)$$

式(12-1)为矢量方程,式中每个矢量含有两个元素,共有 6 个元素,只有知道其中 4 个元素才能求解其他两个未知元素。

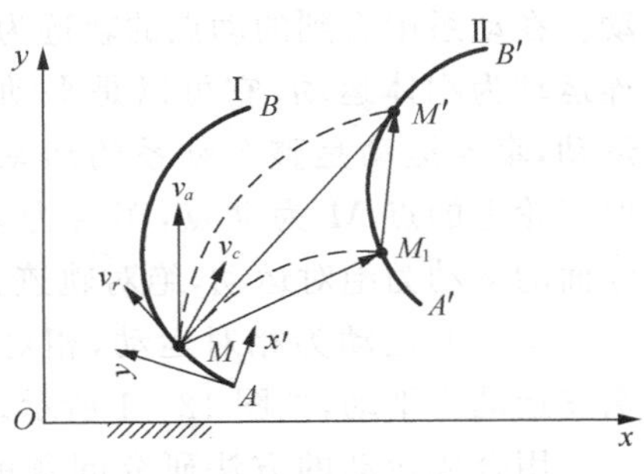

图 12-4

(3) 应用点的速度合成定理的解题步骤如下。

① 恰当地选择动点和动系,定系一般都固连于地面或相对于地面静止的物体上。在选取动点和动系时要特别注意,动点相对于动系要有运动,动点与动系不能选在同一物体上。

② 分析绝对运动、相对运动和牵连运动。

③ 按速度合成定理式(12-1),画出速度平行四边形或三角形,绝对速度应为平行四边形的对角线。

【例 12-1】 如图 12-5 所示,汽车以速度 $v_1=5$ m/s 沿直线行驶,雨点 M 以速度 v_2 铅垂下落,$\varphi=30°$,求雨点相对于汽车的速度。

解 (1) 选取动点和动参考系。取雨点 M 为动点,静系 Oxy 固连于地面上,动系 $O'x'y'$ 固连于汽车上。

(2) 分析 3 种运动和速度。雨点 M 的绝对运动是它相对于地面的铅直下落。绝对速度 v_a 的方向铅垂向下,大小待求。雨点 M 的相对运动是相对于车厢的运动。已知相对速度 v_r 的方向与铅垂线成 $\varphi=30°$,大小未知。牵连运动是汽车相对于地面的运动,是直线平动。雨点的牵连速度 $\boldsymbol{v}_e$ 也即汽车的平动速度,方向水平向左,速度大小 $v_e=v_1=5$ m/s。

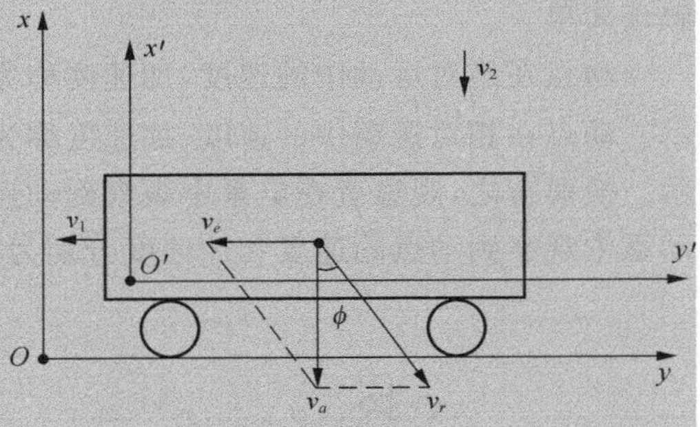

图 12-5

(3) 应用速度合成定理求解未知量。由上述分析可知,共有绝对速度和相对速度大小两个未知量,根据速度合成定理(12-1),画出速度平行四边形,如图 12-5 所示。由图中几何关系可知

$$v_a=\frac{v_e}{\tan 30°}=\frac{5\ \text{m/s}}{0.577}=8.66\ \text{m/s}$$

$$v_r=\frac{v_e}{\sin 30°}=\frac{5\ \text{m/s}}{0.5}=10\ \text{m/s}$$

【例 12-2】 图 12-6 所示为一凸轮机构。顶杆端点 A 利用弹簧压紧在凸轮表面上。当凸轮转动时,顶杆沿铅垂滑道上下运动。已知凸轮的角速度为 ω,在图 12-6 所示的瞬时,凸轮轮廓曲线在 A 点法线 An 与 AO 的夹角为 θ,且 $OA=r$。求此时顶杆的速度。

解 杆 AB 沿铅垂直线作平动,故只需求杆端 A 点的速度。

(1) 动点和参考系的选取。以 AB 杆的端点 A 为动点，静系 Oxy 固连于机架上，动系 $Ox'y'$ 固连于凸轮上。

(2) 3 种运动分析。

绝对运动——动点 A 沿铅垂方向的直线运动。绝对速度 $\boldsymbol{v}_a$ 的方向铅垂线，大小未知。

相对运动——动点 A 沿凸轮轮廓曲线的运动。相对速度 $\boldsymbol{v}_r$ 的方向沿凸轮廓线在 A 点的切线上，即垂直于法线 An，大小未知。

牵连运动——凸轮绕 O 点的定轴转动。牵连速度 $\boldsymbol{v}_e$ 是凸轮上与 A 点重合的那一点（牵连点）的速度。在图示瞬时，$\boldsymbol{v}_e$ 的大小为 $v_e=r\omega$，方向与 OA 垂直，指向与 ω 转向一致。

(3) 通过上述分析可知，共有 $\boldsymbol{v}_a$、$\boldsymbol{v}_r$ 的大小两个未知量。可以应用速度合成定理求解。作出速度平行四边形如图 12-6 所示。由图可知

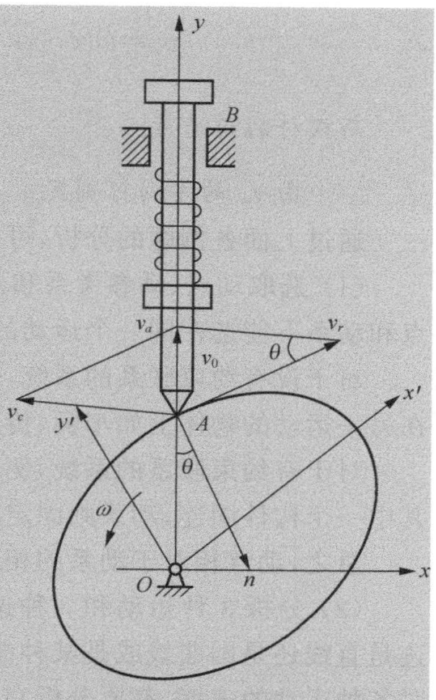

图 12-6

$$v_a=v_e\tan\theta=r\omega\tan\theta$$

此瞬时杆 AB 的速度方向向上。

【例 12-3】图 12-7 所示为一曲柄摆杆机构。当曲柄 OM 以匀角速度 ω 绕 O 轴定轴转动时，滑块 M 可在摆杆 $O'B$ 上滑动，并带动摆杆 $O'B$ 绕 O' 轴摆动，$OM=r=30\ \text{cm}$，$OO'=40\ \text{cm}$。求 OM 在水平位置时摆杆 $O'B$ 的角速度 ω_1。

解　(1) 选取动点和参考系。以滑块 M 为动点，静系 Oxy 固连于机架上，动系 $O'x'y'$ 固连于摆杆 $O'B$ 上。

(2) 3 种运动分析

绝对运动——动点 M 以 O 为圆心，OM 为半径的圆周运动。绝对速度 $\boldsymbol{v}_a$ 的大小为 $OM\cdot\omega$，其方向垂直于 OM，与 ω 转向一致。

相对运动——动点 M 沿摆杆 $O'B$ 的直线运动。相对速度 $\boldsymbol{v}_r$ 的方向沿摆杆 $O'B$，大小未知。

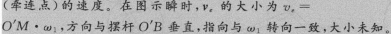

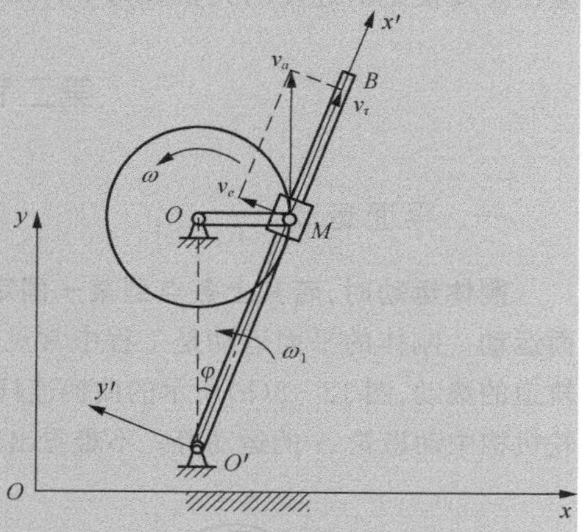

图 12-7

牵连运动——摆杆 $O'B$ 绕 O' 轴的定轴转动。牵连速度 $\boldsymbol{v}_e$ 是摆杆 $O'B$ 上与滑块 M 重合的那一点（牵连点）的速度。在图示瞬时，$\boldsymbol{v}_e$ 的大小为 $v_e=O'M\cdot\omega_1$，方向与摆杆 $O'B$ 垂直，指向与 ω_1 转向一致，大小未知。

(3) 应用速度合成定理求解。做出速度平行四边形，从而确定相对速度和牵连速度的指向，如图 12-7 所示。由图中几何关系可求出滑块 M 的牵连速度大小为

$$v_e=v_a\sin\varphi$$

式中，$v_a=OM\cdot\omega$

由图 12-7 所示几何关系可知　$\sin\varphi=OM/O'M$

$$O'M=\sqrt{OM^2+OO'^2}=\sqrt{(30\ \text{cm})^2+(40\ \text{cm})^2}=50\ \text{cm}$$

故 $$v_e = OM \cdot \omega \cdot \sin\varphi = 30\ \text{cm} \times 2\ \text{rad/s} \times \frac{30\ \text{cm}}{50\ \text{cm}} = 36\ \text{cm/s}$$

而摆杆的角速度 $$\omega_1 = \frac{v_e}{O'M} = \frac{36\ \text{cm/s}}{50\ \text{cm}} = 0.72\ \text{rad/s}$$

由 $\boldsymbol{v}_e$ 的方向可判定 ω_1 的转向，如图 12－7 所示。

通过上面各例题的分析，可以归纳出应用点的速度合成定理解题的步骤与注意要点如下。

(1) 选取动点、动参考系和定参考系。动点、定系和动系必须分别选在 3 个物体上，且动点和动系不能选在同一个运动的物体上，否则，不能构成复合运动。

对于没有约束联系的系统，例如雨点、矿砂、物料等，可选取所研究的点为动点，动系固定在另一运动的物体上如车辆、传送带等。

对于有约束联系的系统，例如机构传动问题，动点多选在两构件的连接点或接触点，并与其中一个构件固连，动系则固定在另一运动的构件上。

总之，动点相对于动系的相对运动要简单、明显；动系的运动要容易判定。

(2) 分析 3 种运动和 3 种速度。相对运动和绝对运动都是点的运动，要分析点的运动轨迹是直线还是圆曲线或是某种曲线。对牵连运动刚体的运动，要分析刚体是作平动还是转动。对各种运动的速度，都要分析它的大小和方向两个要素，弄清已知量和未知量。

分析相对速度时，可设想观察者站在动参考系上，所观察到的运动即为点的相对运动。分析牵连速度时，可假定动点暂不作相对运动，而把它固定在动参考系上，然后根据牵连运动的性质去分析该点的速度，即分析牵连点的速度。

(3) 根据点的速度合成定理求解未知量。按各速度的已知条件，作出速度平行四边形。应注意要使绝对速度的矢量成为平行四边形的对角线，然后根据几何关系求解未知量。

第二节　刚体平面运动

一、平面运动

刚体运动时，若其上各点到某一固定平面的距离始终保持不变，则称刚体的这种运动为平面运动。刚体的平面运动是工程中常见的一种运动形式，例如图 12－8(a)所示的车轮沿直线轨道的滚动，图 12－8(b)所示的曲柄连杆机构中连杆 AB 的运动以及图 12－8(c)所示的行星齿轮机构中动齿轮 A 的运动等。不难看出，平面运动刚体上各点的轨迹都是平面曲线(或直线)。

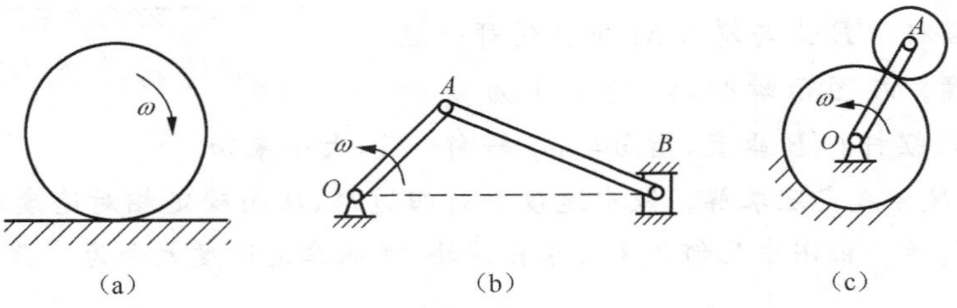

图 12－8

二、刚体平面运动的简化

设一刚体作平面运动，运动中刚体内每一点到固定平面 Ⅰ 的距离始终保持不变，如图 12－

9 所示。作一个与固定平面Ⅰ平行的平面Ⅱ来截割刚体，得截面 S，该截面称为平面运动刚体的**平面图形**。刚体运动时，平面图形 S 始终在平面Ⅱ内运动，即始终在其自身平面内运动，而刚体内与 S 垂直的任一直线 A_1AA_2 都作平动。因此，只要知道平面图形上点 A 的运动，便可知道 A_1AA_2 线上所有各点的运动。从而，只要知道平面图形 S 内各点的运动，就可以知道整个刚体的运动。由此可知，平面图形上各点的运动可以代表刚体内所有各点的运动，**即刚体的平面运动可以简化为平面图形在其自身平面内的运动**。

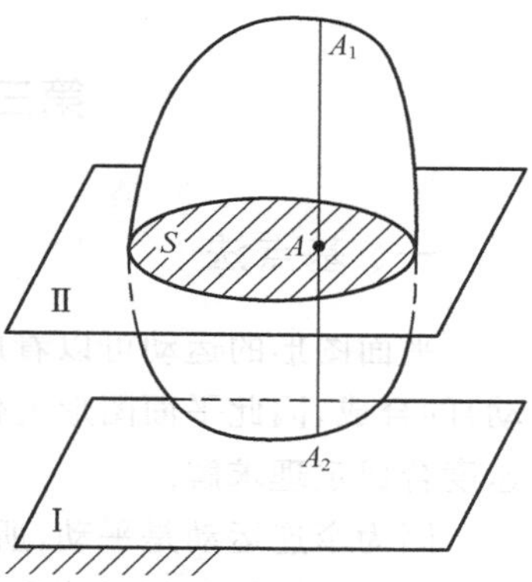

图 12-9

三、刚体的平面运动方程

$$\left.\begin{aligned} x_A &= f_1(t) \\ y_A &= f_2(t) \\ \varphi &= f_3(t) \end{aligned}\right\}$$

这就是平面图形的运动方程，也就是**刚体平面运动的运动方程**。

若 x_A，y_A 保持不变，平面图形作定轴转动。若 φ 为常数，平面图形作平动。因此，平面图形可分解为平动和转动。

在平面图形上任取一点 A 作为运动分解的基准点，简称为基点；在基点假想地安上一个平动坐标系 $Ax'y'$，当平面图形运动时，该平动坐标系随基点作平动，如图 12-10(a)所示。这样按照合成运动的观点，平面图形的运动可以看成是随同动系作平动(又称为随同基点的平动)和绕基点相对于动系作转动这两种运动的合成，即**平面图形的运动可以分解为随基点的平动和绕基点的转动**。其中“随基点的平动”是牵连运动，“绕基点的转动”是相对运动。

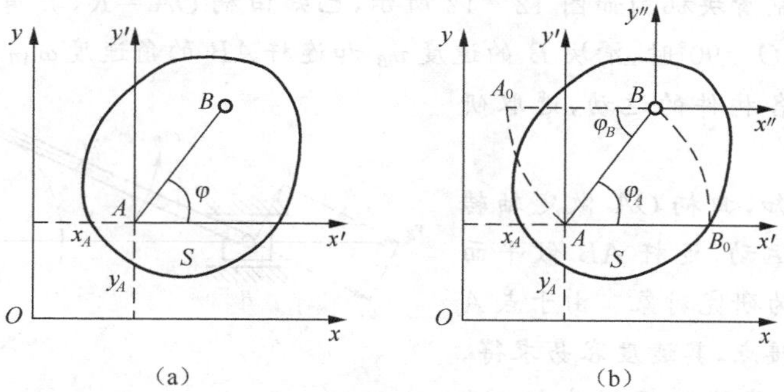

图 12-10

基点的选择是任意的。因为一般情况下平面图形上各点的运动各不相同，所以选取不同的点作为基点时，**平面图形运动分解后的平动部分与基点的选择有关**；而转动部分的转角是相对于平动坐标系而言的，选择不同的基点时，图形的转角仍然相同。如图 12-10(b)所示，选 A 为基点时，线段 AB 从 AB_0 转至 AB，转角为 $\phi_A=\phi$，而选 B 为基点时，线段 AB 从 BA_0 转至 AB，转角为 ϕ_B，从图上可见，$\phi_A=\phi_B$，即平面图形相对于不同的基点的转角相等，在同一瞬时平面图形绕基点转动的角速度、角加速度也相等。因此**平面图形运动分解后的转动部分与基点的选择无关**。对角速度、角加速度而言，无须指明是绕哪个基点转动的，而统称为平面图形的角速度、角加速度。

第三节 刚体平面运动各点的速度分析

一、基点法

平面图形的运动可以看成是牵连运动(随同基点 A 的平动)与相对运动(绕基点 A 的转动)的合成,因此平面图形上任意一点 B 的运动也可用合成运动的概念进行分析,其速度可用速度合成定理求解。

因为牵连运动是平动,所以点 B 的牵连速度就等于基点 A 的速度 $\boldsymbol{v}_A$,而点 B 的相对速度就是点 B 随同平面图形绕基点 A 转动的速度,以 $\boldsymbol{v}_{BA}$ 表示,其大小等于 $BA\omega$(ω 为图形的角速度),方向垂直于 BA 连线而指向图形的转动方向,如图 12-11 所示。

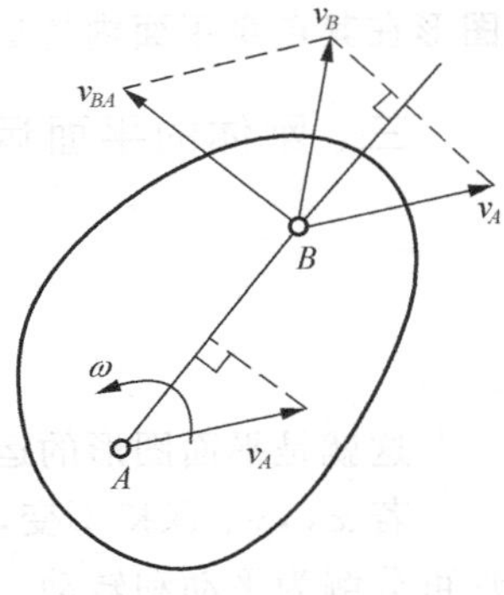

图 12-11

$$\boldsymbol{v}_B=\boldsymbol{v}_A+\boldsymbol{v}_{BA} \tag{12-2}$$

式(12-2)称为速度合成的矢量式。注意到 A、B 是平面图形上的任意两点,选取点 A 为基点时,另一点 B 的速度由式(12-2)确定;但若选取点 B 为基点,则点 A 的速度表达式应写为 $\boldsymbol{v}_A=\boldsymbol{v}_B+\boldsymbol{v}_{AB}$。由此可得速度合成定理:**平面图形上任一点的速度等于基点的速度与该点随图形绕基点转动速度的矢量和。**

应用式(12-2)分析求解平面图形上点的速度问题的方法称为**速度基点法**,又叫作速度合成法。式(12-2)中共有 3 个矢量,各有大小和方向 2 个要素,总计 6 个要素,要使问题可解,一般应有 4 个要素是已知的。考虑到相对速度 $\boldsymbol{v}_{BA}$ 的方向必定垂直于连线 BA,于是只需再知道任何其他 3 个要素,即可解得剩余的两个未知量。

【例 12-4】 曲柄滑块机构如图 12-12 所示,已知曲柄 $OA=R$,其角速度为 ω。试求当 $\angle BOA=60°$,$\angle BAO=90°$ 时,滑块 B 的速度 v_B 和连杆 AB 的角速度 ω_{AB}。

解 (1) 分析各构件的运动,选取研究对象及基点。

由已知条件可知,曲柄 OA 做定轴转动,滑块 B 做直线运动,连杆 AB 做平面运动。取连杆 AB 为研究对象。由于点 A 是连杆与曲柄的连接点,其速度容易求得,故取点 A 为基点。其速度根据曲柄 OA 的运动可求得

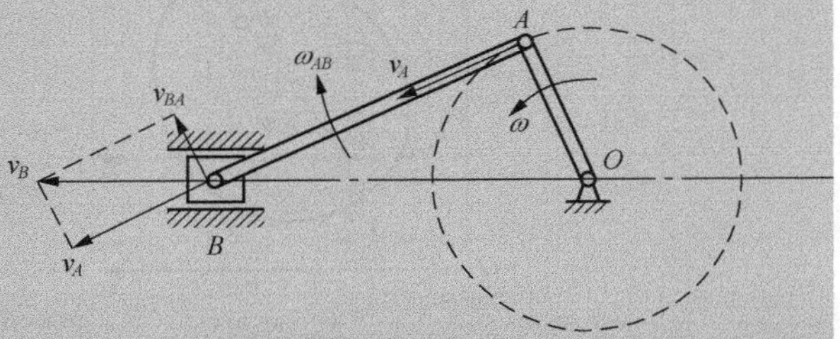

图 12-12

$$v_A=OA\cdot\omega=R\omega$$

方向如图 12-12 所示。

(2) 用基点法求滑块 B 的速度和连杆 AB 的角速度 ω_{AB}

根据式(12-2)在滑块 B 处做出速度平行四边形,如图 12-12 所示。由图中几何关系,得

$$v_B=\frac{v_A}{\sin60°}=\frac{R\omega}{\sqrt{3}/2}=1.15R\omega(\leftarrow)$$

$$v_{BA}=v_A\cot60°=\frac{\sqrt{3}}{3}R\omega$$

因为　　$v_{BA}=AB\cdot\omega_{AB}$

所以　　$\omega_{AB}=\dfrac{v_{BA}}{AB}=\dfrac{\frac{\sqrt{3}}{3}R\omega}{\sqrt{3}R}=\dfrac{1}{3}\omega$(顺时针)

【例 12-5】两齿条间夹一半径 $r=0.5$ m 的齿轮，两齿条分别以 $v_1=6$ m/s 和 $v_2=2$ m/s 的水平速度向同一方向运动，如图 12-13 所示。求齿轮中心 O 点的速度。

解　(1) 分析齿条运动。

齿轮在两齿条带动下做平面运动，由于在 A、B 处分别与齿轮啮合，所以 $v_A=v_1=6$ m/s，$v_B=v_2=2$ m/s，两点的速度方向均水平向右。

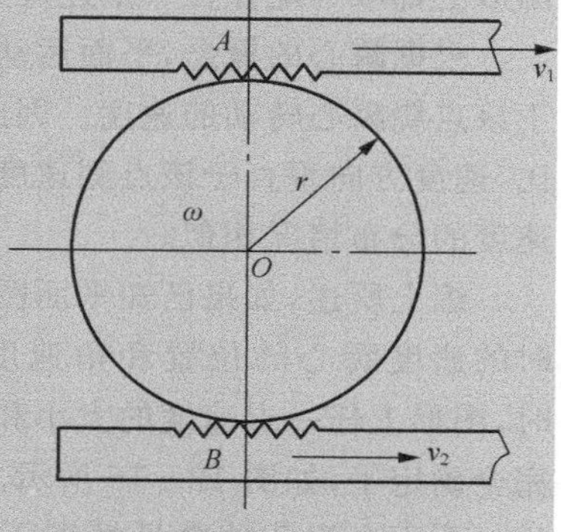

图 12-13

(2) 选择基点，求解未知量。

由于 A、B 两点的速度均已知，故均可以作为基点。但无论取哪点为基点，均不能直接求得 O 点的速度，需先求得齿轮的角速度 ω。

取 B 点为基点，分析 A 点的速度，由基点法，有

$$\boldsymbol{v}_A=\boldsymbol{v}_B+\boldsymbol{v}_{AB}$$

由于 $v_A>v_B$，所以 ω 为顺时针转向，即 v_{AB} 的方向也水平向右。此时，速度平行四边形各边都在一条直线上，3 个速度间的数量关系为

$$v_A=v_B+v_{AB}$$

所以 $v_{AB}=v_A-v_B=6\text{ m/s}-2\text{ m/s}=4\text{ m/s}$

齿轮的角速度为

$$\omega=\frac{v_{AB}}{2r}=\frac{4\text{ m/s}}{2\times0.5\text{ m}}=4\text{ rad/s}$$

同理，再取 B 为基点，可求得 O 点的速度为

$$v_O=v_B+v_{OB}=v_B+r\omega=2\text{ m/s}+0.5\text{ m}\times4\text{ rad/s}=4\text{ m/s}$$

二、速度投影法

$$(v_B)_{AB}=(v_A)_{AB}\qquad(12-3)$$

速度投影定理——平面图形上任意两点的速度在这两点连线上的投影相等。

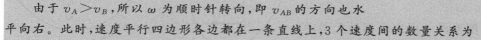

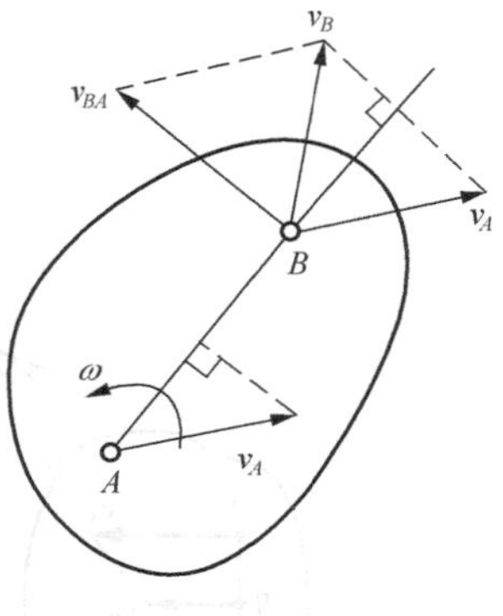

图 12-14

这个定理反映了刚体不变形的特性，因刚体上任意两点间的距离应保持不变，所以刚体上任意两点的速度在这两点连线上的投影应该相等；否则，这两点间的距离不是伸长，就要缩短，这将与刚体的性质相矛盾。因此，速度投影定理不仅适用于刚体作平面运动，而且也适用于刚体的一般运动。

应用速度投影定理求解平面图形上点的速度问题，有时是很方便的。但由于式(12-3)中不出现转动时的相对速度，故用此定理不能直接解得平面图形的角速度，如图 12-14 所示。

例如，在例 12-4 中，若用速度投影法求滑块 B 的速度，则有

$$v_B\cos30^\circ=v_A$$

所以
$$v_B=\frac{v_A}{\cos30^\circ}=\frac{R\omega}{\sqrt{3}/2}=1.15R\omega$$

连杆 AB 的角速度不能通过速度投影法求得。

三、速度瞬心法

瞬时速度中心(速度瞬心)**:某瞬时基点的速度等于零的点**。一般情况下,每一瞬时,平面图形上都唯一地存在一个速度为零的点。

根据瞬心的概念,平面运动可以看成是平面图形绕瞬心的转动,图形上任一点的速度就等于该点绕瞬心转动的速度。因此,平面图形上各点速度的大小与该点到速度瞬心的距离成正比,速度方向垂直于该点到速度瞬心的连线,指向图形转动的一方。与图形作定轴转动时各点速度的分布情况相似。

综上所述,如果已知平面图形在某一瞬时的速度瞬心的位置和角速度,则在该瞬时,图形上任一点速度的大小和方向就可以完全确定了,如图 12-15 所示。

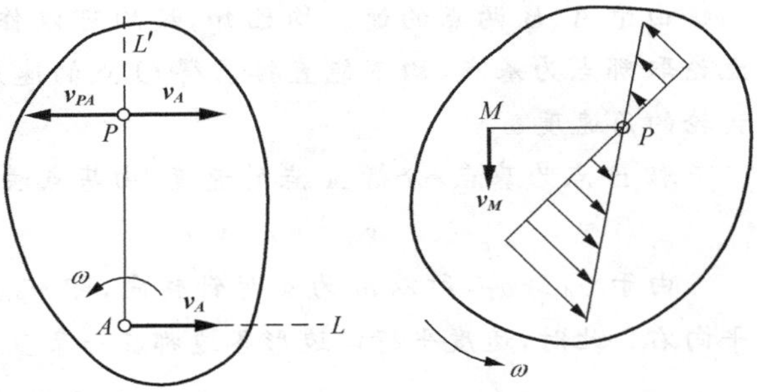

图 12-15

下面介绍几种常见情形下速度瞬心的确定方法。

(1) 平面图形沿一固定表面做无滑动的滚动,如图 12-16(a)所示。图形与固定面的接触点 P 就是图形的速度瞬心。

(2) 已知图形内任意两点 A、B 的速度 $\boldsymbol{v}_A$、$\boldsymbol{v}_B$ 方向如图 12-16(b)所示,则通过这两点分别作速度 $\boldsymbol{v}_A$、$\boldsymbol{v}_B$ 的垂线,这两条垂线的交点 P 就是此瞬时的速度瞬心。

(3) 如图 12-16(c)、(d)所示,A、B 两点的速度 $\boldsymbol{v}_A$、$\boldsymbol{v}_B$ 大小不等、方向互相平行且都垂直于 AB 连线,则瞬心必在 AB 连线或 AB 延长线上。此时,须知道 A、B 两点速度的大小才能

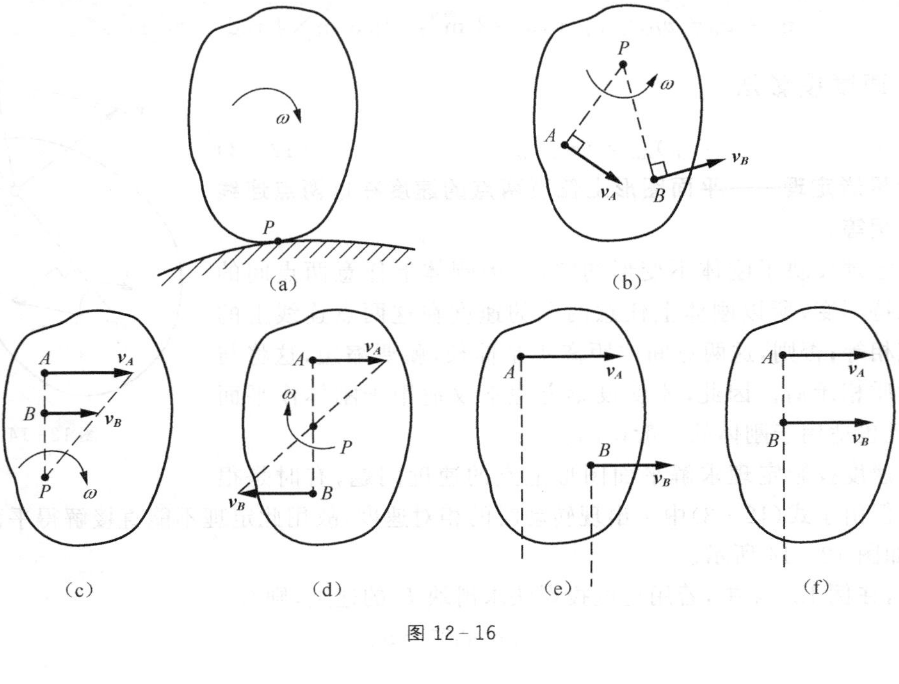

图 12-16

确定瞬心的具体位置。图示，瞬心 P 位于 $\boldsymbol{v}_A$、$\boldsymbol{v}_B$ 两矢量终点连线与 AB 直线的交点处。

(4) 如图 12-16(e)、(f)所示，任意两点 A、B 的速度 $\boldsymbol{v}_A$、$\boldsymbol{v}_B$ 相互平行，且 $\boldsymbol{v}_A=\boldsymbol{v}_B$，则该瞬时图形的瞬心 P 在无穷远处，此时图形的角速度 ω 为零，图形上各点的速度都相同。这种情况称为**瞬时平动**。

必须注意，瞬时平动只是刚体平面运动的一个瞬态，与刚体的平动是两个不同的概念，瞬时平动时，虽然图形的角速度为零，图形上各点的速度相等，但图形的角加速度一般不等于零，图形上各点的加速度也不相同。

注意：刚体在作平面运动的过程中，作为瞬心的那一点的位置不是固定的，而是随时间不断变化的。这是由于该点的速度在此瞬时虽然为零，但其加速度并不为零，故在下一瞬时，该点的速度也不再为零，但与此同时，会有另外一点（该点也可能在无穷远处）的速度变为零，成为新的瞬心。这个瞬心位置不断变换的过程就是刚体平面运动的过程。

综上所述，对于平面运动速度问题可用 3 种方法进行求解。速度基点法是一种基本方法，可以求解图形上一点的速度或图形的角速度，作图时必须保证所求点的速度为平行四边形的对角线；当已知平面图形上某一点的速度大小和方向以及另一点的速度方向时，用速度投影定理可方便地求得该点的速度大小，但不能直接求出图形的角速度；速度瞬心法既可求解平面图形的角速度，也可求解其上一点的速度，是一种直观、方便的方法。

【例 12-6】 如图 12-17 所示，半径 $r=0.4$ m 的车轮，沿直线轨道作无滑动的滚动。已知轮轴以速度 $v_O=15$ m/s 匀速度前进。求轮缘上 A、B、C 和 D 4 个点的速度。

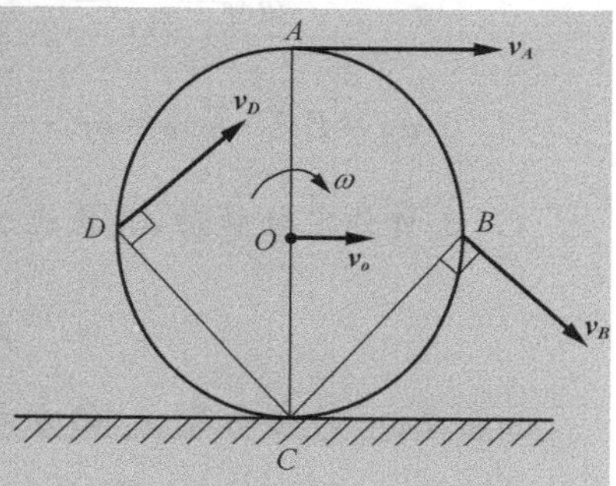

图 12-17

解　车轮作平面运动。因车轮无滑动，故车轮上与轨道相接触的 C 点其速度为零，$v_C=0$。因此，C 点为速度瞬心。轮轴 O 点的速度又已知，可由此求出车轮的角速度 ω，进而求出 A、B、D 3 点的速度。

$$\omega=\frac{v_O}{r}=\frac{15\ \text{m/s}}{0.4\ \text{m}}=37.5\ \text{m/s}$$

由瞬心法可得

$$v_A=CA\cdot\omega=2r\cdot\omega=2\times0.4\ \text{m}\times37.5\ \text{rad/s}=30\ \text{m/s}$$

$$v_B=CB\cdot\omega=\sqrt{2}r\cdot\omega=\sqrt{2}\times0.4\ \text{m}\times37.5\ \text{rad/s}=21.2\ \text{m/s}$$

$$v_D=CD\cdot\omega=\sqrt{2}r\cdot\omega=\sqrt{2}\times0.4\ \text{m}\times37.5\ \text{rad/s}=21.2\ \text{m/s}$$

各点的速度方向如图所示。

【例 12-7】 椭圆规尺的 A 端滑块以速度 $\boldsymbol{v}_A$ 沿 x 轴的负向运动，如图 12-18 所示。若 $AB=l$，求 B 端滑块的速度与规尺 AB 的角速度。

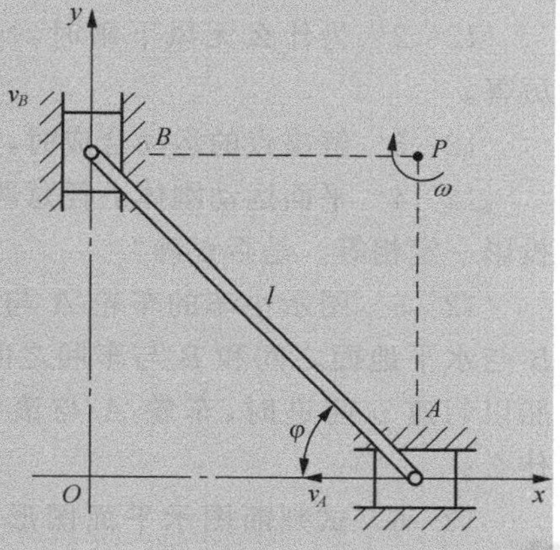

图 12-18

解　规尺 AB 做平面运动，规尺上 A、B 两点的速度方向均已知，分别过 A、B 两点作速度的垂线，其交点 P 即为速度瞬心。于是，规尺 AB 的角速度为

$$\omega=\frac{v_A}{AP}=\frac{v_A}{l\sin\varphi}$$

B 端滑块的速度为

$$v_B=BP\cdot\omega=l\cos\varphi\cdot\frac{v_A}{l\sin\varphi}=v_A\cot\varphi\,(\uparrow)$$

【例 12-8】 在平面四连杆机构中，如图 12-19 所示，$O_1A=r$，$AB=O_2B=3r$，已知曲柄 O_1A 绕 O_1 轴匀速转动的角速度为 ω_1。求当 O_1A 垂直于 AB、$\angle ABO_2=60°$ 时，AB 杆的角速度 ω_{AB}、B 点的速度 $\boldsymbol{v}_B$ 和杆 O_2B 的角速度 ω_2。

解 (1) 分析各杆运动，确定研究对象。

O_1A 杆与 O_2B 分别绕 O_1 与 O_2 作定轴转动，AB 杆作平面运动。A 点的速度大小 $v_A=O_1A\cdot\omega_1=r\omega_1$，方向垂直于 O_1A，水平向左；B 点的速度大小未知，方向垂直于 O_2B。取 AB 杆为研究对象，可求得 AB 杆的角速度 ω_{AB} 及 B 点的速度 $\boldsymbol{v}_B$，然后再取 O_2B 为研究对象求出其角速度 ω_2。

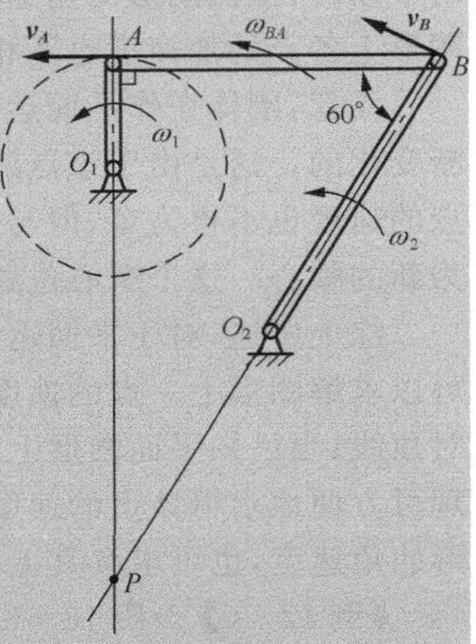

图 12-19

(2) 确定速度瞬心，用瞬心法求解各未知量。

过 A、B 两点分别作 v_A、v_B 的垂线，其交点 P 即为 AB 杆的速度瞬心。由$\triangle ABP$ 可得

$$AP=\sqrt{3}\cdot 3r=3\sqrt{3}r \qquad BP=2\times 3r=6r$$

由 $v_A=AP\cdot\omega_{AB}$，故

$$\omega_{AB}=\frac{v_A}{AP}=\frac{r\omega_1}{3\sqrt{3}r}=0.192\omega_1$$

$$v_B=BP\cdot\omega_{AB}=6r\cdot\frac{\omega_1}{3\sqrt{3}}=\frac{2r\omega_1}{\sqrt{3}}=1.15r\omega_1$$

O_2B 杆作定轴转动，其角速度 ω_2 为

$$\omega_2=\frac{v_B}{O_2B}=\frac{2r\omega_1/\sqrt{3}}{3r}=\frac{2\omega_1}{3\sqrt{3}}=0.385\omega_1$$

ω_{AB} 及 ω_2 的转向及 v_B 的方向如图 12-19 所示。

思　考　题

12-1 试说明下列说法是否正确。

(1) 牵连速度是动参考系相对定参考系的速度。

(2) 牵连速度是动参考系上一点相对定参考系的速度。

12-2 为什么无风下雨时，行人撑的伞总是斜着向前倾斜，而且走得越快，倾斜得越厉害。

12-3 解决点的运动合成时，如何选择动点和动参考系。

12-4 平面运动刚体上任意两点的速度在固定坐标轴上的投影一定相等。是否正确？

12-5 图示小车的车轮 A 与滚柱 B 的半径都是 r，设 A、B 与水平地面之间和 B 与车厢之间都没有相对滑动，试问当车厢以匀速 v 前进时，车轮 A 与滚柱 B 的角速度是否相等，为什么。

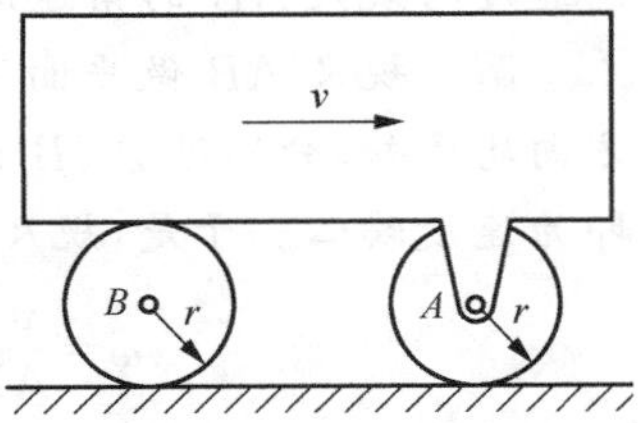

思考题 12-5 图

12-6 试判断图示平面图形上 6 种速度分布情况是否可能，为什么。

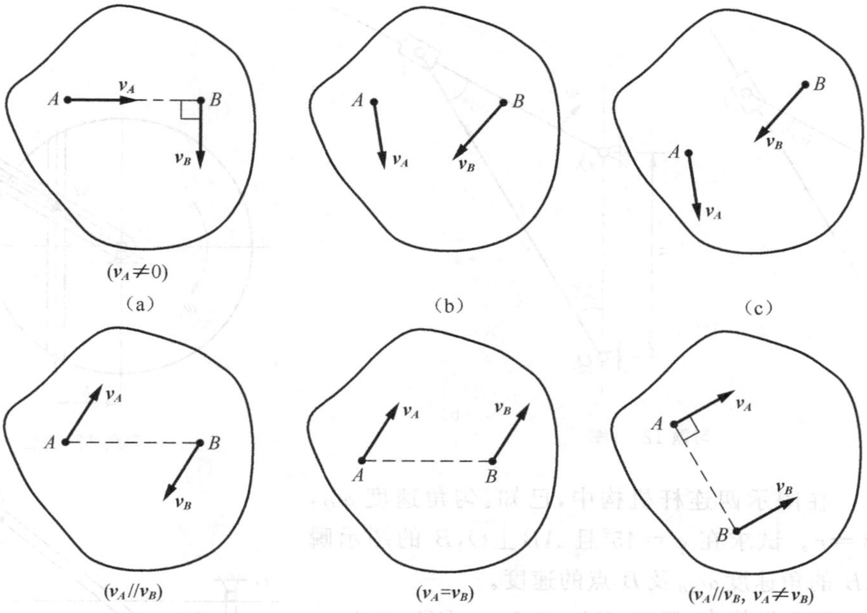

思考题 12-6 图

习题十二

12-1　水流在水轮机工作轮入口处的绝对速度 $v_a = 15$ m/s，并与直径成 $\beta = 60°$角，如图所示，工作轮的半径 $R = 2$ m，转速 $n = 30$ r/min。为避免水流与工作轮叶片相冲击，叶片应恰当地安装，以使水流对工作轮的相对速度与叶片相切。求在工作轮外缘处水流对工作轮的相对速度的大小方向。

12-2　杆 OA 长 l，由推杆推动而在图面内绕点 O 转动，如图所示。假定推杆的速度为 $\boldsymbol{v}$，其弯头高为 a。试求杆端 A 的速度的大小(表示为推杆至点 O 的距离 x 的函数)。

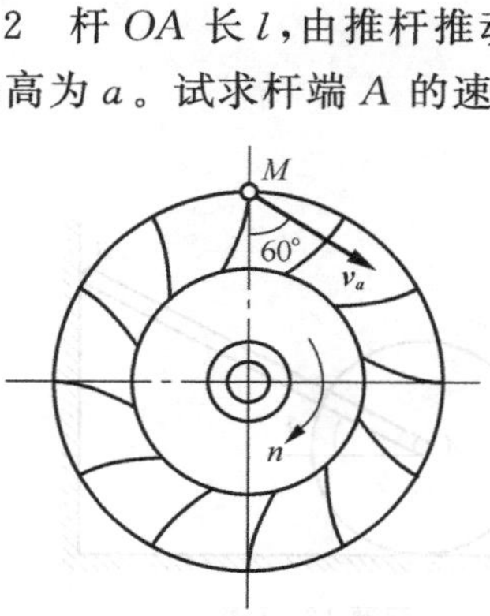

习题 12-1 图

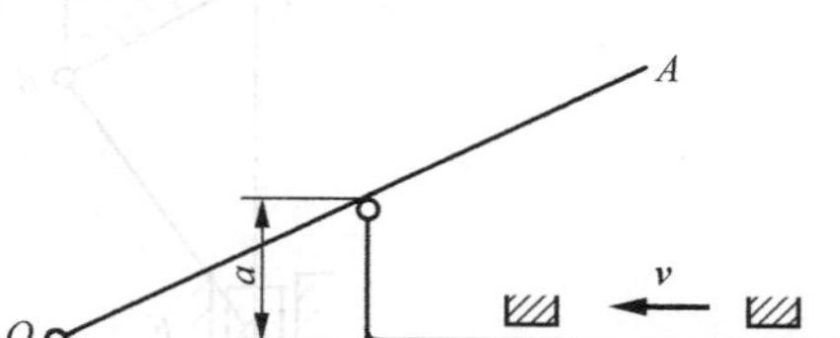

习题 12-2 图

12-3　在图 a 和 b 所示的两种机构中，已知 $O_1O_2 = a = 200$ mm，$\omega_1 = 3$ rad/s。求图示位置时杆 O_2A 的角速度。

12-4　绕轴 O 转动的圆盘及直杆 OA 上均有一导槽，两导槽间有一活动销子 M 如图所示，$b = 0.1$ m。设在图示位置时，圆盘及直杆的角速度分别为 $\omega_1 = 9$ rad/s 和 $\omega_2 = 3$ rad/s。求此瞬时销子 M 的速度。

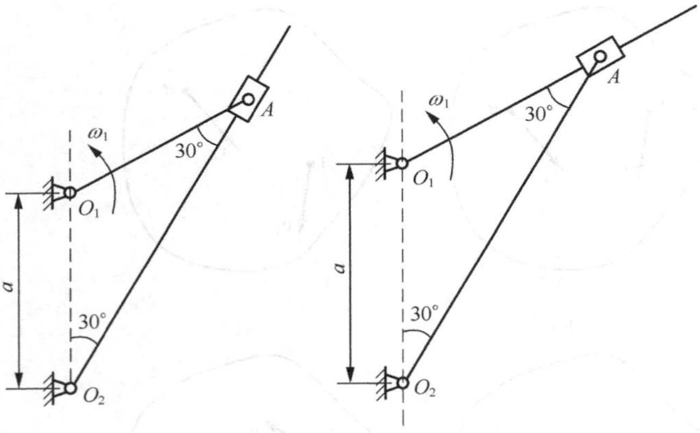

习题 12-3 图

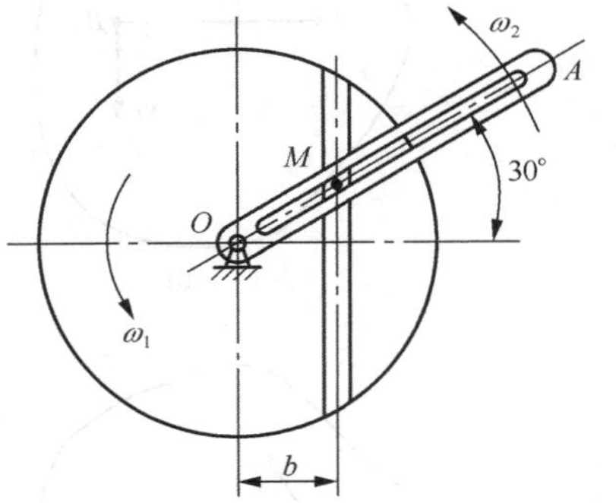

习题 12-4 图

12-5　在图示四连杆机构中，已知：匀角速度 ω_O，$OA=O_1B=r$。试求在 $\varphi=45°$ 且 $AB\perp O_1B$ 的图示瞬时，连杆 AB 的角速度 ω_{AB} 及 B 点的速度。

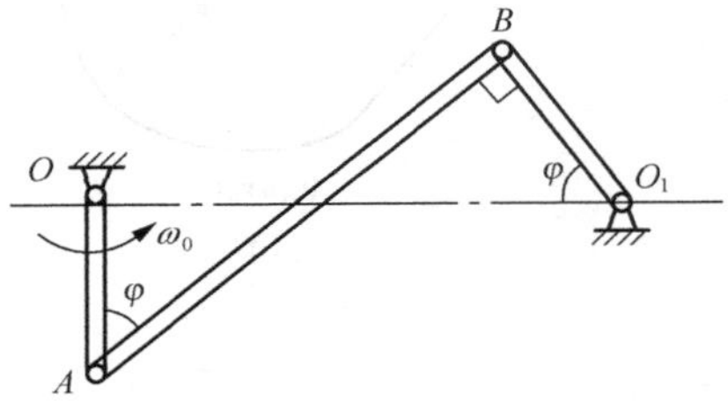

习题 12-5 图

12-6　图示机构中，已知：$OA=0.1$ m，$DE=0.1$ m，$EF=0.1\sqrt{3}$ m，D 距 OB 线为 $h=0.1$ m；$\omega_{OA}=4$ rad/s。在图示位置时，曲柄 OA 与水平线 OB 垂直；且 B、D 和 F 在同一铅直线上。又 DE 垂直于 EF。求杆 EF 的角速度和点 F 的速度。

12-7　半径为 R 的圆盘沿水平地面作纯滚动，细杆 AB 长为 l，杆端 B 可沿铅垂墙滑动。在图示瞬时，已知圆盘的角速度 ω_0，杆与水平面的夹角为 θ。试求该瞬时杆端 B 的速度。

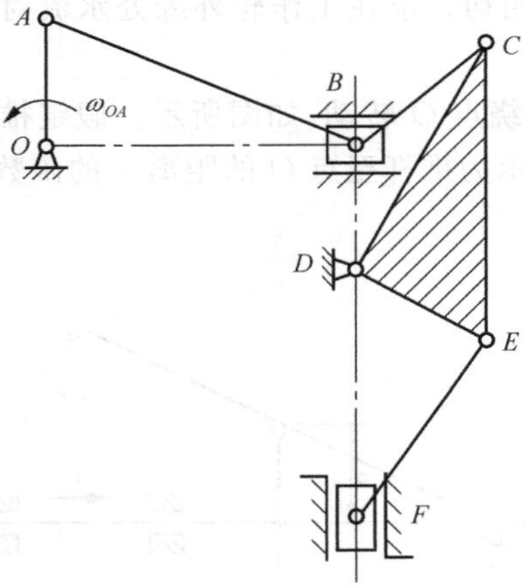

习题 12-6 图

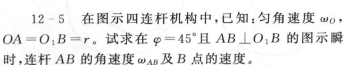

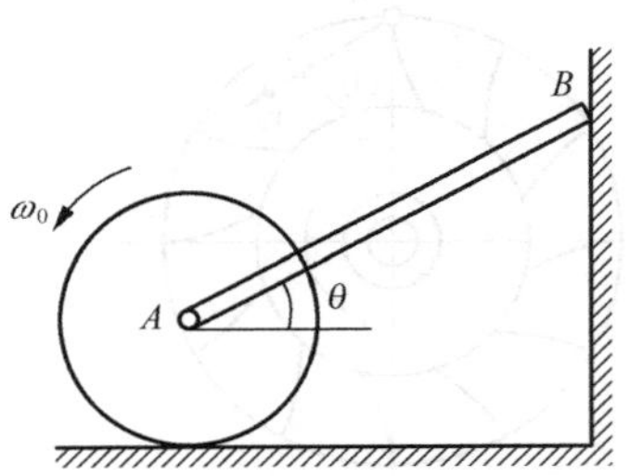

习题 12-7 图

附录A 知识拓展

MATLAB 软件在《工程力学》课程中的应用举例

一、MATLAB 软件在静力学中的应用举例

【例附-1】 自重 $P=50$ N 的 T 字形构件 $ABCD$，通过固定铰支 A 固定在铅垂面，$AC=3l$，$BD=2l$，C 为 BD 中点，在外载荷 F_1、F_2 和 M 的作用下平衡，如图附 1 所示。其中 $M=100$ N·m，$F_1=30$ N，$l=1$ m。求外力 F_2 的大小和 A 端的约束力。

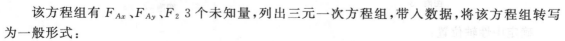

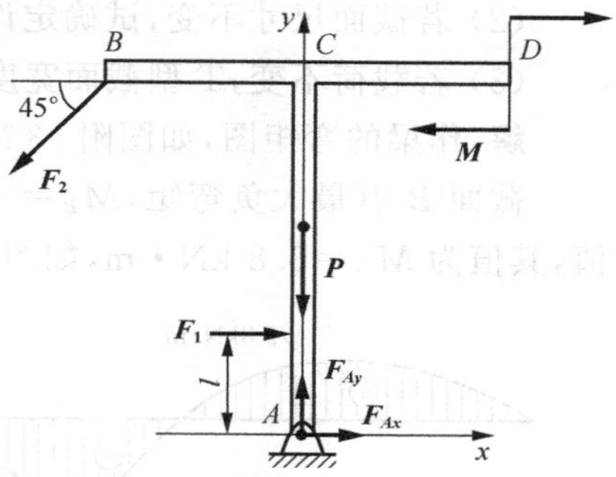

图附-1

取 T 型构件 $ABCD$ 为研究对象，进行受力分析，列出平衡方程：

$$\sum F_x=0,\quad F_{Ax}+F_1-F_2\cos45°=0$$

$$\sum F_y=0,\quad F_{Ay}-P-F_2\sin45°=0$$

$$\sum M_A(F)=0,\quad -M-F_1\cdot l+F_2\cdot\sin45°\cdot l+F_2\cdot\cos45°\cdot 3l=0$$

该方程组有 F_{Ax}、F_{Ay}、F_2 3 个未知量，列出三元一次方程组，带入数据，将该方程组转写为一般形式：

$$F_{Ax}+0-\frac{\sqrt{2}}{2}F_2=-30$$

$$0+F_{Ay}-\frac{\sqrt{2}}{2}F_2=50$$

$$0+0+2\sqrt{2}F_2=130$$

利用 MATLAB 解线性方程组。

在 MATLAB 窗口中输入以下语句，即可求得未知参数。

```
A = [1 0 -0.707;0 1 -0.707;0 0 2.828];
b = [-30;50;130];
X = inv(A) * b
```

求得：X =

```
 2.5000
82.5000
45.9689
```

即$(F_{Ax},F_{Ay},F_2)=(2.5,82.5,45.9689)$

二、MATLAB软件在材料力学中的应用举例

【例附-2】 T形截面铸铁外伸梁的载荷和尺寸如图附2所示，若已知铸铁的许用拉应力$[\sigma_t]=30$ MPa，许用压应力$[\sigma_c]=90$ MPa。

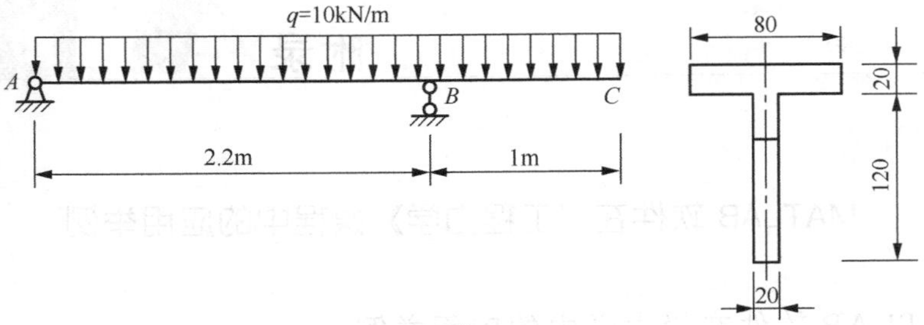

图附-2

(1) 试校核梁的强度；

(2) 若截面尺寸不变，试确定许可载荷集度$[q]$；

(3) 若载荷不变，T型截面宽度不变，板厚不变，试设计腹板截面的高度。

解：作梁的弯矩图，如图附-3所示。

截面B有最大负弯矩，$M_B=-5$ kN·m，在$x=0.87$ m处截面D剪力为零，弯矩有极值，其值为$M_D=3.8$ kN·m，如图附-4所示。

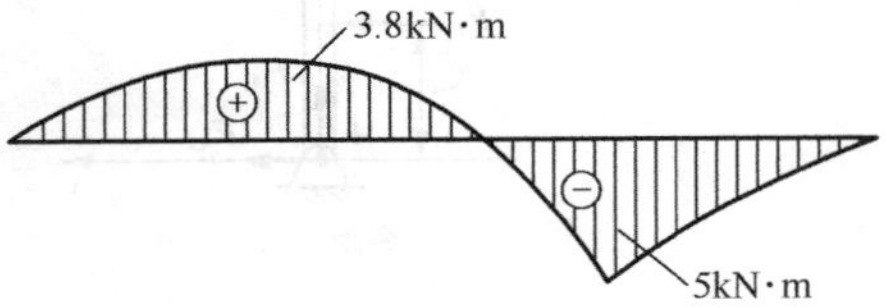

图附-3

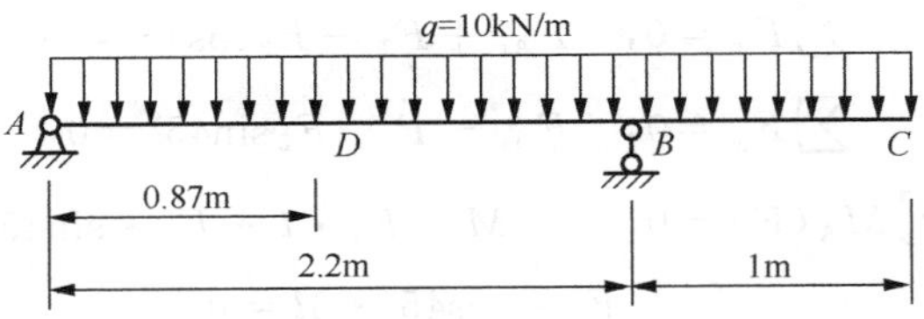

图附-4

确定中性轴位置：

设截面形心到顶边的距离为y_c，取顶边轴z_1为参考轴如图附-5所示。

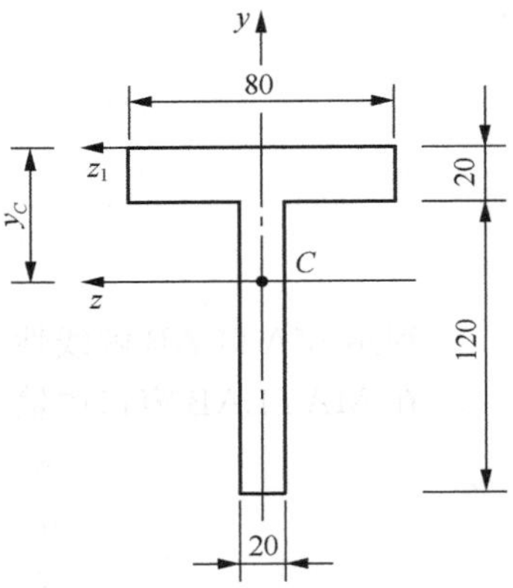

图附-5

$$y_c=\frac{\sum A_i y_i}{\sum A_i}=\frac{80\times 20\times 10+20\times 120\times 80}{80\times 20+20\times 120}=52\ \text{mm}$$

计算惯性矩：

$$I_Z=\frac{80\times 20^3}{12}+80\times 20\times(52-10)2$$

$$+\frac{20\times 120^3}{12}+20\times 120\times(80-52)2$$

$$=764\times 10^4\ \text{mm}^4=7.64\times 10^{-6}\ \text{m}^4$$

求最大正应力

截面B：上边缘有最大拉应力，下边缘有最大压应力

$$\sigma_{t,\max}=\frac{(5\times 10^3)\times(52\times 10^{-3})}{7.64\times 10^{-6}}=34\ \text{MPa}$$

$$\sigma_{c,\max}=\frac{(5\times10^3)\times[(140-52)\times10^{-3}]}{7.64\times10^{-6}}=57.6\ \text{MPa}$$

截面 D：正弯矩，可能发生比截面 B 还要大的拉应力

$$\sigma_{t,\max}=\frac{(3.8\times10^3)\times[(140-52)\times10^{-3}]}{7.64\times10^{-6}}=43.8\ \text{MPa}$$

校核强度：

由计算结果可知：最大压应力发生在截面 B 的下边缘，有

$$\sigma_{c,\max}=57.6\ \text{MPa}<[\sigma_c]=90\ \text{MPa}$$

最大拉应力发生在截面 D 的下边缘，有

$$\sigma_{t,\max}=43.8\ \text{MPa}>[\sigma_t]=30\ \text{MPa}$$

可见，最大压应力满足强度条件，而最大拉应力不满足强度条件，需要修改设计。

确定许可载荷[q]

支座 A 处的约束力：$\sum M_B=0, F_A=0.873q$

截面 D 处的弯矩：$M_D=0.873q\times0.873-\dfrac{q}{2}(0.873)^2=0.381q$

若截面尺寸不变，由截面 D 下边缘的最大拉应力的强度条件，有

$$\sigma_{t,\max}=\frac{0.381q\times[(140-52)\times10^{-3}]}{7.64\times10^{-6}}\leqslant[\sigma_t]=30\times10^6\ \text{N/m}^2$$

可得许可载荷集度为

$$[q]=\frac{(30\times10^6)\times(7.64\times10^{-6})}{(88\times10^{-3})\times0.381}=6.8\times10^3\ \text{N/m}=6.8\ \text{kN/m}$$

设计腹板高度：

若外载荷集度不变，仍为 $q=10$ kN/m。由截面 D 下边缘的最大拉应力强度条件，有

$$\sigma_{t,\max}=\frac{(3.81\times10^3)y_{\max}}{I_Z}\leqslant[\sigma_t]=30\times10^6\ \text{N/m}$$

$$\frac{y_{\max}}{I_Z}\leqslant\frac{30\times10^6}{3.81\times10^3}=7874\ \text{l/m}^3$$

给定一个腹板高度，可求出形心位置 y_c 和惯性矩 I_z，由截面高度减 y_c 可得 $y_{\max}$，从而求出上述比值。经过试算：当 $h=151$ mm 时，

$$\frac{y_{\max}}{I_Z}\leqslant\frac{105.1\times10^{-3}}{13.44\times10^{-6}}=7820\ \text{l/m}^3<7874\ \text{l/m}^3$$

该题最后一步需要试算，手算的话，需要逐值验算，运算量过大。为了避免时间的不必要浪费，把主要精力放在方法的掌握上，利用 MATLAB 编程解该题则很容易。

先建立力学模型：

由静力学平衡求得支座 A 约束力为 $F_A=8.7$ kN(↑)

列出梁的剪力方程、弯矩方程：

$$F_S(x)=\begin{cases}8.7-10x & 0<x<2.2\\ 10(3.2-x) & 2.2<x<3.2\end{cases}$$

$$M(x)=\begin{cases}8.7x-5x^2 & 0\leqslant x\leqslant 2.2\\ -5(3.2-x)^2 & 2.2\leqslant x\leqslant 3.2\end{cases}$$

如图附-6 所示，利用 MATLAB 绘图找出弯矩最大的危险截面，分别求出弯矩的极值

$M_D=3.8\ \text{kN}\cdot\text{m}, M_B=-5\ \text{kN}\cdot\text{m}$。

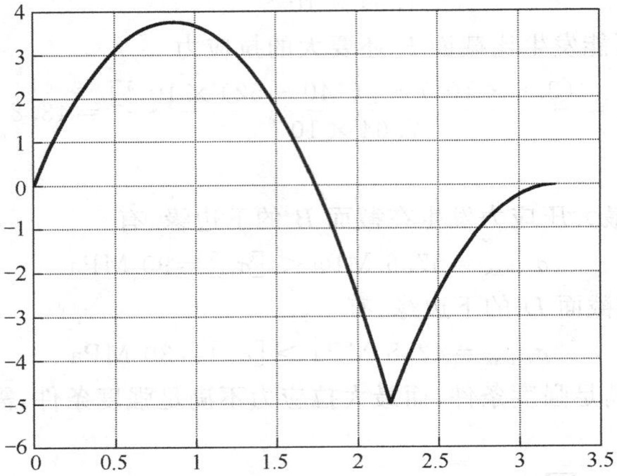

图附-6

如图附-7所示，由梁的力学特性知道 D 截面下边缘是危险点，确定腹板高度的具体解法如下。

$$y_c=\frac{80\times 20\times 10+20\times h\times (20+h/2)}{80\times 20+20\times h}$$

$$y_{\max}=20+h-y_c$$

$$I_Z=\frac{80\times 20^3}{12}+80\times 20\times (y_c-10)2+\frac{20\times h^3}{12}+$$

$$20\times h\times (20+h/2-y_c)^2$$

$$\frac{y_{\max}\times 3.8\times 10^6}{I_Z}\leqslant 30$$

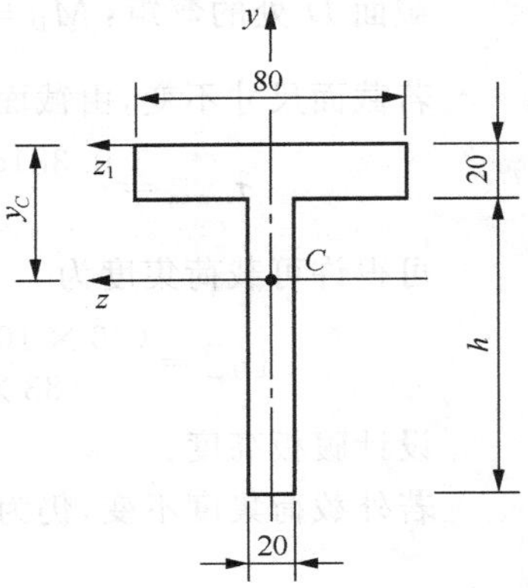

图附-7

MATLAB 程序如下：

绘剪力图

```
x=0:0.1:2.2;
FS=8.7-10*x;
hold on
plot(x,FS)
x=2.2:0.1:3.2;
FS=10*(3.2-x);
hold on
plot(x,FS)
```

绘弯矩图

```
x=0:0.01:2.2;
M=8.7*x-5*x^2;
hold on
plot(x,M)
x=2.2:0.01:3.2;
M=-5*(3.2-x)^2;
```

```
hold on
plot(x,M)
grid
找弯矩极值点
FS=@(x)8.7-10*x;
x0=fzero(FS,1)
MD=8.7*x0-5*x0^2
MB=-5*(3.2-2.2)^2
确定腹板高度
h0=120;w=11.518e-006;
while w>7.874e-006
    h=h0;
yc=(80*20*10+20*h*(20+h/2))./(80*20+20*h);
ymax=20+h-yc;
IZ=(80*20^3)/12+80*20*(yc-10)^2+(20*h^3)/12+20*h*(20+h/2-yc)^2;
w=ymax/IZ;
h0=h0+1;
end
h
```

需要说明的是：利用 MATLAB 语言解工程力学题固然很好，但教学过程中还必须让学生明白，掌握基本的力学原理会建立数学模型才是根本。否则，再强的编程能力也是无用的。

附录 B 常用型钢规格表

普通工字钢

符号：h——高度；

b——宽度；

t_w——腹板厚度；

t——翼缘平均厚度；

I——惯性矩；

W——截面模量。

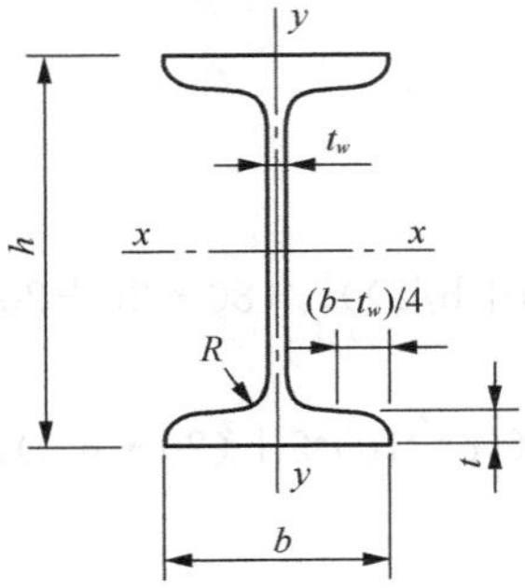

i——回转半径；

Sx——半截面的面积矩；

长度：

型号 10～18，长 5～19 m；

型号 20～63，长 6～19 m。

型号	尺寸/mm					截面面积 /cm²	理论重量 /(kg·m⁻¹)	$x-x$ 轴				$y-y$ 轴		
	h	b	t_w	t	R			I_x /cm⁴	W_x /cm³	i_x /cm	I_x/S_x /cm	I_y /cm⁴	W_y /cm³	I_y /cm
10	100	68	4.5	7.6	6.5	14.3	11.2	245	49	4.14	8.69	33	9.6	1.51
12.6	126	74	5	8.4	7	18.1	14.2	488	77	5.19	11	47	12.7	1.61
14	140	80	5.5	9.1	7.5	21.5	16.9	712	102	5.75	12.2	64	16.1	1.73
16	160	88	6	9.9	8	26.1	20.5	1127	141	6.57	13.9	93	21.1	1.89
18	180	94	6.5	10.7	8.5	30.7	24.1	1699	185	7.37	15.4	123	26.2	2.00
20 a	200	100	7	11.4	9	35.5	27.9	2369	237	8.16	17.4	158	31.6	2.11
20 b		102	9			39.5	31.1	2502	250	7.95	17.1	169	33.1	2.07
22 a	220	110	7.5	12.3	9.5	42.1	33	3406	310	8.99	19.2	226	41.1	2.32
22 b		112	9.5			46.5	36.5	3583	326	8.78	18.9	240	42.9	2.27
25 a	250	116	8	13	10	48.5	38.1	5017	401	10.2	21.7	280	48.4	2.4
25 b		118	10			53.5	42	5278	422	9.93	21.4	297	50.4	2.36
28 a	280	122	8.5	13.7	10.5	55.4	43.5	7115	508	11.3	24.3	344	56.4	2.49
28 b		124	10.5			61	47.9	7481	534	11.1	24	364	58.7	2.44
32 a	320	130	9.5	15	11.5	67.1	52.7	11080	692	12.8	27.7	459	70.6	2.62
32 b		132	11.5			73.5	57.7	11626	727	12.6	27.3	484	73.3	2.57
32 c		134	13.5			79.9	62.7	12173	761	12.3	26.9	510	76.1	2.53
36 a	360	136	10	15.8	12	76.4	60	15796	878	14.4	31	555	81.6	2.69
36 b		138	12			83.6	65.6	16574	921	14.1	30.6	584	84.6	2.64
36 c		140	14			90.8	71.3	17351	964	13.8	30.2	614	87.7	2.6
40 a	400	142	10.5	16.5	12.5	86.1	67.6	21714	1086	15.9	34.4	660	92.9	2.77
40 b		144	12.5			94.1	73.8	22781	1139	15.6	33.9	693	96.2	2.71
40 c		146	14.5			102	80.1	23847	1192	15.3	33.5	727	99.7	2.67

续表

型号		尺寸/mm					截面面积 /cm^2	理论重量 /$(kg \cdot m^{-1})$	$x-x$ 轴				$y-y$ 轴		
		h	b	t_w	t	R			I_x /cm^4	W_x /cm^3	i_x /cm	I_x/S_x /cm	I_y /cm^4	W_y /cm^3	I_y /cm
	a		150	11.5			102	80.4	32241	1433	17.7	38.5	855	114	2.89
45	b	450	152	13.5	18	13.5	111	87.4	33759	1500	17.4	38.1	895	118	2.84
	c		154	15.5			120	94.5	35278	1568	17.1	37.6	938	122	2.79
	a		158	12			119	93.6	46472	1859	19.7	42.9	1122	142	3.07
50	b	500	160	14	20	14	129	101	48556	1942	19.4	42.3	1171	146	3.01
	c		162	16			139	109	50639	2026	19.1	41.9	1224	151	2.96
	a		166	12.5			135	106	65576	2342	22	47.9	1366	165	3.18
56	b	560	168	14.5	21	14.5	147	115	68503	2447	21.6	47.3	1424	170	3.12
	c		170	16.5			158	124	71430	2551	21.3	46.8	1485	175	3.07
	a		176	13			155	122	94004	2984	24.7	53.8	1702	194	3.32
63	b	630	178	15	22	15	167	131	98171	3117	24.2	53.2	1771	199	3.25
	c		780	17			180	141	102339	3249	23.9	52.6	1842	205	3.2

H 型钢

符号：h—高度；

b—宽度；

t_1—腹板厚度；

t_2—翼缘厚度；

I—惯性矩；

W—截面模量。

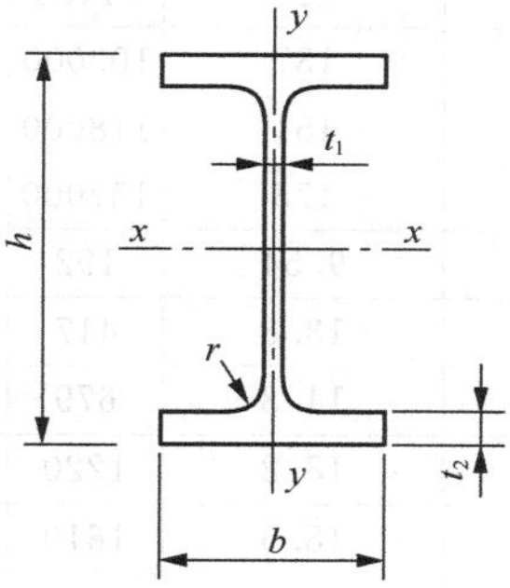

i—回转半径；

Sx—半截面的面积矩。

类别	H 型钢规格 $(h \times b \times t_1 \times t_2)$	截面积 A /cm^2	质量 q /$(kg \cdot m^{-1})$	$x-x$ 轴			$y-y$ 轴		
				I_x /cm^4	W_x /cm^3	i_x /cm	I_y /cm^4	W_y /cm^3	I_y /cm
HW	100×100×6×8	21.9	17.2 2	383	76.576.5	4.18	134	26.7	2.47
	125×125×6.5×9	30.31	23.8	847	136	5.29	294	47	3.11
	150×150×7×10	40.55	31.9	1660	221	6.39	564	75.1	3.73
	175×175×7.5×11	51.43	40.3	2900	331	7.5	984	112	4.37
	200×200×8×12	64.28	50.5	4770	477	8.61	1600	160	4.99
	#200×204×12×12	72.28	56.7	5030	503	8.35	1700	167	4.85
	250×250×9×14	92.18	72.4	10800	867	10.8	3650	292	6.29
	#250×255×14×14	104.7	82.2	11500	919	10.5	3880	304	6.09
	#294×302×12×12	108.3	85	17000	1160	12.5	5520	365	7.14
	300×300×10×15	120.4	94.5	20500	1370	13.1	6760	450	7.49
	300×305×15×15	135.4	106	21600	1440	12.6	7100	466	7.24
	#344×348×10×16	146	115	33300	1940	15.1	11200	646	8.78
	350×350×12×19	173.9	137	40300	2300	15.2	13600	776	8.84

续表

类别	H型钢规格 $(h\times b\times t_1\times t_2)$	截面积 A /cm^2	质量 q /$(kg\cdot m^{-1})$	$x-x$ 轴			$y-y$ 轴		
				I_x /cm^4	W_x /cm^3	i_x /cm	I_y /cm^4	W_y /cm^3	I_y /cm
HW	#388×402×15×15	179.2	141	49200	2540	16.6	16300	809	9.52
	#394×398×11×18	187.6	147	56400	2860	17.3	18900	951	10
	400×400×13×21	219.5	172	66900	3340	17.5	22400	1120	10.1
	#400×408×21×21	251.5	197	71100	3560	16.8	23800	1170	9.73
	#414×405×18×28	296.2	233	93000	4490	17.7	31000	1530	10.2
	#428×407×20×35	361.4	284	119000	5580	18.2	39400	1930	10.4
HM	148×100×6×9	27.25	21.4	1040	140	6.17	151	30.2	2.35
	194×150×6×9	39.76	31.2	2740	283	8.3	508	67.7	3.57
	244×175×7×11	56.24	44.1	6120	502	10.4	985	113	4.18
	294×200×8×12	73.03	57.3	11400	779	12.5	1600	160	4.69
	340×250×9×14	101.5	79.7	21700	1280	14.6	3650	292	6
	390×300×10×16	136.7	107	38900	2000	16.9	7210	481	7.26
	440×300×11×18	157.4	124	56100	2550	18.9	8110	541	7.18
	482×300×11×15	146.4	115	60800	2520	20.4	6770	451	6.8
	488×300×11×18	164.4	129	71400	2930	20.8	8120	541	7.03
	582×300×12×17	174.5	137	103000	3530	24.3	7670	511	6.63
	588×300×12×20	192.5	151	118000	4020	24.8	9020	601	6.85
	#594×302×14×23	222.4	175	137000	4620	24.9	10600	701	6.9
HN	100×50×5×7	12.16	9.54	192	38.5	3.98	14.9	5.96	1.11
	125×60×6×8	17.01	13.3	417	66.8	4.95	29.3	9.75	1.31
	150×75×5×7	18.16	14.3	679	90.6	6.12	49.6	13.2	1.65
	175×90×5×8	23.21	18.2	1220	140	7.26	97.6	21.7	2.05
	198×99×4.5×7	23.59	18.5	1610	163	8.27	114	23	2.2
	200×100×5.5×8	27.57	21.7	1880	188	8.25	134	26.8	2.21
	248×124×5×8	32.89	25.8	3560	287	10.4	255	41.1	2.78
	250×125×6×9	37.87	29.7	4080	326	10.4	294	47	2.79
	298×149×5.5×8	41.55	32.6	6460	433	12.4	443	59.4	3.26
	300×150×6.5×9	47.53	37.3	7350	490	12.4	508	67.7	3.27
	346×174×6×9	53.19	41.8	11200	649	14.5	792	91	3.86
	350×175×7×11	63.66	50	13700	782	14.7	985	113	3.93
	#400×150×8×13	71.12	55.8	18800	942	16.3	734	97.9	3.21
	396×199×7×11	72.16	56.7	20000	1010	16.7	1450	145	4.48
	400×200×8×13	84.12	66	23700	1190	16.8	1740	174	4.54
	#450×150×9×14	83.41	65.5	27100	1200	18	793	106	3.08
	446×199×8×12	84.95	66.7	29000	1300	18.5	1580	159	4.31
	450×200×9×14	97.41	76.5	33700	1500	18.6	1870	187	4.38
	#500×150×10×16	98.23	77.1	38500	1540	19.8	907	121	3.04
	496×199×9×14	101.3	79.5	41900	1690	20.3	1840	185	4.27
	500×200×10×16	114.2	89.6	47800	1910	20.5	2140	214	4.33
	#506×201×11×19	131.3	103	56500	2230	20.8	2580	257	4.43

续表

类别	H 型钢规格 ($h\times b\times t_1\times t_2$)	截面积 A /cm²	质量 q /(kg·m⁻¹)	$x-x$ 轴			$y-y$ 轴		
				I_x /cm⁴	W_x /cm³	i_x /cm	I_y /cm⁴	W_y /cm³	I_y /cm
HN	596×199×10×15	121.2	95.1	69300	2330	23.9	1980	199	4.04
	600×200×11×17	135.2	106	78200	2610	24.1	2280	228	4.11
	＃606×201×12×20	153.3	120	91000	3000	24.4	2720	271	4.21
	＃692×300×13×20	211.5	166	172000	4980	28.6	9020	602	6.53
	700×300×13×24	235.5	185	201000	5760	29.3	10800	722	6.78

注:"＃"表示的规格为非常用规格。

普通槽钢

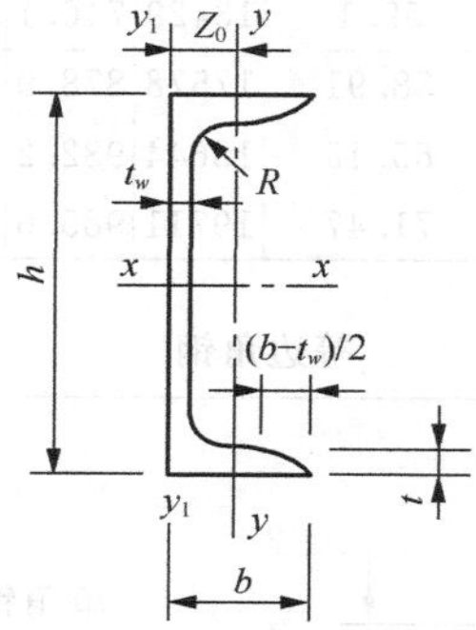

符号:

同普通工字钢

但 W_y 为对应翼缘肢尖

长度:

型号 5～8,长 5～12 m;

型号 10～18,长 5～19 m;

型号 20～20,长 6～19 m。

型号		尺寸/mm					截面面积 /cm²	理论重量 /(kg·m⁻¹)	$x-x$ 轴			$y-y$ 轴			$y-y_1$ 轴	Z_0
		h	b	t_w	t	R			I_x /cm⁴	W_x /cm³	i_x /cm	I_y /cm⁴	W_y /cm³	I_y /cm	I_{y1} /cm⁴	/cm
5		50	37	4.5	7	7	6.92	5.44	26	10.4	1.94	8.3	3.5	1.1	20.9	1.35
6.3		63	40	4.8	7.5	7.5	8.45	6.63	51	16.3	2.46	11.9	4.6	1.19	28.3	1.39
8		80	43	5	8	8	10.24	8.04	101	25.3	3.14	16.6	5.8	1.27	37.4	1.42
10		100	48	5.3	8.5	8.5	12.74	10	198	39.7	3.94	25.6	7.8	1.42	54.9	1.52
12.6		126	53	5.5	9	9	15.69	12.31	389	61.7	4.98	38	10.3	1.56	77.8	1.59
14	a	140	58	6	9.5	9.5	18.51	14.53	564	80.5	5.52	53.2	13	1.7	107.2	1.71
	b		60	8	9.5	9.5	21.31	16.73	609	87.1	5.35	61.2	14.1	1.69	120.6	1.67
16	a	160	63	6.5	10	10	21.95	17.23	866	108.3	6.28	73.4	16.3	1.83	144.1	1.79
	b		65	8.5	10	10	25.15	19.75	935	116.8	6.1	83.4	17.6	1.82	160.8	1.75
18	a	180	68	7	10.5	10.5	25.69	20.17	1273	141.4	7.04	98.6	20	1.96	189.7	1.88
	b		70	9	10.5	10.5	29.29	22.99	1370	152.2	6.84	111	21.5	1.95	210.1	1.84
20	a	200	73	7	11	11	28.83	22.63	1780	178	7.86	128	24.2	2.11	244	2.01
	b		75	9	11	11	32.83	25.77	1914	191.4	7.64	143.6	25.9	2.09	268.4	1.95
22	a	220	77	7	11.5	11.5	31.84	24.99	2394	217.6	8.67	157.8	28.2	2.23	298.2	2.1
	b		79	9	11.5	11.5	36.24	28.45	2571	233.8	8.42	176.5	30.1	2.21	326.3	2.03
25	a	250	78	7	12	12	34.91	27.4	3359	268.7	9.81	175.9	30.7	2.24	324.8	2.07
	b		80	9	12	12	39.91	31.33	3619	289.6	9.52	196.4	32.7	2.22	355.1	1.99
	c		82	11	12	12	44.91	35.25	3880	310.4	9.3	215.9	34.6	2.19	388.6	1.96

续表

型号		尺寸/mm					截面面积	理论重量	x－x 轴			y－y 轴			$y-y_1$ 轴	Z_0
		h	b	t_w	t	R	/cm^2	/$(kg \cdot m^{-1})$	I_x	W_x	i_x	I_y	W_y	I_y	I_{y1}	/cm
									/cm^4	/cm^3	/cm	/cm^4	/cm^3	/cm	/cm^4	
28	a	280	82	7.5	12.5	12.5	40.02	31.42	4753	339.5	10.9	217.9	35.7	2.33	393.3	2.09
	b		84	9.5	12.5	12.5	45.62	35.81	5118	365.6	10.59	241.5	37.9	2.3	428.5	2.02
	c		86	11.5	12.5	12.5	51.22	40.21	5484	391.7	10.35	264.1	40	2.27	467.3	1.99
32	a	320	88	8	14	14	48.5	38.07	7511	469.4	12.44	304.7	46.4	2.51	547.5	2.24
	b		90	10	14	14	54.9	43.1	8057	503.5	12.11	335.6	49.1	2.47	592.9	2.16
	c		92	12	14	14	61.3	48.12	8603	537.7	11.85	365	51.6	2.44	642.7	2.13
36	a	360	96	9	16	16	60.89	47.8	11874	659.7	13.96	455	63.6	2.73	818.5	2.44
	b		98	11	16	16	68.09	53.45	12652	702.9	13.63	496.7	66.9	2.7	880.5	2.37
	c		100	13	16	16	75.29	59.1	13429	746.1	13.36	536.6	70	2.67	948	2.34
40	a	400	100	10.5	18	18	75.04	58.91	17578	878.9	15.3	592	78.8	2.81	1057.9	2.49
	b		102	12.5	18	18	83.04	65.19	18644	932.2	14.98	640.6	82.6	2.78	1135.8	2.44
	c		104	14.5	18	18	91.04	71.47	19711	985.6	14.71	687.8	86.2	2.75	1220.3	2.42

等边角钢

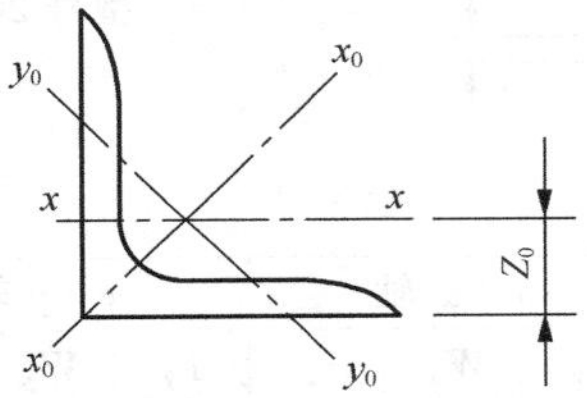

单角钢

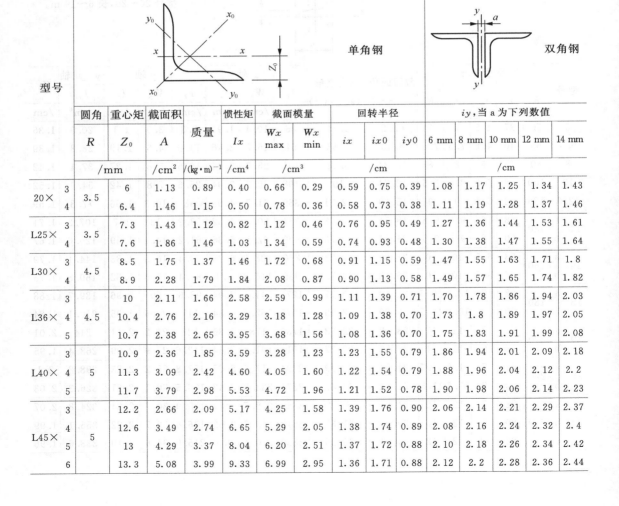

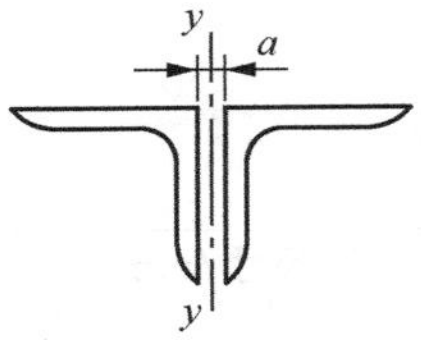

双角钢

型号		圆角	重心矩	截面积	质量	惯性矩	截面模量		回转半径			iy，当 a 为下列数值				
		R	Z_0	A		Ix	Wx max	Wx min	ix	$ix0$	$iy0$	6 mm	8 mm	10 mm	12 mm	14 mm
		/mm		/cm^2	/$(kg \cdot m)^{-1}$	/cm^4	/cm^3		/cm			/cm				
20×	3	3.5	6	1.13	0.89	0.40	0.66	0.29	0.59	0.75	0.39	1.08	1.17	1.25	1.34	1.43
	4		6.4	1.46	1.15	0.50	0.78	0.36	0.58	0.73	0.38	1.11	1.19	1.28	1.37	1.46
L25×	3	3.5	7.3	1.43	1.12	0.82	1.12	0.46	0.76	0.95	0.49	1.27	1.36	1.44	1.53	1.61
	4		7.6	1.86	1.46	1.03	1.34	0.59	0.74	0.93	0.48	1.30	1.38	1.47	1.55	1.64
L30×	3	4.5	8.5	1.75	1.37	1.46	1.72	0.68	0.91	1.15	0.59	1.47	1.55	1.63	1.71	1.8
	4		8.9	2.28	1.79	1.84	2.08	0.87	0.90	1.13	0.58	1.49	1.57	1.65	1.74	1.82
L36×	3	4.5	10	2.11	1.66	2.58	2.59	0.99	1.11	1.39	0.71	1.70	1.78	1.86	1.94	2.03
	4		10.4	2.76	2.16	3.29	3.18	1.28	1.09	1.38	0.70	1.73	1.8	1.89	1.97	2.05
	5		10.7	2.38	2.65	3.95	3.68	1.56	1.08	1.36	0.70	1.75	1.83	1.91	1.99	2.08
L40×	3	5	10.9	2.36	1.85	3.59	3.28	1.23	1.23	1.55	0.79	1.86	1.94	2.01	2.09	2.18
	4		11.3	3.09	2.42	4.60	4.05	1.60	1.22	1.54	0.79	1.88	1.96	2.04	2.12	2.2
	5		11.7	3.79	2.98	5.53	4.72	1.96	1.21	1.52	0.78	1.90	1.98	2.06	2.14	2.23
L45×	3	5	12.2	2.66	2.09	5.17	4.25	1.58	1.39	1.76	0.90	2.06	2.14	2.21	2.29	2.37
	4		12.6	3.49	2.74	6.65	5.29	2.05	1.38	1.74	0.89	2.08	2.16	2.24	2.32	2.4
	5		13	4.29	3.37	8.04	6.20	2.51	1.37	1.72	0.88	2.10	2.18	2.26	2.34	2.42
	6		13.3	5.08	3.99	9.33	6.99	2.95	1.36	1.71	0.88	2.12	2.2	2.28	2.36	2.44

续表

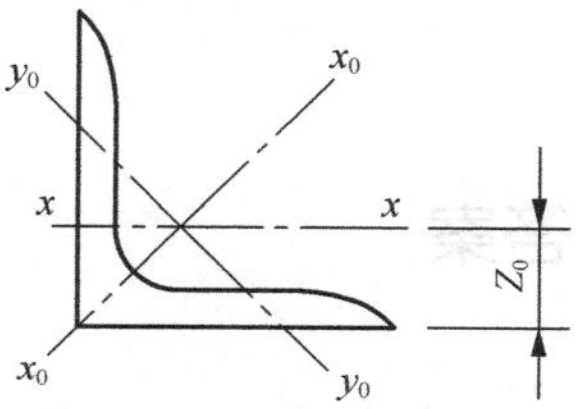

单角钢

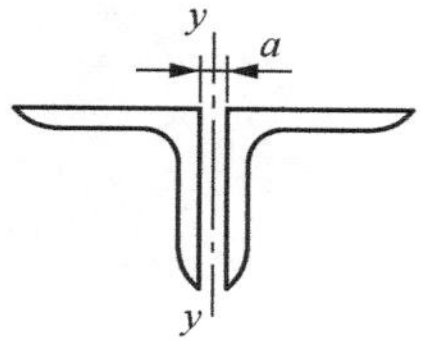

双角钢

型号		圆角 R	重心矩 Z_0	截面积 A	质量	惯性矩 Ix	截面模量 Wx max	截面模量 Wx min	回转半径 ix	回转半径 ix0	回转半径 iy0	iy，当 a 为下列数值 6 mm	8 mm	10 mm	12 mm	14 mm
		/mm	/mm	/cm^2	/$(kg\cdot m)^{-1}$	/cm^4	/cm^3	/cm^3	/cm	/cm	/cm	/cm	/cm	/cm	/cm	/cm
L50×	3	5.5	13.4	2.97	2.33	7.18	5.36	1.96	1.55	1.96	1.00	2.26	2.33	2.41	2.48	2.56
	4		13.8	3.90	3.06	9.26	6.70	2.56	1.54	1.94	0.99	2.28	2.36	2.43	2.51	2.59
	5		14.2	4.80	3.77	11.21	7.90	3.13	1.53	1.92	0.98	2.30	2.38	2.45	2.53	2.61
	6		14.6	5.69	4.46	13.05	8.95	3.68	1.51	1.91	0.98	2.32	2.4	2.48	2.56	2.64
L56×	3	6	14.8	3.34	2.62	10.19	6.86	2.48	1.75	2.2	1.13	2.50	2.57	2.64	2.72	2.8
	4		15.3	4.39	3.45	13.18	8.63	3.24	1.73	2.18	1.11	2.52	2.59	2.67	2.74	2.82
	5		15.7	5.42	4.25	16.02	10.22	3.97	1.72	2.17	1.10	2.54	2.61	2.69	2.77	2.85
	8		16.8	8.37	6.57	23.63	14.06	6.03	1.68	2.11	1.09	2.60	2.67	2.75	2.83	2.91
L63×	4	7	17	4.98	3.91	19.03	11.22	4.13	1.96	2.46	1.26	2.79	2.87	2.94	3.02	3.09
	5		17.4	6.14	4.82	23.17	13.33	5.08	1.94	2.45	1.25	2.82	2.89	2.96	3.04	3.12
	6		17.8	7.29	5.72	27.12	15.26	6.00	1.93	2.43	1.24	2.83	2.91	2.98	3.06	3.14
	8		18.5	9.51	7.47	34.45	18.59	7.75	1.90	2.39	1.23	2.87	2.95	3.03	3.1	3.18
	10		19.3	11.66	9.15	41.09	21.34	9.39	1.88	2.36	1.22	2.91	2.99	3.07	3.15	3.23
L70×	4	8	18.6	5.57	4.37	26.39	14.16	5.14	2.18	2.74	1.4	3.07	3.14	3.21	3.29	3.36
	5		19.1	6.88	5.40	32.21	16.89	6.32	2.16	2.73	1.39	3.09	3.16	3.24	3.31	3.39
	6		19.5	8.16	6.41	37.77	19.39	7.48	2.15	2.71	1.38	3.11	3.18	3.26	3.33	3.41
	7		19.9	9.42	7.40	43.09	21.68	8.59	2.14	2.69	1.38	3.13	3.2	3.28	3.36	3.43
	8		20.3	10.67	8.37	48.17	23.79	9.68	2.13	2.68	1.37	3.15	3.22	3.30	3.38	3.46
L75×	5	9	20.3	7.41	5.82	39.96	19.73	7.30	2.32	2.92	1.5	3.29	3.36	3.43	3.5	3.58
	6		20.7	8.80	6.91	46.91	22.69	8.63	2.31	2.91	1.49	3.31	3.38	3.45	3.53	3.6
	7		21.1	10.16	7.98	53.57	25.42	9.93	2.30	2.89	1.48	3.33	3.4	3.47	3.55	3.63
	8		21.5	11.50	9.03	59.96	27.93	11.2	2.28	2.87	1.47	3.35	3.42	3.50	3.57	3.65
	10		22.2	14.13	11.09	71.98	32.40	13.64	2.26	2.84	1.46	3.38	3.46	3.54	3.61	3.69
L80×	5	9	21.5	7.91	6.21	48.79	22.70	8.34	2.48	3.13	1.6	3.49	3.56	3.63	3.71	3.78
	6		21.9	9.40	7.38	57.35	26.16	9.87	2.47	3.11	1.59	3.51	3.58	3.65	3.73	3.8
	7		22.3	10.86	8.53	65.58	29.38	11.37	2.46	3.1	1.58	3.53	3.60	3.67	3.75	3.83
	8		22.7	12.30	9.66	73.50	32.36	12.83	2.44	3.08	1.57	3.55	3.62	3.70	3.77	3.85
	10		23.5	15.13	11.87	88.43	37.68	15.64	2.42	3.04	1.56	3.58	3.66	3.74	3.81	3.89

习题参考答案

习题一

答案略

习题二

2-1 $F_R=2.85\ \text{kN}$ $\angle(F_R,X)=63.07°$。

2-2 $F_{AC}=207\ \text{N}, F_{BC}=164\ \text{N}$ AC 与 BC 两杆均受拉。

2-3 $F_{拉}=115.47\ \text{N}, F_{推}=57.74\ \text{N}$

2-4 $F_B=10\ \text{kN}, F_A=10.4\ \text{kN}, \alpha=18.4°$

2-5 $F_A=F_E=166.7\ \text{N}$

2-6 $F_1=0.61F_2$

习题三

3-1 静定问题：(c)、(e)静不定问题：(a)、(b)、(d)、(f)

3-2 (a) $F_A=F_B=\dfrac{M}{l}$ (b) $F_A=F_B=\dfrac{M}{l}$ (c) $F_A=F_B=\dfrac{M}{l\cos\theta}$

3-3 $F_A=F_C=0.354\dfrac{M}{a}$

3-4 (a) $F_{Ax}=0.4\ \text{kN}, F_{Ay}=1.24\ \text{kN}, F_B=0.26\ \text{kN}$

(b) $F_{Ax}=2.12\ \text{kN}, F_{Ay}=0.33\ \text{kN}, F_B=4.24\ \text{kN}$

(c) $F_{Ax}=0\ \text{kN}, F_{Ay}=15\ \text{kN}, F_B=21\ \text{kN}$

3-5 $d=\dfrac{M_O}{R}=45.96\ \text{cm}$

3-6 $M_A=-\dfrac{1}{2}qa^2$ $M_A=-\dfrac{1}{3}qL^2$ $M_A=-\dfrac{1}{6}(q_1+2q_2)L^2$

3-7 $T=\dfrac{Pr}{2l\sin^2\dfrac{\alpha}{2}\cos\alpha}$ 当 $\alpha=60°$ 时，$T_{\min}=\dfrac{4Pr}{l}$

3-8 $F_1=-5.333\ \text{P}$(压)，$F_2=2\ \text{P}$(拉)，$F_3=-1.667\ \text{P}$(压)

习题四

4-1 $T_A=T_B=-26.4\ \text{kN}$(压力) $T_C=33.5\ \text{kN}$(拉力)

4-2 $Q_x=-\dfrac{\sqrt{3}}{3}Q$, $M_x(Q)=\dfrac{\sqrt{3}}{3}aQ$; $Q_y=-\dfrac{\sqrt{3}}{3}Q$, $M_y(Q)=-\dfrac{\sqrt{3}}{3}aQ$;

$Q_z=\frac{\sqrt{3}}{3}Q$， $M_z(Q)=0$；$P_x=\frac{\sqrt{2}}{2}P$， $M_x(P)=\frac{\sqrt{2}}{2}aP$；$P_y=0$， $M_y(P)=0$；$P_z=\frac{\sqrt{2}}{2}P$， $M_z(P)=-\frac{\sqrt{2}}{2}aP$

4-3 $F_{ox}=150$ N，$F_{oy}=75$ N，$F_{oz}=500$ N；

$M_x=100$ N·m，$M_y=-37.5$ N·m(与原始反向)，$M_z=-24.4$ N·m(与原始反向)

4-4 $M_x=F_z 60$ mm$=84.85$ kN·mm　$M_y=F_z 50$ mm$=70.71$ kN·mm

$M_z=F_x 60$ mm$+F_y 50$ mm$=108.84$ KN·mm

4-5 $F_{Ay}=F_{By}=0$，$F_{Az}=423.92$ N，$F_{Bz}=183.92$ N　$F_1=207.84$ N

4-6 $x=49.4$ mm　$y=46.5$ mm

4-7 (a) $x_c=-58.9$ mm　$y_c=0$　　(b) $x_c=79.7$ mm　$y_c=34.9$ mm

习题五

5-1 (a) $F_{N\max}=F$　　(b) $F_{N\max}=F$　　(c) $F_{N\max}=3$ kN　　(d) $F_{N\max}=1$ kN

5-2 (a)$F_{N1}=-2$ kN $F_{N2}=-8$ kN，(b) $F_{N1}=4$ kN $F_{N2}=6$ kN，(c) $F_{N1}=3$ F $F_{N2}=4$ F，$F_{N3}=4$ F，(d) $F_{N1}=2$ kN　$F_{N2}=2$ kN。

5-3 (a) $T_1=16$ kN·m $T_2=-20$ kN·m，(b) $T_1=-3$ kN·m $T_2=2$ kN·m　图略

5-4 (1) $T_1=-795.83$ N·m，　$T_2=-1910$ N·m。

(2) 不合理。

5-5 (a) 截面1-1的内力 $F_{S1}=F$ $M_1=0$ 截面2-2的内力 $F_{S2}=0$ $M_2=0$

(b) 截面1-1的内力 $F_{S1}=\frac{M_e}{2a}$ $M_1=\frac{M_e}{2}$截面2-2的内力 $F_{S2}=\frac{M_e}{2a}$ $M_2=-\frac{M_e}{2}$截面3-3的内力 $F_{S3}=\frac{M_e}{2a}$ $M_3=-\frac{M_e}{2}$

(c) 截面1-1的内力 $F_{S1}=\frac{aq}{4}$ $M_1=\frac{a^2q}{4}$截面2-2的内力 $F_{S2}=\frac{aq}{4}$ $M_2=\frac{a^2q}{4}$

(d) 截面1-1的内力 $F_{S1}=\frac{aq}{2}$ $M_1=-a^2q$ 截面2-2的内力 $F_{S2}=aq$ $M_2=-a^2q$ 截面3-3的内力 $F_{S3}=0$ $M_3=0$

(e) 截面1-1的内力 $F_{S1}=2aq$ $M_1=-\frac{1}{2}a^2q$ 截面2-2的内力 $F_{S2}=2aq$ $M_2=-\frac{3}{2}a^2q$

(f) 截面1-1的内力 $F_{S1}=F$ $M_1=-aF$ 截面2-2的内力 $F_{S2}=-F$ $M_2=aF$

5-6 (a) AB 段：　$F_S(x)=F$　$(0<x<a)$

$M(x)=Fx$　$(0<x<a)$

BC 段：　$F_S(x)=0$　$(a\leqslant x\leqslant 2a)$

$M(x)=Fa$　$(a\leqslant x<2a)$

(b)AB 段：　$F_S(x)=2aq-qx$　$(0<x<a)$

$M(x)=2aqx-\frac{5}{2}a^2q-\frac{x^2q}{2}$　$(0<x<a)$

BC 段：　$F_S(x)=aq$　$(a\leqslant x\leqslant 2a)$

$M(x)=aqx-2a^2q$　$(a\leqslant x<2a)$

(c) AB 段：　$F_S(x)=F$　$(0\leqslant x<a)$

$M(x)=Fx$　$(0\leqslant x<a)$

BC 段：　$F_S(x)=0$　　$(a<x<2a)$

$M(x)=0 \quad (a<x<2a)$

(d) AB 段：　$F_S(x)=\frac{M_e}{a} \quad (0<x<a)$

$M(x)=\frac{M_e}{a}x-M_e \quad (0<x<a)$

BC 段：　$F_S(x)=\frac{M_e}{a} \quad (a\leqslant x<2a)$

$M(x)=\frac{M_e}{a}x-2M_e \quad (a<x\leqslant 2a)$

(e) AB 段：　$F_S(x)=\frac{3}{4}aq-qx \quad (0<x\leqslant a)$

$M(x)=\frac{3}{4}aqx-\frac{1}{2}x^2q \quad (0\leqslant x\leqslant a)$

BC 段：　$F_S(x)=-\frac{1}{4}aq \quad (a\leqslant x<2a)$

$M(x)=\frac{1}{2}a^2q-\frac{1}{4}aqx \quad (a\leqslant x\leqslant 2a)$

(f) AB 段：　$F_S(x)=\frac{1}{2}aq \quad (0<x\leqslant a)$

$M(x)=\frac{1}{2}aqx-aq \quad (0<x\leqslant a)$

BC 段：　$F_S(x)=2aq-aq \quad (a\leqslant x<2a)$

$M(x)=2aqx-2a^2q-\frac{1}{2}x^2q \quad (a\leqslant x<2a)$

(g) AB 段：　$F_S(x)=\frac{2F-P}{3} \quad (0<x\leqslant a)$

$M(x)=\frac{2F-P}{3}x \quad (0<x\leqslant a)$

BC 段：　$F_S(x)=\frac{-F-P}{3} \quad (a\leqslant x<2a)$

$M(x)=Fa-\frac{F+P}{3}x \quad (a\leqslant x<2a)$

CD 段：　$F_S(x)=\frac{-F+2P}{3} \quad (2a\leqslant x<3a)$

$M(x)=Fa+\frac{2P-F}{3}x-2aq \quad (2a\leqslant x<3a)$

(h) AB 段：　$F_S(x)=xq-\frac{aq}{2} \quad (0<x<a)$

$M(x)=\frac{x^2q}{2}-\frac{aq}{2}x \quad (0\leqslant x\leqslant a)$

BC 段：　$F_S(x)=\frac{3aq}{2}-xq \quad (a<x<2a)$

$M(x)=\frac{3aq}{2}x-\frac{x^2q}{2}-a^2q \quad (a\leqslant x\leqslant 2a)$

(i) AB 段：　$F_S(x)=-5x \quad (0\leqslant x<2\ \text{m})$

$M(x)=-\frac{5x^2}{3} \quad (0\leqslant x\leqslant 2\ \text{m})$

BC 段：　$F_S(x)=10 \quad (2\ \text{m}<x<3\ \text{m})$

$M(x)=10x-30 \quad (2\ \text{m}\leqslant x\leqslant 3\ \text{m})$

CD 段： $F_S(x)=-10 \quad (3\ \text{m}<x<4\ \text{m})$

$M(x)=-10x+30 \quad (3\ \text{m}\leqslant x\leqslant 4\ \text{m})$

DE 段： $F_S(x)=10-5x \quad (4\ \text{m}<x\leqslant 6\ \text{m})$

$M(x)=-90+30x-\dfrac{5}{2}x^2 \quad (4\ \text{m}\leqslant x\leqslant 6\ \text{m})$

(j) AB 段： $F_S(x)=F \quad (0<x<a)$

$M(x)=Fx \quad (0\leqslant x\leqslant a)$

BC 段： $F_S(x)=0 \quad (a<x<2a)$

$M(x)=Fa \quad (a\leqslant x\leqslant 2a)$

CD 段： $F_S(x)=-F \quad (2a<x<3a)$

$M(x)=3Fa-Fx \quad (2a\leqslant x\leqslant 3a)$

5-7 略

习题六

6-1 $d_2=49$ mm

6-2 $\sigma_{30^\circ}=75$ MPa $\tau_{30^\circ}=43.3$ MPa $\sigma_{\max}=100$ MPa $\tau_{\max}=50$ MPa

6-3 $[F]=40.98$ kN

6-4 $\tau_\rho=63.66$ MPa $\tau_{\max}=84.88$ MPa $\tau_{\min}=42.44$ MPa

6-5 $F=8.666$ kN

6-6 $M_e=62.70$ N·m

6-7 0.512

6-8 轴的最小直径为 53.0 mm

6-9 选用 25a 工字钢

6-10 安全

6-11 强度不够

6-12 $l\geqslant 200$ mm， $a\geqslant 20$ mm

6-13 $d\geqslant 0.05$ m

6-14 $F-90.4$ kN

6-15 $F=226.1$ kN

6-16 (a)$S_z=0.1\ \text{m}^3$ $y_c=0.357$ m $z_c=0.3$ m

(b) $S_z=0.0135\ \text{m}^3$ $y_c=0.193$ m $z_c=0.093$ m

6-17 $a\leqslant 5.25$ mm

6-18 安全

6-19 1∶1

习题七

7-1 $\Delta l=-0.2$ mm

7-2 $\sigma=15.9$ MPa, $F=20$ kN

7-3 $\sigma_{\max}=127.3$ MPa, $\Delta l=0.57$ mm

7-4 $F=43.7$ kN

7-5 (1) 略 (2) $\tau_{\max}=47.7$ MPa, $\varphi_{AC}=0.854^\circ$

7－6　强度、刚度均足够

7－7　轴满足强度条件，所需键的个数 $n \geqslant 5$

7－8　$w_C = \dfrac{Fl^2}{24EI_Z}, \theta_B = -\dfrac{13Fl^2}{48EI_Z}$

7－9　$w_C = -\dfrac{17ql^4}{284EI_Z}, \theta_A = -\dfrac{5ql^3}{24EI_Z}$

7－10　满足刚度条件

7－11　选择 No. 22a 号工字钢

7－12　$d \geqslant 112$ mm

习题八

8－1　(a) $\sigma_a = 35$ MPa, $\tau_a = 60.6$ MPa

(b) $\sigma_a = 70$ MPa, $\tau_a = 0$

(c) $\sigma_a = 62.5$ MPa, $\tau_a = 21.7$ MPa

8－2　$F = 60$ kN

8－3　(a) $\sigma_1 = 94.7$ MPa, $\sigma_2 = 50$ MPa, $\sigma_3 = 5.3$ MPa, $\tau_{max} = 44.7$ MPa

(b) $\sigma_1 = 80$ MPa, $\sigma_2 = 50$ MPa, $\sigma_3 = -20$ MPa, $\tau_{max} = 50$ MPa

(c) $\sigma_1 = 50$ MPa, $\sigma_2 = -50$ MPa, $\sigma_3 = -80$ MPa, $\tau_{max} = 65$ MPa

8－4　符合第一强度理论的强度条件，构件不会破坏，即安全。符合第二强度理论的强度条件，构件不会破坏，即安全。

8－5　强度足够

8－6　最大工作应力小于许用应力，满足强度要求，故安全。

8－7　$\delta \geqslant 2.65$ mm

习题九

9－1　图 e 所示杆 F_{cr} 最小，图 f 所示杆 F_{cr} 最大。

9－2　130 kN

9－3　(1) 92.3　(2) 65.8　(3) 73.7

9－4　376 kN

9－5　15.5 kN

习题十

10－1　(1) $x(0) = 0^3 - 12\times0 + 2 = 2$ m, $x(3) = 3^3 - 12\times3 + 2 = -7$ m,

$\Delta(x) = x(3) - x(0) = -7 - 2 = -9$ m

(2) $t = 2$ s, $x(2) = 2^3 - 12\times2 + 2 = -14$ m

(3) $S(0\sim3) = S(0\sim2) + S(2\sim3) = |-14-2| + |-7-(-14)| = 16 + 7 = 23$ m

(4) $v(3) = \dfrac{dx}{dt} = 3\times3^2 - 12 = 15$ (m/s)　$a(3) = 6\times3 = 18$ (m/s^2)

(5) 当 $0 < t < 2$ s 时，动点作加速动动。当 $t > 2$ s 时，动点作减速运动。

10－2　$V_B = \sqrt{3}V$ 其方向沿 Ox 轴正向。

10－3　$v = 2R\omega$　$a = 4R\omega^2$

10-4 $v_M=\dfrac{hb}{(y-h)^2}v, a_M=\dfrac{2hb}{(y-h)^3}v^2$

10-5 $x=3t, y=\dfrac{1}{2}(1-\cos4\pi t), y=\dfrac{1}{2}(1-\cos\dfrac{4\pi}{3}x)$

10-6 $a=4r\omega_0^2$

10-7 $v=600t$ (m/s), $a_\tau=600$ (m/s^2), $a_n=4800t^2$ (m/s^2)

10-8 $a=3.084$ (m/s^2)

10-9 24.331 N

10-10 $x=\dfrac{9}{2}\cos(2t)-4.46$ (m) $y=5\sin(2t)-9.9t+0.05$ (m)

习题十一

11-1 $v|_{t=0}=2$ (m/s) $v|_{t=1}=-2.5$ (m/s) $a|_{t=0}=8$ (m/s^2) $a|_{t=1}=15.405$ (m/s^2)
$t=0.667$ (s)

11-2 $\varphi=0.0417t^3+25t$ $v|_{t=2}=9.8$ (m/s) $a_t|_{t=2}=-0.2$ (m/s^2)
$a_n|_{t=2}=240.1$ (m/s^2)

11-3 $v=\dfrac{mgt}{m+\dfrac{1}{2}M}$

11-4 120 (cm/s), 180 (cm/s^2)

11-5 $v_O=70.65$ (cm/s) $a_{nO}=332.7615$ (cm/s^2)

11-6 $\alpha_{II}=\dfrac{5000\pi}{d^2}$ (rad/s^2) $a|_{d=r}=300\pi\sqrt{1+40000\pi^2}$ (mm/s^2)

11-7 $a=\dfrac{(m_2-m_1)g}{m_1+m_2+M/2}$ $F_1=\dfrac{m_1(2m_2+M/2)g}{m_1+m_2+M/2}$ $F_2=\dfrac{m_2(2m_1+M/2)g}{m_1+m_2+M/2}$

11-8 $J=mR^2\left(\dfrac{gt^2}{2h}-1\right)$

11-9 $J=\dfrac{4}{3}ml^2$ $\omega=\dfrac{9g\sin\theta}{8l}$

习题十二

12-1 $v_r=10.1$ (m/s) $\theta=40°48'$

12-2 $v_a=\dfrac{lav}{x^2+a^2}$

12-3 (a) $\omega=1.5$ (rad/s)(逆时针转向) (b) $\omega=2$ (rad/s)(逆时针转向)

12-4 $\begin{cases} v_a=\sqrt{v_{e2}^2+v_{r2}^2}=0.529 \text{ (m/s)} \\ \tan\theta=\dfrac{v_{e2}}{v_{r2}}=\dfrac{0.346}{0.4}, \theta=40.9° \end{cases}$

12-5 $\omega_{AB}=\sqrt{2}\omega_O/2(1+\sqrt{2})$(逆时针) $v_B=r\omega_O\sqrt{2}/2$(方向沿 AB)

12-6 $v_F=0.462$ (m/s)(↑) $\omega_{EF}=1.33$ (rad/s)(顺)

12-7 $v_B=R\omega_0\cot\theta$(↓)

参考文献

[1] 哈尔滨工业大学理论力学教研室．简明理论力学[M].2版．北京:高等教育出版社,2010.

[2] 陈传尧．工程力学[M].北京:高等教育出版社,2006.

[3] 刘鸿文．简明材料力学[M].2版．北京:高等教育出版社,2008.

[4] 谢传锋,王琪．理论力学[M].北京:高等教育出版社,2009.

[5] 冯维明．工程力学[M].北京:北京邮电大学出版社,2012.

[6] 龚良贵．工程力学[M].北京:北京航空航天大学出版社,2010.